高等院校数字艺术设计系列教材

CoreIDRAW

平面设计应用案例教程

（第二版）

汪洋/编著

U0131836

清华大学出版社

北京

内 容 简 介

本书通过平面设计应用中的各种典型实例介绍了 CorelDRAW 的各项功能,对相关行业的必备知识和产品制作流程也作了细致的讲解,强调了技巧的掌握。

本书的案例涵盖海报、企业形象、书籍装帧、插画、产品造型、网页设计等。每个实例都严格遵循创作思路、设计要求和设计步骤等结构设计,并在每章后面都设置了课后练习,以激发读者的创作思维,让读者在熟悉软件功能的同时,掌握一定的设计方法和设计规则,并很快地投入到工作实践中去。

本书可作为高等院校的视觉传达、动画设计、工业品外观设计等艺术设计相关专业的教材,也可作为平面设计人员的参考用书。

本书封面贴有清华大学出版社防伪标签,无标签者不得销售。

版权所有,侵权必究。侵权举报电话:010-62782989 13701121933

图书在版编目(CIP)数据

CorelDRAW 平面设计应用案例教程(第二版)/汪洋 编著. —北京:清华大学出版社,2010.6
(高等院校数字艺术设计系列教材)

ISBN 978-7-302-22414-3

Ⅰ.C⋯ Ⅱ.汪⋯ Ⅲ.图形软件,CorelDRAW—高等学校—教材 Ⅳ.TP391.41

中国版本图书馆 CIP 数据核字(2010)第 063965 号

责任编辑:于天文
封面设计:ANTONIONI
版式设计:康 博
责任校对:胡雁翎
责任印制:何 芊

出版发行:	清华大学出版社	地 址:	北京清华大学学研大厦 A 座
	http://www.tup.com.cn	邮 编:	100084
社 总 机:	010-62770175	邮 购:	010-62786544

投稿与读者服务:010-62776969,c-service@tup.tsinghua.edu.cn
质 量 反 馈:010-62772015,zhiliang@tup.tsinghua.edu.cn

印 刷 者:北京市世界知识印刷厂
装 订 者:三河市金元印装有限公司
经 销:全国新华书店
开 本:210×285 印 张:25.5 字 数:920 千字
附光盘 1 张
版 次:2010 年 6 月第 2 版 印 次:2010 年 6 月第 1 次印刷
印 数:1~4000
定 价:50.00 元

产品编号:035594-01

主 编：

潘鲁生 山东工艺美术学院院长、教授、博士

副主编：

顾群业 山东工艺美术学院艺术与科学研究中心主任、副教授

高等院校数字艺术设计系列教材编委会

编委会主任：

何 洁 清华大学美术学院副院长、教授

编委会成员（按姓氏笔画排序）：

马 刚 中央美术学院设计学院副院长、教授
马 泉 清华大学美术学院装潢艺术设计系主任、副教授
王传东 山东工艺美术学院数字艺术与传媒学院院长、教授
田少煦 深圳大学艺术与设计学院 教授
许 平 中央美术学院设计学院副院长、教授、博士
李一凡 北京印刷学院设计艺术学院院长、教授
张培利 中国美术学院新媒体艺术系主任、教授
董占军 山东工艺美术学院教务处处长、教授、博士
潘鲁生 山东工艺美术学院院长、教授、博士

推动艺术设计教育发展，普及计算机辅助设计应用。

数字技术与设计艺术

（一）

20世纪90年代，随着数字技术的发展，电脑的普及，网络的扩展，人们迎来了"信息时代"，也称为"数字时代"或者"e时代"。信息时代，社会是一个"基于提供服务和非物质产品的社会"，数字化、非物质化、虚拟化是这一社会的显著特征。

数字化的计算机图形图像技术发展也为艺术设计带来了新的语境，它的介入改变了原先传统的设计方式，使设计艺术的非物质化趋势成为现实。马克•迪亚尼在《非物质性主导》中提到目前社会变化中的设计的改造与被改造、创建与被创建，基于一个制造和生产物质产品的社会向一个基于服务的经济型社会（以非物质产品为主）的转变。在非物质社会中设计的内涵和外延都得到了扩展，成为过去单方向发展的科学技术与人文文化之间的交融聚合的领域。其主要特征表现在设计内容的艺术化、个人化、多元化和设计手段的虚拟化、无纸化两个方面。

1、设计内容的艺术化、个人化、多元化发展。

新的社会形态中，设计艺术的形式内容发生了很大的变化。数字技术的发展为设计艺术创作提供了新的创作方式和设计语言，人们的一切艺术想象几乎都可变为现实，这大大提高了设计师创作的自由度。无可置疑，计算机是一个高效、便捷的实用工具，是实现设计意图的有效手段。这样的背景下，设计艺术的重心已经不再是某种有形的物质产品，而是逐渐脱离物质层面向精神层面靠拢。设计从静态的、理性的、单一的、物质的创造向动态的、感性的、复合的、非物质的创造转变。艺术的本质体现为自由的创造，非物质设计的发展使得过去功能性较强的设计艺术特质中艺术的成分越来越多，设计内容变得越来越艺术化。

全新的技术手段不仅给人们带来了全新的思维空间和视觉空间，也带来了新的感官需求和心理需求。一方面，在数字技术的支撑下，设计师创作的自由度大大提高；另一方面，人们的需求也变得越来越个人化、多元化。以人为本，服务需求的设计艺术必然会不断地满足和创造人们个人化、多元化的需求，这将促使设计艺术的面貌会走向多元化、个人化。

2、设计手段的虚拟化、无纸化趋势。

数字化浪潮对设计艺术影响最为明显的是设计手段的虚拟化和无纸化。数字技术的发展，使一切信息可以数字化，数码统一信息也逐渐由可能变为现实。这种情况下，形状、构图、色彩、线条和质地等设计要素数字化后也变成了虚拟的数码编号，设计师可以通过计算机对数字信息的进行处理，模拟出设计构思的结果，并可在虚拟的环境下反复修改。设计的整个过程完成了无纸化的操作，大大提高设计效率的同时也节省了资源。

非物质设计的发展，既表现了数字技术对传统艺术创作方式的冲击，也是科技与艺术的完美结合的体现。从传统的物质设计过渡到非物质设计，不仅反映了技术的发展，也反映并满足了人们对于多元化生活方式的渴求。

（二）

数字化时代，创意经济、文化产业、数字影像、体验时代成为使用最为频繁的关键词。计算机技术的进步推动了数字影像技术的飞速发展，以图形开发和图像处理为基础的可视化技术的应用成果借助大众媒体、互联网等手段得以广泛传播，DV、flash、电子杂志、动画、网络游戏日益成为新生代生活中不可缺少的一部分。这样的背景下，数字设计艺术作为新的艺术门类，正在以新产业主体的形象逐渐进入我们的视野。

从广义上讲，数字设计艺术泛指使用数字、信息技术制作的各种形式的有独立审美价值的艺术作品，以具有交互性和使用网络媒体为基本特征，包括：录像及互动装置、虚拟现实、网络艺术、多媒体、电脑动画、影视广告、网络游戏、CG静帧、DV（数字视频）、数字摄影以及数字音乐等。从经济的角度讲，数字艺术颇具市场潜力。数字艺术的诞生和发展为视讯内容的传播打开了大门，其表现手法越来越多样化，内容也越来越丰富多彩。现在，一切由电脑技术制作的媒体文化，都可归属于数字设计艺术的范畴。内容丰富的数字设计艺术，这种以新技术催生的艺术形式组成了数字创意产业的主体。

根据国际数据公司(IDC)公布的统计数据，早在2003年，我国网络游戏市场的规模已经达到13.2亿元人民币，而到2007年，这个数据更将达到67亿元人民币。但据国家新闻出版总署2005年1月24日的统计，我国当年数字创意和CG、游戏人才缺口在1.5万人左右，预计未来3至5年内数字艺术产业将成为我国支柱产业之一，人才缺口更将达60万人左右。一方面，巨大的数字创意产业商机面前，凸显出了数字设计人才的巨大缺口；另一方面，目前我国数字艺术人才培训两极分化严重，兼通艺术与电脑技术的复合型人才严重不足，这种现象已成为制约我国数字创意产业快速发展的关键因素。

（三）

工欲善其事，必先利其器。要想成为一名合格的艺术设计者，熟练掌握相关软件是进入艺术设计领域的技能基础。为了培养适应社会需求的数字艺术设计人才，在编委会各位专家的指导下，山东工艺美术学院组织一批有志于这方面研究的设计专业教师和具有实践经验的一线设计师，编写了这套教材，合理的作者团队结构，使这套教材能够紧密结合教学实际，讲解知识深入浅出，注重理论与实践的结合，引导学生独立思考，激发学生的创造性和积极性，形成其特色鲜明的一面。

这套教材分为标准教材和案例提高两类。标准教材类由大学教师参与编写，内容包括软件和行业理论知识，按照软件的功能进行模块化讲解，每个模块重点讲解常用的功能和理论知识，并配以相应精短实例练习，在软件功能模块之后按照行业应用安排大量精彩案例便于巩固所学；案例提高类由设计公司的一线设计师来完成，案例采用实际商业应用作品，并配有多媒体视频演示，案例采用逆向思维方式，按照实际项目流程，讲解创意来源和方法，以及制作流程图，有利于读者从实际商业优秀作品中领会艺术设计的精髓。之后的配套练习，给予读者充分的思维拓展空间。"高等院校艺术设计专业系列教材"，在培养学生艺术设计理论素养的同时，注重计算机技术在艺术设计中的应用。教材选择了应用较为广泛的几款软件，紧密结合学校的专业设计和课时安排，体现美院设计艺术特性，侧重艺术设计基本理论知识与设计创作技能方法的结合。

本套教材适合于高校视觉传达、广告设计、包装设计、环境艺术设计、装饰设计、产品造型设计、多媒体艺术、动画等专业，为艺术设计专业的学生提供了一套专业的、实用的，符合学校课程设计的教材，力图使学生在学习了艺术设计理论以后，能够掌握先进的设计工具，开阔自己的设计思维，坚持实践性与技能性结合的原则，成为符合社会需求的艺术设计人才。

这套教材凝聚了高等艺术设计院校设计教学和科研工作者的辛勤劳作和汗水，代表了当前国内艺术设计教学尤其是数字设计教学的成果。它既是艺术设计专业教学的强有力的工具，也是引导艺术设计专业的学习者走向艺术设计成功之路的良师益友。我们欣慰和喜悦于这么一套技术与艺术紧密结合的教材的出版，因为它为高等艺术设计人才的培养提供了一个坚实的基础。

前　言

随着经济发展的全球化，人们对美的追求越来越高，平面设计与人们的工作和生活已融为一体。CorelDRAW集图形设计、印刷排版、文字编辑和图形高品质输出功能于一体，广泛应用于插画绘制、企业形象识别设计、海报招贴宣传设计、产品包装设计、书籍装帧设计、工业造型设计等诸多方面。CorelDRAW X4是Corel公司推出的最新版本。它不仅是一个大型矢量图形制作工具软件，而且是一个大型的工具软件包。与以前的版本相比，CorelDRAW X4在操作界面、网页发布、支持的文本格式、颜色与打印等方面都有了很大的改进，增强了CorelDRAW在矢量图形领域所发挥的作用。

本书不是简单地介绍平面设计软件的各项菜单和功能，而是从使用角度出发，以实例介绍为主线，更多的是强调技巧上的应用，并对相关行业的必备知识、产品制作流程也进行了细致的讲解，将基础与创意相结合，为大多数只懂技术而缺少工作经验的设计爱好者提供了一定的创作思路和设计方法。本书内容涉及CorelDRAW各个应用领域，如海报设计、招贴设计、宣传页设计、包装设计、企业形象设计、书籍装帧设计、插画设计、产品造型设计和网页设计等。每个实例都严格遵循创作思路、设计要求和设计步骤等结构设计，并且在每章后面都有课后练习以激发读者的创作思维，让读者在熟悉软件功能的同时，能够掌握一定的设计方法和形式变化的规则，并能很快地投入到工作实践中。

本书主要内容

本书共包括9章，每章的主要内容如下。

第1章　海报设计：系统地介绍了动漫海报设计、旅游广告设计和音乐节海报设计思路和客户要求，并根据要求一步步制作出成品。

第2章　广告招贴设计：介绍招贴的类型，并着重介绍手机广告、品牌服饰广告和房地产广告的设计流程。

第3章　宣传页设计：介绍宣传页设计的基础知识，并着重介绍了汽车宣传页、水世界宣传折页、歌舞派对宣传页的设计思路和流程。

第4章　包装设计：介绍了包装设计的基础知识和设计流程，以及包装印刷的加工工艺，并系统地介绍了易拉罐、生活用纸包装、麦丽素包装和月饼包装等设计，以及包装的功能。

第5章　企业形象设计：介绍了企业形象设计的相关知识，并详细介绍了纯净水标志设计和VI设计的设计过程。

第6章　书籍装帧设计：介绍了书籍装帧相关的基础知识，并详细介绍了封面杂志设计、SMOKE封面设计的制作过程。

第7章　插画设计：介绍了插画在商业中的应用，并着重讲解了故事类书籍插画、少女心灵插画等绘制的详细过程。

第8章　产品造形设计：介绍了产品造形的设计思路和设计原理等，着重讲解了赛车模型和MP4模型的设计。

第9章　网站首页效果图设计：介绍了网页的相关知识，详细介绍了农场网页设计、摄影天地网页设计的详细制作过程。

本书实例丰富，涵盖了大量的基础知识和制作技巧，具有很强的实用性。为方便读者学习，本书还附赠一张多媒体教学光盘，是书中部分精彩实例的制作演示，读者可以配合本书的实例学习使用。

由于编者水平有限，书中的不足和错误之处在所难免，敬请专家和读者给予批评与指正。

编　者
2010年1月

目 录

CorelDRAW平面设计应用案例教程(第二版)

>>>>> 〉 〉 高等院校数字艺术设计系列教材

第1章
海报设计 ①

第2章
广告招贴设计 ㊸

第3章
宣传页设计 �91

第4章

包装设计 147

第5章

企业形象设计 199

第6章

书籍装帧设计 233

第7章

插画设计 261

第 8 章
产品造型设计

321

第 9 章
网站首页效果图设计

361

海报设计

第 1 章

关于海报

海报的英文为 Post，原来是从"贴于柱上"的 Post 转用而来，凡张贴于柱上的告示皆可称为 Poster。就设计名词来讲，"海报"可以定义为"一种平面形式的广告招贴媒体"，或"张贴的大幅印刷广告物"。

海报距今已有一百多年的历史，是一种张贴于公共场所的户外平面印刷广告，它主要分为商业海报和社会公益海报两大类型。虽然海报艺术随着信息时代的到来而面临来自报纸、杂志、电视等媒体的冲击，但不断求异创新的公益海报艺术所显示出的高文化含量和在视觉表现上的独特艺术魅力，仍旧使其处于广告宣传媒体的重要地位。而以纯经济利益为目的的商业海报，由于针对产品目标受众的局限性，无法摆脱激烈的市场竞争和经济操纵，过分注重物质层面的商业价值，从而忽略了精神层面的文化价值和艺术价值，难以获得长久的生命力。在信息时代的今天，许多企业都纷纷与公益海报联姻，以此作为塑造企业自身形象的媒体窗口。商业海报的运作也因此更注重文化性、艺术性，借以缩短同公益海报在文化上的差距，进而提高其亲和力和美誉度。

由于海报是制作简单且又传统的广告媒体，所以应用的场所非常广泛。若按照海报使用的目的和性质，大致可以分为下列几种。

◎ 海报的种类

1. 商业性海报

企业为了传达商业信息，达到促销的目的所印制的海报，称为商业性海报。也就是广告商品或企业形象的海报。若以广告商品为主，通常海报会以该商品为表现的主题，例如百货公司的化妆品海报、药厂的药品海报等。

2. 观光性海报

旅行社或航空公司以国际旅行或地方名胜观光为宣传目的的海报，称为观光性海报。观光性海报通常以当地的风景名胜或民间节庆与习俗为表现的主题，比较强调地方性的特色。

3. 公益性海报

以有关公共利益为宣传目的的海报，称为公益性海报。例如禁烟、防癌、防火、关爱老人等海报。

面临"信息技术全球共享"的时代，公益海报艺术的文化内涵会不断地延展，文化特质也更加突出。电脑图形设计所创造的前所未有的高精度、高效率，以及丰富而全新的视觉表现效果，为公益海报设计师提供了一种超乎想象的创意空间和丰富的艺术表现形式，并使其成为一种新的作业标准，促使公益海报艺术走向更为广阔的前景。

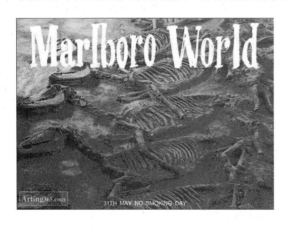 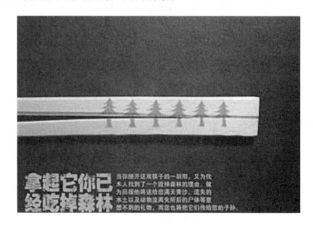

4. 政治性海报

具有政治目的的海报，称为政治性海报。例如政令宣传或战时鼓舞士气的海报等。

5. 教育性海报

具有推行社会教育目的的海报，称为教育性海报。例如节育、优生、垃圾处理等海报。

6. 文化性海报

例如电影、戏剧、音乐、展会等的海报。

从广告媒体的角度来看，海报具有以下几点特征。

◎ 海报的特性

1. 张贴位置可以自由选择

自由选择是指在指定的张贴地点或场所，而非四处乱贴，例如人口比较集中的地点，或出入较频繁的场所，同时，在张贴的位置上也需选取适当的高度。

2. 借助色彩和面积来达成醒目的效果

海报的大小，一般以纸张的完全利用为原则，通常有全开、对开、四开、六开等，可根据使用目的和张贴场所决定其大小。例如文化海报，我国通常使用对开较多，大型电器用品、化妆品的海报，也以对开居多，而药品海报则以小于四开比较常见。至于色彩方面，以达到吸引别人的注意为主要目的。因此，其大小、色彩的使用可随意设计，具有相当的弹性。

3. 张贴时间长，具有重复的宣传效果

海报印制的张数虽然不及报纸多，但是一张海报张贴出去之后，具有持续性的广告效果。除了同一个人可能重复地看到同一张海报之外，不同的人在不同的时间内看到同一张海报的可能性则更大。

4. 可以在同一地方连续张贴数张海报

海报与其他广告媒体最大的不同点是，海报可以在同一地方张贴数张，以加强视觉效果，给人深刻的印象。而且连续张贴的海报更能产生热闹的气氛，影响观众的情绪。因此，海报的设计，必须要考虑其连续张贴数张时的视觉效果。

◎ 优秀海报欣赏

1.1 动漫海报设计

创作思路：动漫作为新兴的文化产业，通过在市面上大量的推广，促使各种图书、影碟得到了热销。所以，动漫宣传海报的作用也就凸显了出来。我们在设计海报时，要根据所做动漫的主题进行相应的设计，从而起到良好的宣传效果。

◎ 设计要求

设计内容	○ 动漫海报设计
客户要求	○ 尺寸为 210mm × 297mm。要求突出企业信息内容，画面要有冲击力
最终效果	○ 光盘：动漫海报设计

◎ 设计步骤

最终效果

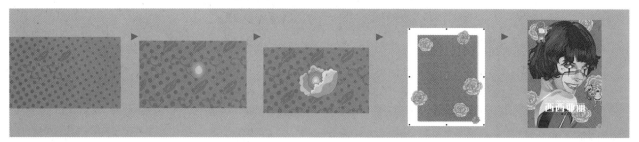

◎ 新建文档并重新设置页面大小

01 执行"文件"|"新建"命令(或按键【Ctrl+N】快捷键），新建一个空白文档。执行"版面"|"页设置"命令，弹出"选项"对话框，选择"页面"|"大小"命令，设置好文档大小为210mm × 297mm，文档的页面大小包括了出血的区域。

◎ 设置边框轮廓

02 双击工具箱中的"矩形工具"□，这时在页面上会出现一个与页面大小相同的矩形框，按快捷键【Shift+F11】，打开"均匀填充"对话框，设置颜色参数为（R:2，G:171，B:157）后，单击"确定"按钮。在调色板的"透明色"按钮⊠上单击鼠标右键，取消外框的颜色。

03 选择工具箱中的"椭圆形工具"○，按住【Ctrl】键在图像中绘制两个圆形，按快捷键【Shift+F11】，打开"均匀填充"对话框，设置颜色参数为（R:2，G:120，B:106）后，单击"确定"按钮。在调色板的"透明色"按钮⊠上单击鼠标右键，取消外框的颜色。

04 选择工具箱中的"交互式调和工具"⬚，从大圆向小圆拖动鼠标，对属性栏进行设置，得到如图的渐变效果。

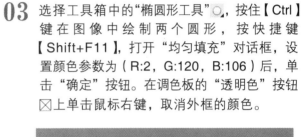

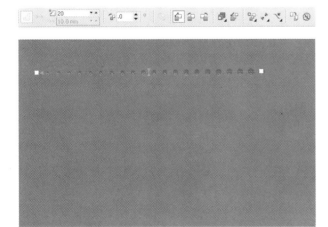

05 使用工具箱中的"挑选工具"▷，按住【Ctrl】键使用鼠标左键向下拖动调和图形，按住鼠标左键不放同时单击鼠标右键，然后释放鼠标左键，以复制一排调和图形。

06 按快捷键【Ctrl+D】执行"再制"操作，按快捷键数次，得到如图所示的效果。

07 使用工具箱中的"挑选工具" ，框选这组圆点图形，然后按快捷键【Ctrl+G】群组图形。

08 使用工具箱中的"挑选工具" 选中线段，按小键盘上的【+】键以复制图形，再按住【Ctrl】键用鼠标左键向右拖动控制框左边中间的控制点，水平镜像图像并向右适当移动。

09 使用工具箱中的"挑选工具" ，框选这组圆点图形，然后按快捷键【Ctrl+G】群组图形。

10 执行"效果"|"图框精确剪裁"|"放置在容器中"命令，此时的光标呈"黑箭头"状态 ，将箭头指向矩形选框中单击使图形置入。在置入的图形上单击鼠标右键，从弹出的快捷菜单中选择"编辑内容"命令，旋转图形并调整图形的位置到如图的效果，在图形上单击鼠标右键，从弹出的快捷菜单中选择"结束编辑"命令。

11 使用工具箱中的"贝塞尔工具" ，在图像中绘制图形，按快捷键【Shift+F11】，打开"均匀填充"对话框，设置颜色参数为（R:158，G:37，B:0）后,单击"确定"按钮。在调色板的"透明色"按钮 上单击鼠标右键，取消外框的颜色。

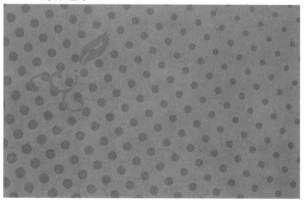

12 使用工具箱中的"挑选工具"，框选这组花纹图形，然后按快捷键【Ctrl+G】群组图形。

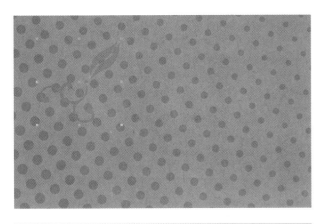

13 使用工具箱中的"挑选工具"，按住【Ctrl】键使用鼠标左键向右拖动花纹，按住鼠标左键不放同时单击鼠标右键，然后释放鼠标左键，以复制一个花纹。

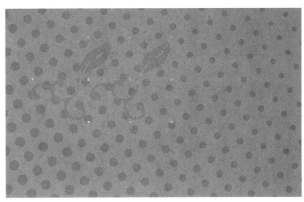

14 按快捷键【Ctrl+D】执行"再制"操作，按快捷键数次，得到如图所示的效果。

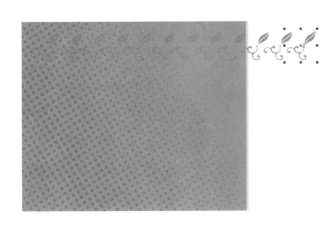

15 使用工具箱中的"挑选工具"，框选这排花纹图形，然后按快捷键【Ctrl+G】群组图形。

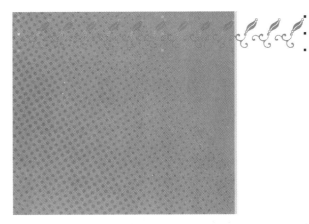

16 按快捷键【Ctrl+D】执行"再制"操作，按快捷键数次，得到如图所示的效果。

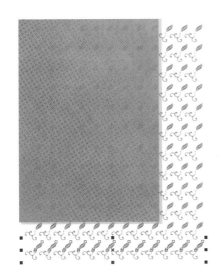

17 使用工具箱中的"挑选工具"，框选全部花纹图形，然后按快捷键【Ctrl+G】群组图形。

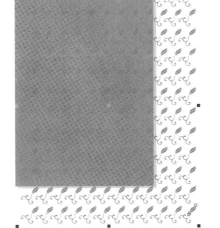

18 执行"效果"｜"图框精确剪裁"｜"放置在容器中"命令，此时的光标呈"黑箭头"状态 ➡，将箭头指向矩形选框中单击使图形置入。在置入的图形上单击鼠标右键，从弹出的快捷菜单中选择"编辑内容"命令，调整图形的位置到如图的状态，在图形上单击鼠标右键，从弹出的快捷菜单中选择"结束编辑"命令。

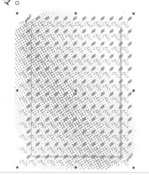

19 使用工具箱中的"贝塞尔工具" ，在图像中绘制图形，按快捷键【Shift+F11】，打开"均匀填充"对话框，设置颜色参数为（R:252 G:53 B:96）后，单击"确定"按钮，按【F12】键，打开"轮廓笔"对话框，对参数进行设置后单击"确定"按钮。

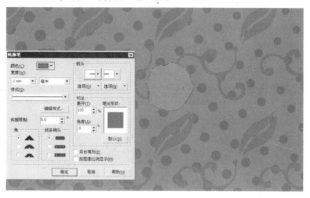

20 使用工具箱中的"贝塞尔工具" ，在图像中绘制图形，按快捷键【Shift+F11】，打开"均匀填充"对话框，设置颜色参数为（R:255，G:94，B:129）后，单击"确定"按钮，在调色板的"透明色"按钮⊠上单击鼠标右键，取消外框的颜色。

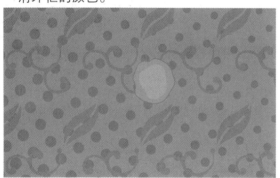

21 使用工具箱中的"贝塞尔工具" ，在图像中绘制图形，按快捷键【Shift+F11】，打开"均匀填充"对话框，设置颜色参数为（R:255，G:163，B:195）后，单击"确定"按钮，在调色板的"透明色"按钮⊠上单击鼠标右键，取消外框的颜色。

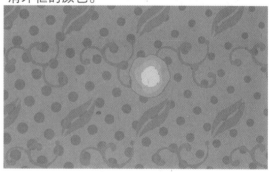

22 使用工具箱中的"贝塞尔工具" ，在图像中绘制图形，按快捷键【Shift+F11】，打开"均匀填充"对话框，设置颜色参数为（R:255，G:222，B:232）后，单击"确定"按钮，在调色板的"透明色"按钮⊠上单击鼠标右键，取消外框的颜色。

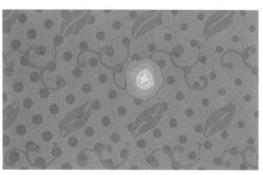

23 使用工具箱中的"挑选工具" ，框选这组花心图形，然后按快捷键【Ctrl+G】群组图形。

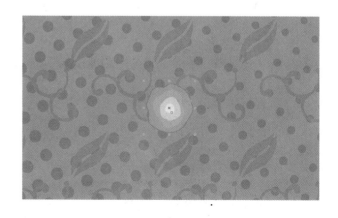

24 使用工具箱中的"贝塞尔工具"，在图像中绘制图形，按快捷键【Shift+F11】，打开"均匀填充"对话框，设置颜色参数为（R:252，G:53，B:96）后，单击"确定"按钮，按【F12】键，打开"轮廓笔"对话框，对参数进行设置后单击"确定"按钮。

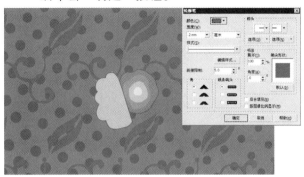

25 使用工具箱中的"贝塞尔工具"，在图像中绘制图形，按快捷键【Shift+F11】，打开"均匀填充"对话框，设置颜色参数为（R:255，G:94，B:129）后，单击"确定"按钮，在调色板的"透明色"按钮⊠上单击鼠标右键，取消外框的颜色。

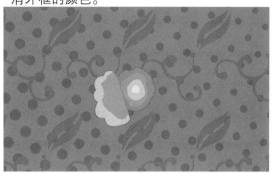

26 使用工具箱中的"挑选工具"，框选这组花瓣图形，然后按快捷键【Ctrl+G】群组图形，按快捷键【Ctrl+Page Down】下移图层。

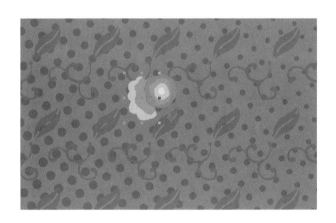

27 使用工具箱中的"贝塞尔工具"，在图像中绘制图形，按快捷键【Shift+F11】，打开"均匀填充"对话框，设置颜色参数为（R:255，G:222，B:232）后，单击"确定"按钮，按【F12】快捷键，打开"轮廓笔"对话框，对参数进行设置后单击"确定"按钮。

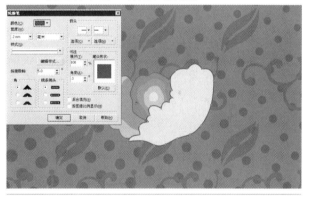

28 使用工具箱中的"贝塞尔工具"，在图像中绘制图形，按快捷键【Shift+F11】，打开"均匀填充"对话框，设置颜色参数为（R:255，G:163，B:195）后，单击"确定"按钮，在调色板的"透明色"按钮⊠上单击鼠标右键，取消外框的颜色。

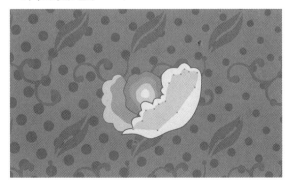

29 使用工具箱中的"贝塞尔工具"，在图像中绘制图形，按快捷键【Shift+F11】，打开"均匀填充"对话框，设置颜色参数为（R:255，G:94，B:129）后，单击"确定"按钮，在调色板的"透明色"按钮⊠上单击鼠标右键，取消外框的颜色。

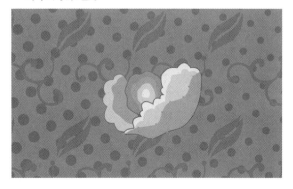

30 使用工具箱中的"贝塞尔工具"，在图像中绘制图形，按快捷键【Shift+F11】，打开"均匀填充"对话框，设置颜色参数为（R:252，G:53，B:96）后，单击"确定"按钮，按【F12】键，打开"轮廓笔"对话框，对参数进行设置后单击"确定"按钮。

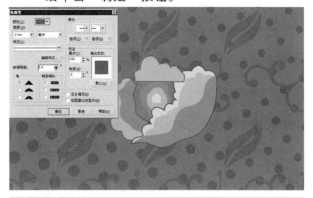

31 使用工具箱中的"贝塞尔工具"，在图像中绘制图形，按快捷键【Shift+F11】，打开"均匀填充"对话框，设置颜色参数为（R:255，G:94，B:129）后，单击"确定"按钮，在调色板的"透明色"按钮⊠上单击鼠标右键，取消外框的颜色。

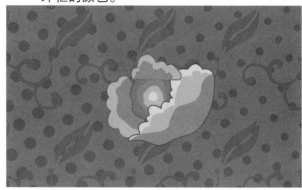

32 使用工具箱中的"挑选工具"，框选这组花瓣图形，然后按快捷键【Ctrl+G】群组图形，按快捷键【Ctrl+Page Down】下移图层。

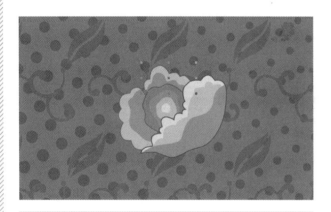

33 使用工具箱中的"贝塞尔工具"，在图像中绘制图形，按快捷键【Shift+F11】，打开"均匀填充"对话框，设置颜色参数为（R:252，G:53，B:96）后，单击"确定"按钮，按【F12】键，打开"轮廓笔"对话框，对参数进行设置后单击"确定"按钮。

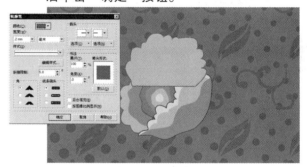

34 使用工具箱中的"贝塞尔工具"，在图像中绘制图形，按快捷键【Shift+F11】，打开"均匀填充"对话框，设置颜色参数为（R:255，G:94，B:129）后，单击"确定"按钮，在调色板的"透明色"按钮⊠上单击鼠标右键，取消外框的颜色。

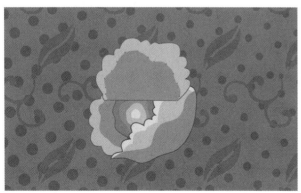

35 使用工具箱中的"挑选工具"，框选这组花瓣图形，然后按快捷键【Ctrl+G】群组图形，按快捷键【Ctrl+Page Down】下移图层。

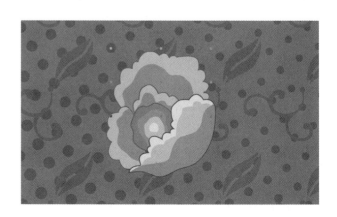

36 用以上绘制花瓣的方法继续绘制花瓣图形，最终得到如图所示的花朵图案。

37 使用工具箱中的"挑选工具"，框选花朵图形，然后按快捷键【Ctrl+G】群组图形。

38 使用工具箱中的"挑选工具"，选择花朵图形，然后把它移动到如图的位置。

39 使用工具箱中的"挑选工具"，选择圆形渐变图像，使用鼠标左键向左拖动图像，按住鼠标左键不放同时单击鼠标右键，然后释放鼠标左键，以复制一个圆形渐变图像，然后变换图像到如图的大小。

40 使用上一步的方法继续复制花朵，并变换到合适的大小和角度，得到如图的效果。

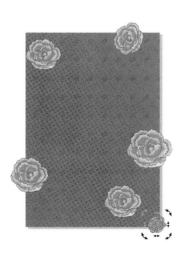

41 使用工具箱中的"挑选工具"，按住【Shift】键选择画面的 4 个花朵，然后按快捷键【Ctrl+G】群组图形。

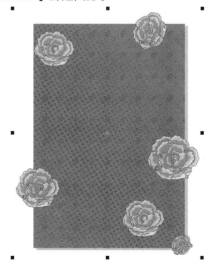

42 执行"效果"|"图框精确剪裁"|"放置在容器中"命令，此时的光标呈"黑箭头"状态➡，将箭头指向矩形选框中单击使图形置入，在置入的图形上单击鼠标右键，从弹出的快捷菜单中选择"编辑内容"命令，调整图形如图的位置，在图形上单击鼠标右键从弹出的快捷菜单中选择"结束编辑"命令。

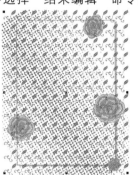

43 单击属性栏的"导入"按钮，打开"导入"对话框，导入配套光盘中的"素材1"文件。

44 执行"效果"|"图框精确剪裁"|"放置在容器中"命令，此时的光标呈"黑箭头"状态➡，将箭头指向矩形选框中单击使图片置入，在置入的图片上单击鼠标右键，从弹出的快捷菜单中选择"编辑内容"命令，调整图像的位置到如图的状态，在图片上单击鼠标右键，从弹出的快捷菜单中选择"结束编辑"命令。

45 单击属性栏的"导入"按钮，打开"导入"对话框，导入配套光盘中的"素材2"文件。按快捷键【Ctrl+U】取消群组。

46 选择工具箱中的"挑选工具"，分别将素材放置到如图所示的位置，并调整到如图所示的大小，然后选择蓝色的怪物图像，

47 执行"效果"|"图框精确剪裁"|"放置在容器中"命令，此时的光标呈"黑箭头"状态➡，将箭头指向矩形选框中单击使图片置入，在置入的图片上单击鼠标右键，从弹出的快捷菜单中选择"编辑内容"命令，调整图像的位置到如图的状态，在图片上单击鼠标右键，从弹出的快捷菜单中选择"结束编辑"命令。

48 使用工具箱中的"文本工具"字，设置适当的字体和字号，在如图的位置输入相关文字。

49 使用工具箱中的"贝塞尔工具"，按住【Shift】键在图像中绘制一条水平直线，按【F12】键，打开"轮廓笔"对话框，对参数进行设置后单击"确定"按钮，得到一条黑色的直线。

50 使用工具箱中的"挑选工具"，按住【Ctrl】键使用鼠标左键向右拖动直线，按住鼠标左键不放同时单击鼠标右键，然后释放鼠标左键，以复制一条直线。

51 经过以上步骤的操作，得到这幅作品的最终效果。

1.2 旅游广告设计

创作思路：随着人们生活水平的提高，旅游的人也越来越多。各大旅行社都推出了丰富多彩的旅游项目，所以，有关旅游的海报设计需求也随之增多。在旅游海报的设计中要突出活动的主题，画面要明亮动人。

◎ 设计要求

设计内容	○ 旅游广告设计
客户要求	○ 尺寸为297mm × 180mm。要求突出企业信息内容，画面要有冲击力
最终效果	○ 💿光盘：旅游广告设计

◎ 设计步骤

最终效果

◎ 新建文档并重新设置页面大小

01 执行"文件"|"新建"命令（或按 Ctrl+N 快捷键），新建一个空白文档。执行"版面"|"页设置"命令，弹出"选项"对话框，选择"页面"|"大小"命令，设置好文档大小为 297mm × 180mm，文档的页面大小包括了出血的区域。

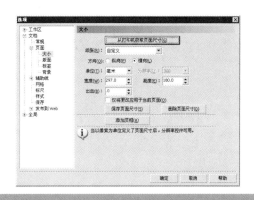

◎ 设置边框轮廓

02 双击工具箱中的"矩形工具"▢，这时在页面上会出现一个与页面大小相同的矩形框，按快捷键【Shift+F11】，打开"均匀填充"对话框，设置颜色参数为（R:236 G:114 B:55），单击"确定"按钮。在调色板的"透明色"按钮⊠上单击鼠标右键，取消外框的颜色。

03 使用工具箱中的"文本工具"字，设置适当的字体和字号，在如图的位置输入相关文字。

04 使用工具箱中的"挑选工具"▨选择"HONG KONG"文字，按【F12】快捷键，打开"轮廓笔"对话框，对参数进行设置后单击"确定"按钮。

05 按小键盘上的【+】键以复制文字，使用工具箱中的"挑选工具"▨把文字拖到旁边，然后在调色板的"透明色"按钮⊠上单击鼠标右键，取消外框的颜色。

06 使用工具箱中的"挑选工具" ，选择带白边的"HONG KONG"文字，按快捷键【Ctrl+Shift+Q】将轮廓转化为对象。

07 使用工具箱中的"形状工具" ，选择文字，把中间不需要的节点都选中删除掉，最终的到如图所示的效果。

08 使用工具箱中的"挑选工具" ，选择黑色"HONG KONG"文字，把它移动到如图所示的位置。

09 使用工具箱中的"挑选工具" 选择"SUMMER TEMPTATIONS"文字，按【F12】快捷键，打开"轮廓笔"对话框，对参数进行设置，然后单击"确定"按钮。

10 按小键盘上的【+】键以复制文字，使用工具箱中的"挑选工具" 把文字拖到旁边，然后在调色板的"透明色"按钮⊠上单击鼠标右键，取消外框的颜色。

11 使用工具箱中的"挑选工具" ，选择带白边的"SUMMER TEMPTATIONS"文字，按快捷键【Ctrl+Shift+Q】将轮廓转化为对象，使用工具箱中的"形状工具" ，选择文字，把中间不需要的节点都选中删除掉，最终的到如图所示的效果。

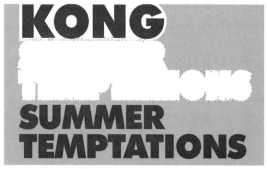

12 使用工具箱中的"挑选工具" ，选择黑色 "SUMMER TEMPTATIONS"文字，把它移动 到如图所示的位置。

13 使用工具箱中的"文本工具"字，设置适当的 字体和字号，在如图的位置输入相关文字。

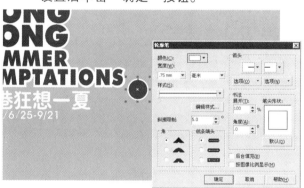

14 单击工具箱中的"椭圆形工具" ，按住【Ctrl】 键在图像中绘制一个圆形，在调色板的"黑" 按钮上单击鼠标左键，填充黑色，按【F12】 快捷键，打开"轮廓笔"对话框，对参数进行 设置后单击"确定"按钮。

15 使用工具箱中的"文本工具"字，设置适当的 字体和字号，在圆形中输入"CLICK"文字。

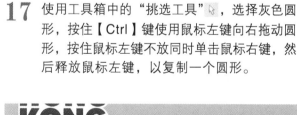

16 单击工具箱中的"椭圆形工具" ，按住【Ctrl】 键在图像中绘制一个圆形，在调色板的"20% 黑"按钮上单击鼠标左键，填充灰色，再在调 色板的"透明色"按钮上单击鼠标右键，取 消外框的颜色。

17 使用工具箱中的"挑选工具" ，选择灰色圆 形，按住【Ctrl】键使用鼠标左键向右拖动圆 形，按住鼠标左键不放同时单击鼠标右键，然 后释放鼠标左键，以复制一个圆形。

18 按快捷键【Ctrl+D】执行"再制"操作，按快捷键 4 次以向右边复制 4 个圆形。

19 单击属性栏的"导入"按钮，打开"导入"对话框，导入配套光盘中的"素材 1"文件。

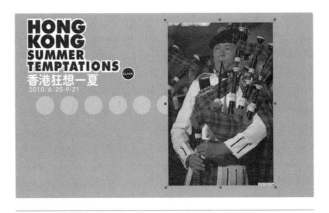

20 执行"效果" | "图框精确剪裁" | "放置在容器中"命令，此时的光标成"黑箭头"状态，将箭头指向矩形选框中单击使图片置入，在置入的图片上单击鼠标右键，从弹出的菜单中选择"编辑内容"命令，调整图像的位置到如图的状态，在图片上单击鼠标右键从弹出的菜单中选择"结束编辑"命令。

21 单击属性栏的"导入"按钮，打开"导入"对话框，导入配套光盘中的"素材 2"文件。

22 执行"效果" | "图框精确剪裁" | "放置在容器中"命令，此时的光标成"黑箭头"状态，将箭头指向矩形选框中单击使图片置入，在置入的图片上单击鼠标右键，从弹出的菜单中选择"编辑内容"命令，调整图像的位置到如图的状态，在图片上单击鼠标右键从弹出的菜单中选择"结束编辑"命令。

23 单击属性栏的"导入"按钮，打开"导入"对话框，依次导入配套光盘中的"素材 3"、"素材 4""素材 5"、"素材 6"图片。

24 分别执行"效果"|"图框精确剪裁"|"放置在容器中"命令,将素材置入容器并调整到合适的大小,最终得到如图所示的效果。

25 单击属性栏的"导入"按钮，打开"导入"对话框,导入配套光盘中的"素材7"文件。

26 选择工具箱中的"挑选工具" ，将素材放置到如图的位置,并调整到如图所示大小。

27 选择工具箱中的"交互式透明工具" ，对属性栏进行设置,在图形上从左到右拖动鼠标,对透明色快进行设置,得到如图所示的效果。

28 单击工具箱中的"椭圆形工具" ，按住【Ctrl】键在图像中绘制一个圆形,在调色板的"白色"按钮上单击鼠标左键,填充白色,再在调色板的"透明色"按钮上单击鼠标右键,取消外框的颜色,按快捷键【Ctrl+Page Down】下移图层。

29 选择工具箱中的"交互式透明工具" ，对属性栏进行设置,得到如图所示的效果。

30 使用工具箱中的"挑选工具" 选择透明圆形，使用鼠标左键向右拖动图像，按住鼠标左键不放同时单击鼠标右键，然后释放鼠标左键，以复制一个透明圆形，然后缩小图形。选择工具箱中的"交互式透明工具" ，对属性栏进行设置，得到如图所示的效果。

31 继续使用工具箱中的"挑选工具" ，再复制两个透明圆形，并变换到合适的大小。

32 使用工具箱中的"文本工具" 字，设置适当的字体和字号，在如图所示的位置输入相关文字。

33 单击属性栏的"导入"按钮 ，打开"导入"对话框，导入配套光盘中的"素材8"文件。

34 按快捷键【Ctrl+U】取消群组。选择工具箱中的"挑选工具" ，分别将两个人物放置到如图的位置，并调整到如图所示大小。

35 单击属性栏的"导入"按钮 ，打开"导入"对话框，导入配套光盘中的"素材9"文件。

36 按快捷键【Ctrl+U】取消群组。选择工具箱中的"挑选工具" ，分别将4个图标放置到如图的位置，并调整到如图所示大小。

37 选择工具箱中的"交互式透明工具" ，对属性栏进行设置，在图形上从左到右拖动鼠标，得到如图的效果。

38 单击属性栏的"导入"按钮 ，打开"导入"对话框，导入配套光盘中的"素材10"文件。

39 使用工具箱中的"挑选工具" ，复制一个素材，并变换他的大小。

40 分别执行"效果"|"图框精确剪裁"|"放置在容器中"命令，将素材置入2个黑色文字容器中并调整到合适的大小，然后结束编辑。

41 经过以上步骤的操作，得到这幅作品的最终效果。

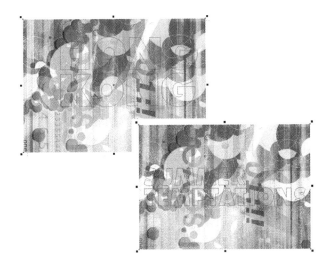

1.3 音乐节海报设计

创作思路：伴随着人们物质生活的提高，随之而来的便是对精神生活的要求也越来越高。各种音乐节、艺术节也就应运而生。海报的制作要突出音乐节的主题，画面要有节奏感和韵律感。

◎ 设计要求

设计内容	○ 音乐节海报设计
客户要求	○ 尺寸为 210mm × 297mm。要求突出企业信息内容，画面要有冲击力
最终效果	○ 💿光盘：音乐节海报设计

◎ 设计步骤

最终效果

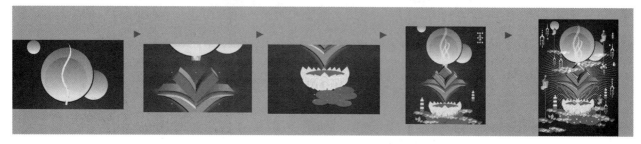

◎ 新建文档并重新设置页面大小

01 执行“文件”|“新建”命令(或按快捷键Ctrl+N),新建一个空白文档。执行“版面”|“页设置”命令,弹出“选项”对话框,选择“页面”|“大小”命令,设置好文档大小为297mm×210mm,文档的页面大小包括了出血的区域。

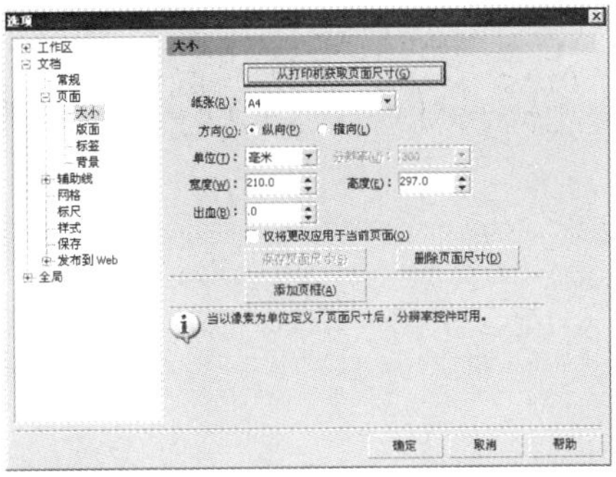

◎ 设置边框轮廓

02 双击工具箱中的“矩形工具”□,这时在页面上会出现一个与页面大小相同的矩形框,按【F11】键,打开“渐变填充”对话框,对颜色参数进行设置后单击“确定”按钮。在调色板的“透明色”按钮☒上单击鼠标右键,取消外框的颜色。

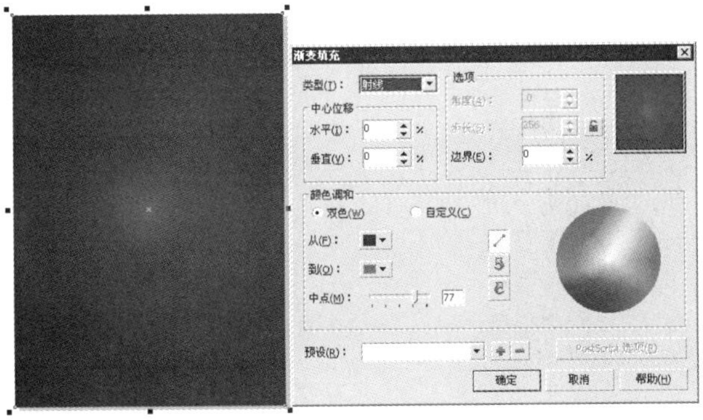

03 选择工具箱中的“椭圆形工具”○,按住【Ctrl】键在图像中绘制一个圆形,按【F11】键,打开“渐变填充”对话框,对参数进行设置后单击“确定”按钮。按【F12】键,打开“轮廓笔”对话框,对参数进行设置后单击“确定”按钮。

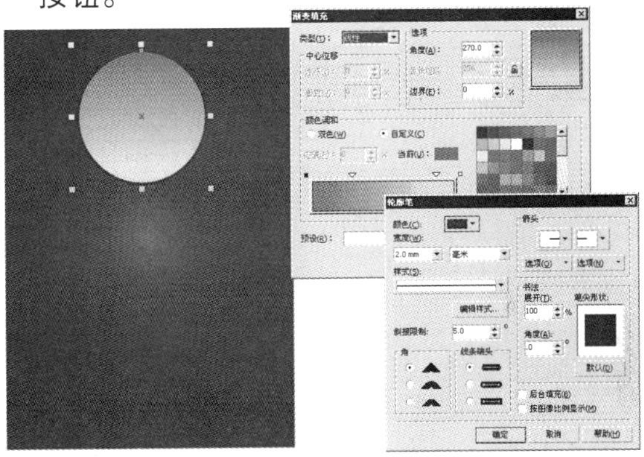

04 使用工具箱中的“挑选工具”,选中渐变圆形,按小键盘上的【+】键以复制渐变圆形,缩小复制的圆形,在调色板的“透明色”按钮☒上单击鼠标右键,取消外框的颜色。

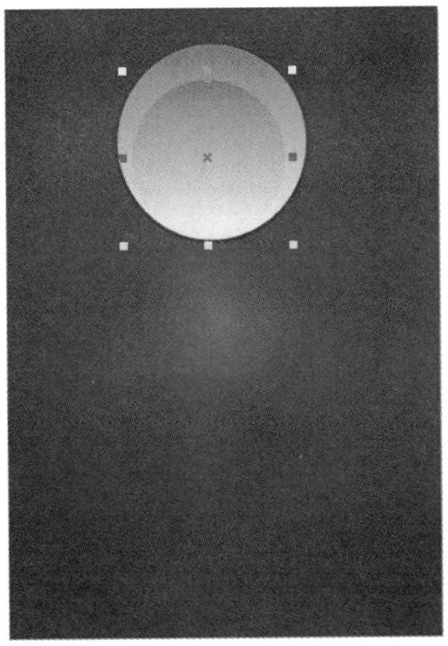

05 使用工具箱中的“挑选工具”,再复制两个渐变圆形,放置在如图的位置并变换到合适的大小,按快捷键【Ctrl+Page Down】下移图层。

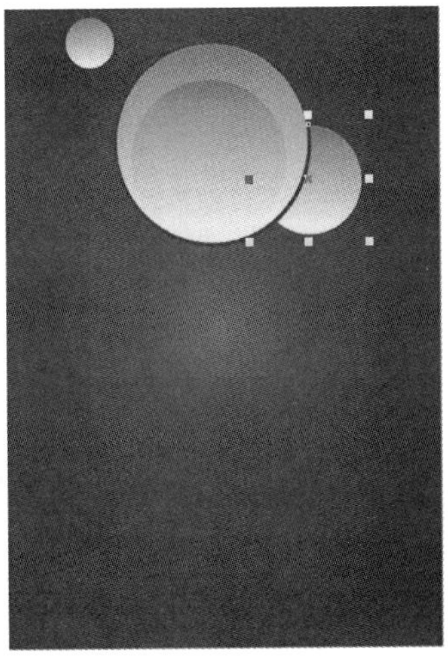

06 使用工具箱中的"贝塞尔工具" ，在图像中绘制图形，在调色板的"黄色"按钮上单击鼠标左键，填充黄色，再在调色板的"透明色"按钮⊠上单击鼠标右键，取消外框的颜色。

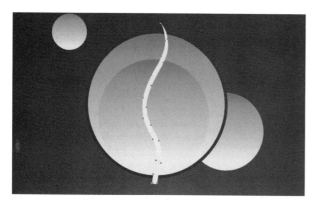

07 选择工具箱中的"交互式透明工具" ，对属性栏进行设置，得到如图的效果。

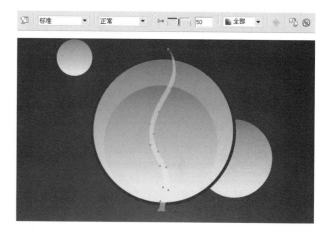

08 使用工具箱中的"挑选工具" ，选择透明曲线图形，使用鼠标左键向左拖动图像，按住鼠标左键不放同时单击鼠标右键，然后释放鼠标左键，以复制一个透明曲线图形。

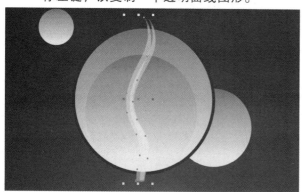

09 使用工具箱中的"贝塞尔工具" ，在图像中绘制图形，在调色板的"黄色"按钮上单击鼠标左键，填充黄色，再在调色板的"透明色"按钮⊠上单击鼠标右键，取消外框的颜色。

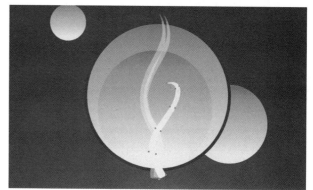

10 选择工具箱中的"交互式透明工具"，对属性栏进行设置，得到如图的效果。

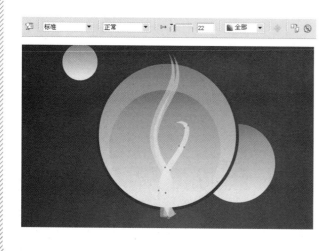

11 使用工具箱中的"贝塞尔工具" ，在图像中绘制图形，在调色板的"黄色"按钮上单击鼠标左键，填充黄色，再在调色板的"透明色"按钮⊠上单击鼠标右键，取消外框的颜色。

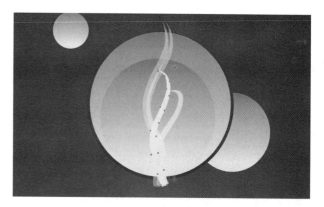

12 选择工具箱中的“交互式透明工具”，对属性栏进行设置，得到如图的效果。

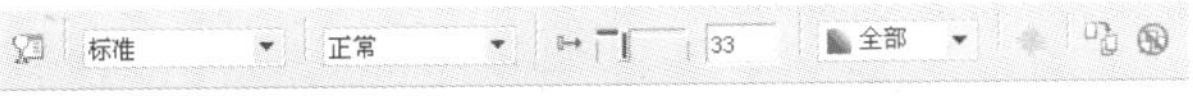

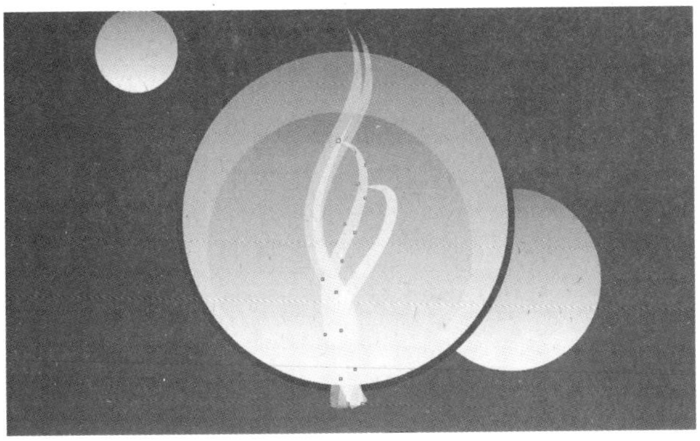

13 使用工具箱中的“贝塞尔工具”，在图像中绘制图形，在调色板的“黄色”按钮上单击鼠标左键，填充黄色。在调色板的“透明色”按钮⊠上单击鼠标右键，取消外框的颜色。

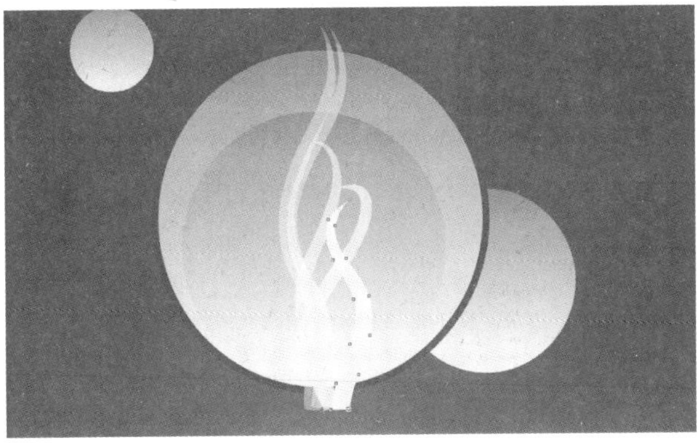

14 选择工具箱中的“交互式透明工具”，对属性栏进行设置，得到如图的效果。

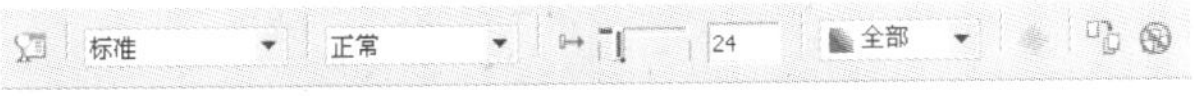

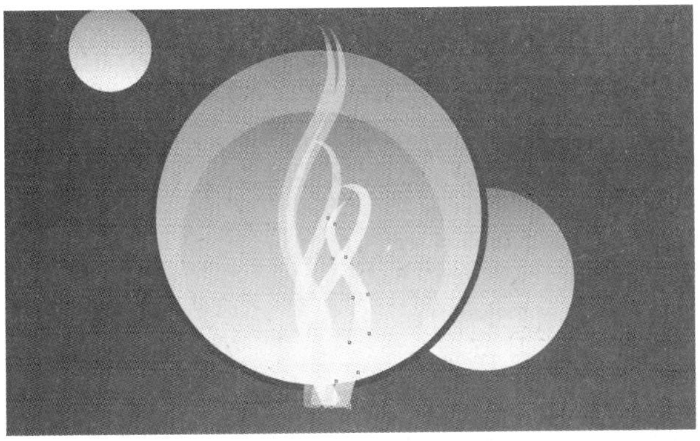

15 使用工具箱中的“贝塞尔工具”，在图像中绘制“V”字图形，在调色板的“20%黑”按钮上单击鼠标左键，填充灰色，再在调色板的“透明色”按钮⊠上单击鼠标右键，取消外框的颜色。

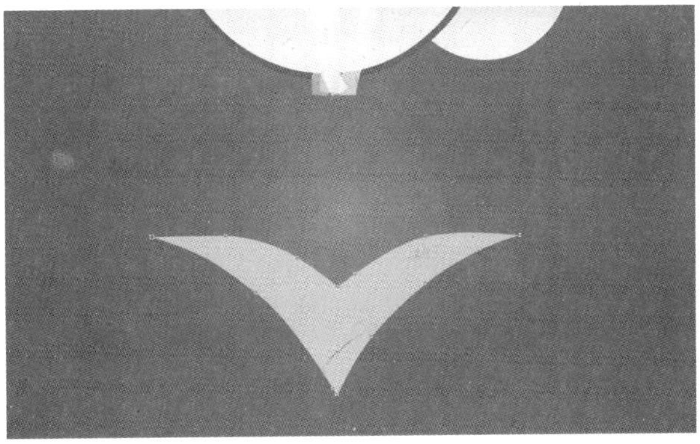

16 使用工具箱中的“交互式立体化工具”，在“V”字图形上从中心向上拖动鼠标，得到如图的效果。

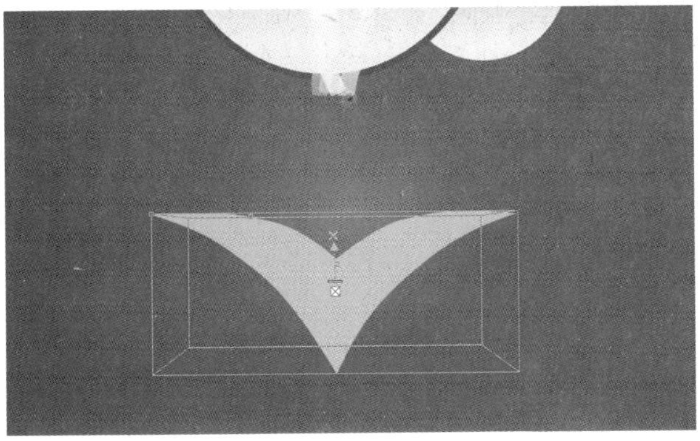

17 使用工具箱中的“挑选工具”，选择“V”字图形，单击属性栏中的“交互式立体化颜色”按钮，对弹出的面板进行设置，得到如图的效果。

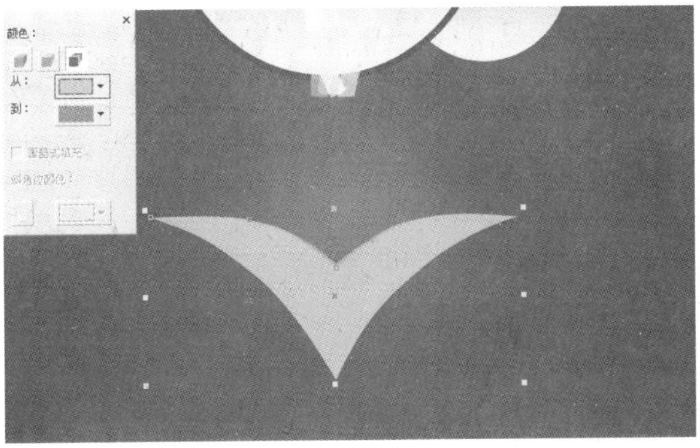

18 设置属性栏的"深度"数值，单击属性栏中的"立体的方向"按钮，对弹出的面板进行设置，得到如图的效果。

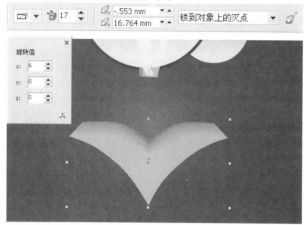

19 单击属性栏中的"照明"按钮，分别对"光源1"和"光源2"的位置和强度进行设置，得到如图的效果。

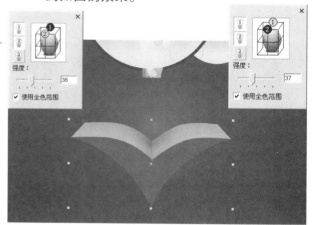

20 使用工具箱中的"挑选工具"，选择"V"字图形，按快捷键【Ctrl+K】执行"打散斜角立体化群组"操作，这时立体文字被打散为两部分。选择"V"字图形的顶面部分，按快捷键【Ctrl+U】取消群组。

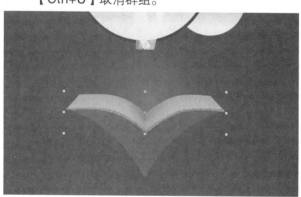

21 使用工具箱中的"挑选工具"，框选"V"字图形的顶面左边部分所有的小色块，然后单击属性栏中的"焊接"按钮，把它们焊接在一起。

22 按快捷键【F11】，打开"渐变填充"对话框，对参数进行设置后单击"确定"按钮，得到如图的效果。

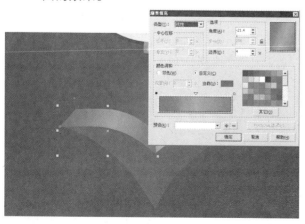

23 选择工具箱中的"交互式阴影工具"，在图形上从底部向下拖动鼠标，对属性栏进行设置，得到如图的效果。

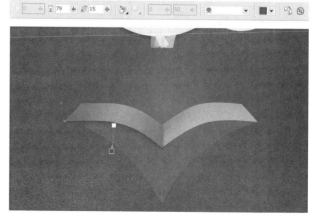

24 使用工具箱中的"挑选工具" ，框选"V"字图形的顶面右边部分所有的小色块，然后单击属性栏中的"焊接"按钮 ，把它们焊接在一起。

25 按快捷键【F11】，打开"渐变填充"对话框，对参数进行设置后单击"确定"按钮，得到如图的效果。

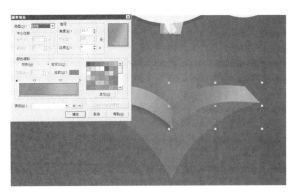

26 选择工具箱中的"交互式阴影工具" ，在图形上从底部向下拖动鼠标，对属性栏进行设置，得到如图的效果。

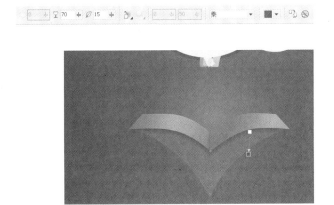

27 执行"位图"|"转换为位图"命令，在弹出的"转换为位图"对话框中进行设置后单击"确定"按钮。再执行"位图"|"模糊"|"高斯式模糊"命令，在弹出的"高斯式模糊"对话框中进行设置后单击"确定"按钮。

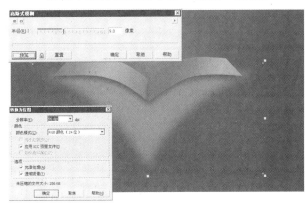

28 使用工具箱中的"贝塞尔工具" ，在图像中绘制"V"字图形，在调色板的"10% 黑"按钮上单击鼠标左键，填充灰色，再在调色板的"透明色"按钮 上单击鼠标右键，取消外框的颜色。

29 使用工具箱中的"交互式立体化工具" ，在"V"字图形上从中心向上拖动鼠标，得到如图的效果。

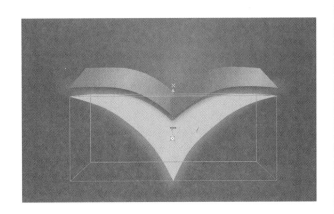

30 使用工具箱中的"挑选工具" ，选择"V"字图形，单击属性栏中的"交互式立体化颜色"按钮 ，对弹出的面板进行设置，得到如图的效果。

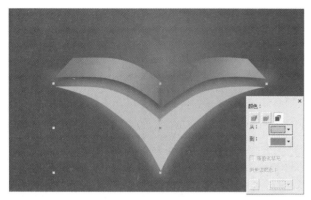

31 设置属性栏的"深度"数值，单击属性栏中的"立体的方向"按钮 ，对弹出的面板进行设置，得到如图的效果。

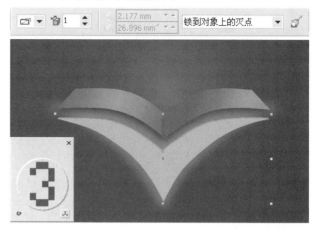

32 单击属性栏中的"照明"按钮 ，对"光源1"的位置和强度进行设置，得到如图的效果。

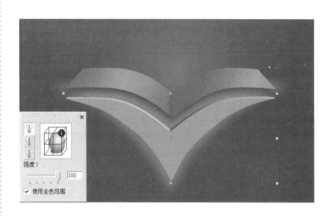

33 单击属性栏中的"斜角修饰边缘"按钮 ，对弹出的面板进行设置，得到如图的效果。

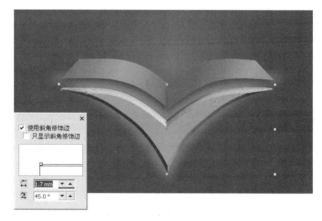

34 使用工具箱中的"贝塞尔工具" ，在图像中绘制"V"字图形，在调色板的"红色"按钮上单击鼠标左键，填充红色，再在调色板的"透明色"按钮 上单击鼠标右键，取消外框的颜色。

35 使用工具箱中的"交互式立体化工具" ，在"V"字图形上从中心向上拖动鼠标，得到如图的效果。

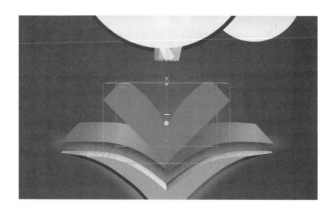

36 使用工具箱中的"挑选工具"，选择"V"字图形，设置属性栏的"深度"数值，单击属性栏中的"立体的方向"按钮，对弹出的面板进行设置，得到如图的效果。

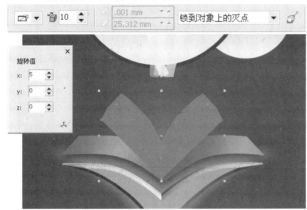

37 单击属性栏中的"照明"按钮，分别对"光源1"和"光源2"的位置和强度进行设置，得到如图的效果。

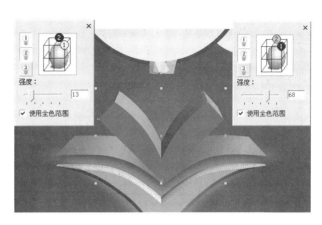

38 使用工具箱中的"贝塞尔工具"，在图像中绘制"V"字图形，在调色板的"红色"按钮上单击鼠标左键，填充红色，再在调色板的"透明色"按钮上单击鼠标右键，取消外框的颜色。

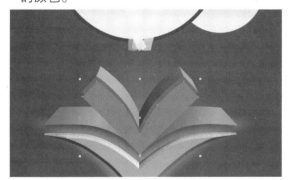

39 使用工具箱中的"交互式立体化工具"，在"V"字图形上从中心向上拖动鼠标，得到如图的效果。

40 使用工具箱中的"挑选工具"，选择"V"字图形，设置属性栏的"深度"数值，单击属性栏中的"照明"按钮，对"光源1"的位置和强度进行设置，单击属性栏中的"斜角修饰边缘"按钮，对弹出的面板进行设置。

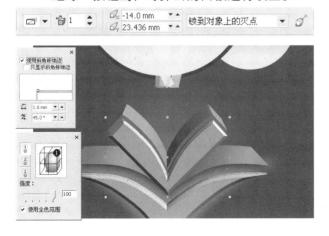

41 使用同样的方法，制作出这两个类似菱形的图案，并制作出如图的立体效果。

42 使用工具箱中的"贝塞尔工具" ，在画面中绘制花瓣图形，按【F11】键，打开"渐变填充"对话框，对参数进行设置后单击"确定"按钮。按【F12】键，打开"轮廓笔"对话框，对参数进行设置后单击"确定"按钮。

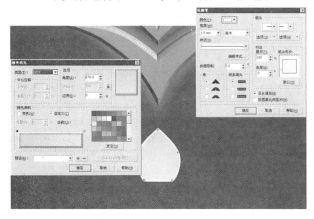

43 使用工具箱中的"挑选工具" 选中花瓣图形，按小键盘上的【+】键以复制一个花瓣图形，然后缩小复制的花瓣图形，按快捷键【Shift+F11】，打开"均匀填充"对话框，设置颜色参数为（R:255，G:229，B:219）后，单击"确定"按钮。在调色板的"透明色"按钮 上单击鼠标右键，取消外框的颜色。

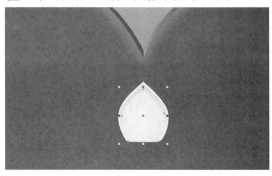

44 选择工具箱中的"交互式透明工具" ，对属性栏进行设置，得到如图的效果。

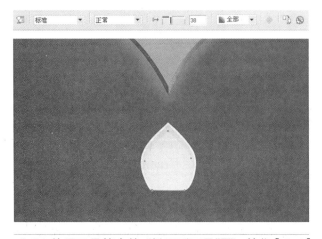

45 选择工具箱中的"椭圆形工具" ，按住【Ctrl】键在花瓣中绘制一个圆形，按【F11】键，打开"渐变填充"对话框，对参数进行设置后单击"确定"按钮。在调色板的"透明色"按钮 上单击鼠标右键，取消外框的颜色。

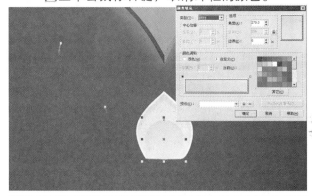

46 使用工具箱中的"椭圆形工具" ，按住【Ctrl】键在大圆中再绘制一个圆形，对属性栏进行设置，得到一个半圆，按快捷键【Shift+F11】，打开"均匀填充"对话框，设置颜色参数为（R:255，G:229，B:219）后，单击"确定"按钮。在调色板的"透明色"按钮 上单击鼠标右键，取消外框的颜色。

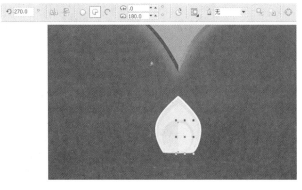

47 选择工具箱中的"交互式透明工具" ，对属性栏进行设置，得到如图的效果。

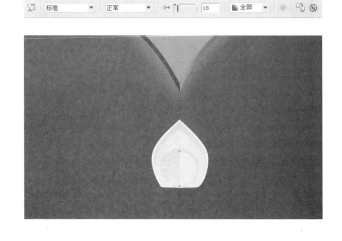

48 使用工具箱中的"挑选工具" ，框选这组花瓣图形，然后按快捷键【Ctrl+G】群组图形。

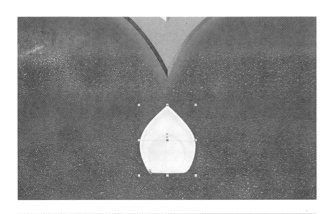

49 使用工具箱中的"挑选工具" 选择花瓣图形，使用鼠标左键向左拖动图形，按住鼠标左键不放同时单击鼠标右键，然后释放鼠标左键，以复制一个花瓣图形，按快捷键【Ctrl+Page Down】下移图层，然后缩小旋转图形到如图的效果。

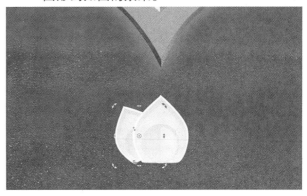

50 使用工具箱中的"挑选工具" 选择花瓣图形，使用鼠标左键向上拖动图形，按住鼠标左键不放同时单击鼠标右键，然后释放鼠标左键，以复制一个花瓣图形，按快捷键【Ctrl+Page Down】下移图层，然后缩小图形到如图的效果。

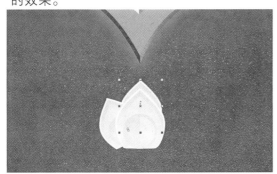

51 用同样的方法继续复制、变换花瓣图形，并调整到合适的图层，然后使用工具箱中的"挑选工具" ，框选左边倾斜的花瓣图形。

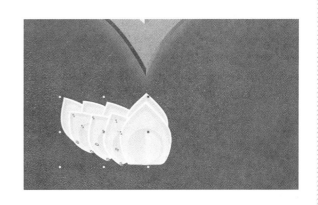

52 按小键盘上的【+】键以复制线段，再按住【Ctrl】键用鼠标左键向右拖动控制框左边中间的控制点，水平镜像图像到如图的效果。

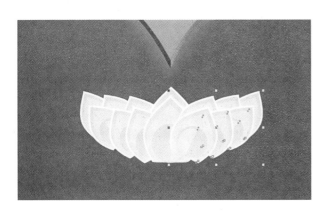

53 使用工具箱中的"挑选工具" 选中镜像复制的花瓣，按快捷键【Ctrl+Page Down】下移图层，调整各个花瓣的层次到如图的效果。

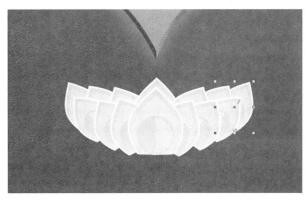

54 选择工具箱中的"椭圆形工具"，在花瓣上绘制一个椭圆形，按【F11】键，打开"渐变填充"对话框，对参数进行设置后单击"确定"按钮。在调色板的"透明色"按钮上单击鼠标右键，取消外框的颜色。

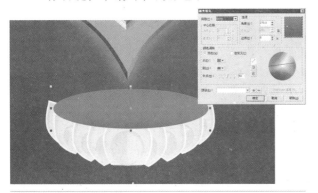

55 使用工具箱中的"挑选工具"选中渐变椭圆形，按快捷键【Ctrl+Page Down】下移图层。

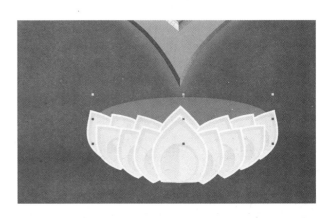

56 继续复制花瓣图形，并调整到合适的大小和角度，并调整图形的层次。使用工具箱中的"文本工具"字，设置适当的字体和字号，在如图的位置输入相关文字。

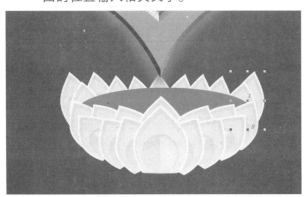

57 使用工具箱中的"挑选工具"，框选这组莲花图形，然后按快捷键【Ctrl+G】群组图形。

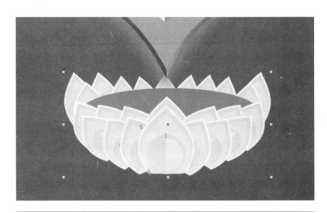

58 选择工具箱中的"椭圆形工具"，在图像中绘制一个椭圆形，按快捷键【Shift+F11】，打开"均匀填充"对话框，设置颜色参数为（R: 27, G:148, B:118）后，单击"确定"按钮。在调色板的"透明色"按钮上单击鼠标右键，取消外框的颜色。

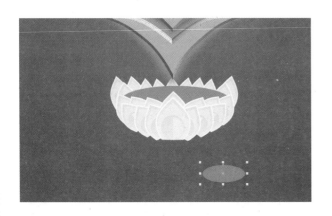

59 使用工具箱中的"挑选工具"选择椭圆形，使用鼠标左键向上拖动图像，按住鼠标左键不放同时单击鼠标右键，释放鼠标左键，以复制一个图像，然后放大椭圆形。按快捷键【Shift+F11】，打开"均匀填充"对话框，设置颜色参数为（R:27, G:148, B:99）后，单击"确定"按钮。

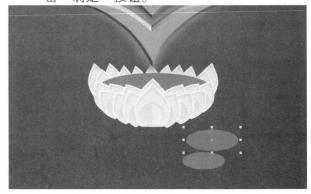

60 使用工具箱中的"挑选工具"，选择椭圆形，向上复制一个椭圆形，然后放大椭圆形。按快捷键【Shift+F11】，打开"均匀填充"对话框，设置颜色参数为（R:34，G:135，B:42）后，单击"确定"按钮。

61 使用工具箱中的"挑选工具"，复制不同颜色的椭圆形。

62 选择工具箱中的"交互式透明工具"，对属性栏进行设置，得到如图的效果。

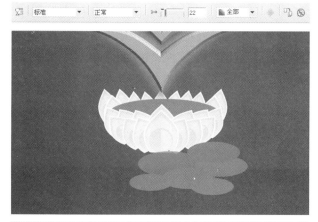

63 使用工具箱中的"挑选工具"，复制不同颜色的椭圆形。

64 执行"效果"|"图框精确剪裁"|"放置在容器中"命令，此时的光标呈"黑箭头"状态，将箭头指向矩形选框中单击使图片置入，在置入的图片上单击鼠标右键，从弹出的快捷菜单中选择"编辑内容"命令，调整图像的位置到如图的状态，在图片上单击鼠标右键，从弹出的快捷菜单中选择"结束编辑"命令。

65 使用工具箱中的"贝塞尔工具"，在图像中绘制花瓣图形，按【F11】键，打开"渐变填充"对话框，对颜色参数进行设置后单击"确定"按钮。在调色板的"透明色"按钮上单击鼠标右键，取消外框的颜色。

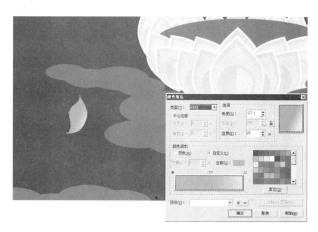

66 使用工具箱中的"贝塞尔工具"，在图像中绘制花瓣图形，按【F11】键，打开"渐变填充"对话框，对颜色参数进行设置后单击"确定"按钮。在调色板的"透明色"按钮⊠上单击鼠标右键，取消外框的颜色。

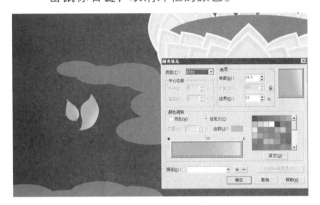

67 使用工具箱中的"贝塞尔工具"，在图像中绘制花瓣图形，按【F11】键，打开"渐变填充"对话框，对颜色参数进行设置后单击"确定"按钮。在调色板的"透明色"按钮⊠上单击鼠标右键，取消外框的颜色。

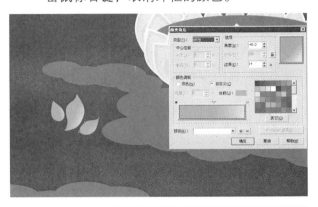

68 使用工具箱中的"挑选工具"，框选这组花瓣图形，然后按快捷键【Ctrl+G】群组图形。

69 使用工具箱中的"挑选工具"选择莲花图形，使用鼠标左键向右上方拖动图像，按住鼠标左键不放同时单击鼠标右键，释放鼠标左键，以复制一个莲花图形，然后变换图像到如图所示的大小。

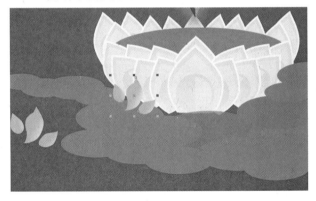

70 按快捷键【Ctrl+U】取消群组。使用工具箱中的"挑选工具"，选择中间的花瓣，使用鼠标左键向右拖动图像，按住鼠标左键不放同时单击鼠标右键，释放鼠标左键，以复制一个花瓣图形，然后变换图像到如图所示的大小。

71 使用同样的方法继续复制花瓣，最终得到如图的效果。

72 单击工具箱中的"椭圆形工具"○，按住【Ctrl】键在图像中绘制 5 个如图所示的圆形。

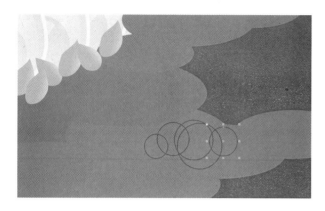

73 使用工具箱中的"挑选工具"↳，框选这组图形，单击属性栏中的"焊接"按钮⬚，在调色板的"白色"按钮上单击鼠标左键，填充白色，再在调色板的"透明色"按钮⊠上单击鼠标右键，取消外框的颜色。

74 选择工具箱中的"交互式透明工具"⬚，对属性栏进行设置，在图形上从下向上拖动鼠标，得到如图的效果。

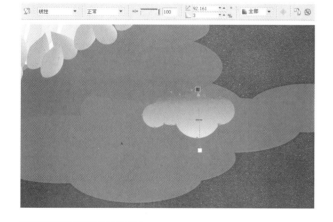

75 使用工具箱中的"挑选工具"↳，选择透明云朵图形，移动到如图的位置，并缩放到合适的大小。

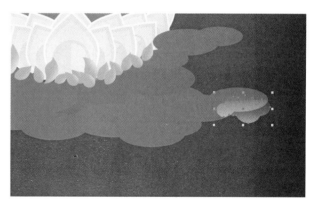

76 使用工具箱中的"挑选工具"↳ 选择透明云朵图形，使用鼠标左键向上拖动图像，按住鼠标左键不放同时单击鼠标右键，释放鼠标左键，以复制一个透明云朵图形，然后变换图像到如图所示的大小。

77 使用同样的方法继续制作透明云朵图形，最终得到如图的效果。

78 使用工具箱中的"贝塞尔工具"，在图像中绘制锥形图形，按【F11】键，打开"渐变填充"对话框，对颜色参数进行设置后单击"确定"按钮。在调色板的"透明色"按钮⊠上单击鼠标右键，取消外框的颜色。

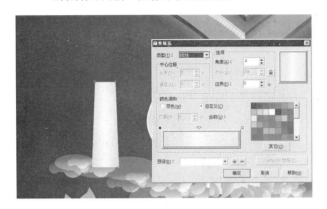

79 使用工具箱中的"贝塞尔工具"，在锥形圆柱上绘制锥形图形，按【F11】键，打开"渐变填充"对话框，对颜色参数进行设置后单击"确定"按钮。在调色板的"透明色"按钮⊠上单击鼠标右键，取消外框的颜色。

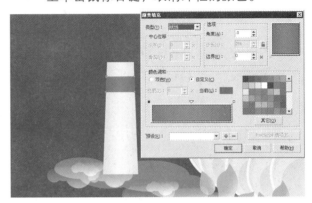

80 使用工具箱中的"挑选工具"，选择红色渐变图形，向下复制一个，使用工具箱中的"形状工具"，调整节点到如图所示的位置。

81 使用工具箱中的"挑选工具"，选择红色渐变图形，向下复制一个，使用工具箱中的"形状工具"，调整节点到如图所示的位置。

82 使用工具箱中的"矩形工具"，在图像中绘制一个矩形，在调色板的"白色"按钮上单击鼠标左键，填充白色，在调色板的"透明色"按钮⊠上单击鼠标右键，取消外框的颜色。

83 使用工具箱中的"矩形工具"，在图像中绘制一个矩形，在调色板的"红色"按钮上单击鼠标左键，填充红色，在调色板的"透明色"按钮⊠上单击鼠标右键，取消外框的颜色。

84 使用工具箱中的"矩形工具"□，在图像中绘制一个矩形，按快捷键【Shift+F11】，打开"均匀填充"对话框，设置颜色参数为（R:255，G:84，B:95）后，单击"确定"按钮。在调色板的"透明色"按钮⊠上单击鼠标右键，取消外框的颜色。

85 使用工具箱中的"矩形工具"□，在图像中绘制一个矩形，按快捷键【Shift+F11】，打开"均匀填充"对话框，设置颜色参数为（R:227，G:187，B:150）后，单击"确定"按钮。在调色板的"透明色"按钮⊠上单击鼠标右键，取消外框的颜色。

86 使用工具箱中的"挑选工具"，框选这组渐变图形，然后按快捷键【Ctrl+G】群组图形。

87 选择工具箱中的"交互式透明工具"，对属性栏进行设置，在图形上从上到下拖动鼠标，得到如图的效果。

88 使用工具箱中的"挑选工具"，选择横道渐变图形，按快捷键【Ctrl+Page Down】下移图层。

89 使用工具箱中的"挑选工具"，复制两个图形到如图所示的位置，并变换到合适的大小。

90 选择工具箱中的“椭圆形工具”，在图像中绘制一个椭圆形，在调色板的“10% 黑”按钮上单击鼠标左键，填充灰色，再在调色板的“透明色”按钮⊠上单击鼠标右键，取消外框的颜色。

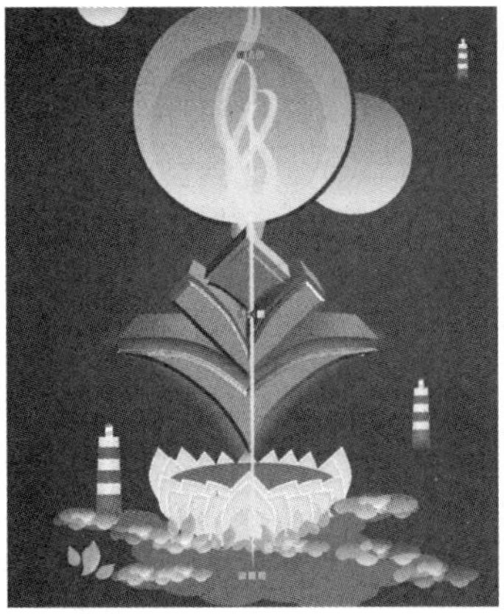

91 使用工具箱中的“挑选工具”选中椭圆形，按小键盘上的【+】键以复制椭圆形，旋转复制的椭圆形到如图的效果。

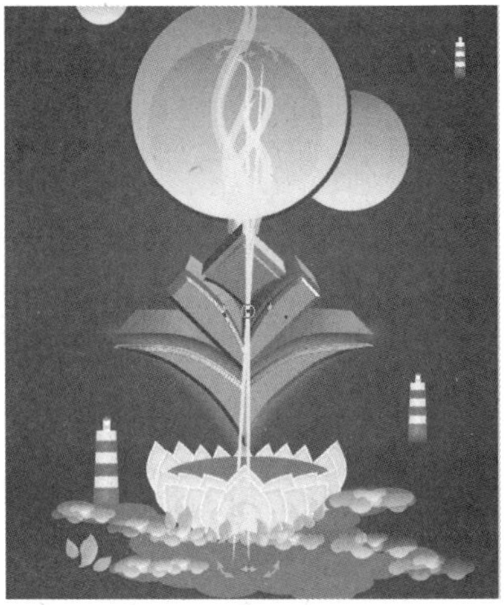

92 按快捷键【Ctrl+D】执行“再制”操作，按快捷键数次直到复制出的椭圆形旋转一周。

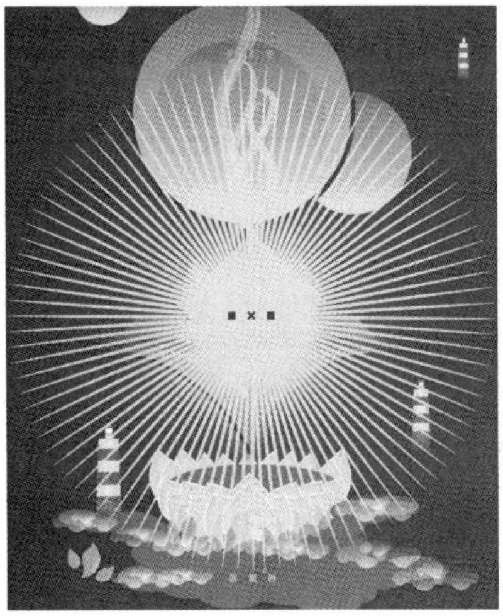

93 选择工具箱中的“交互式透明工具”，对属性栏进行设置，得到如图的效果。

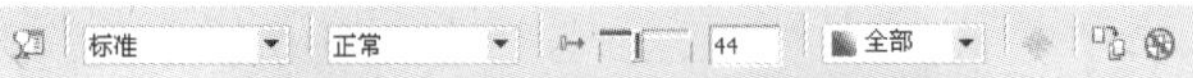

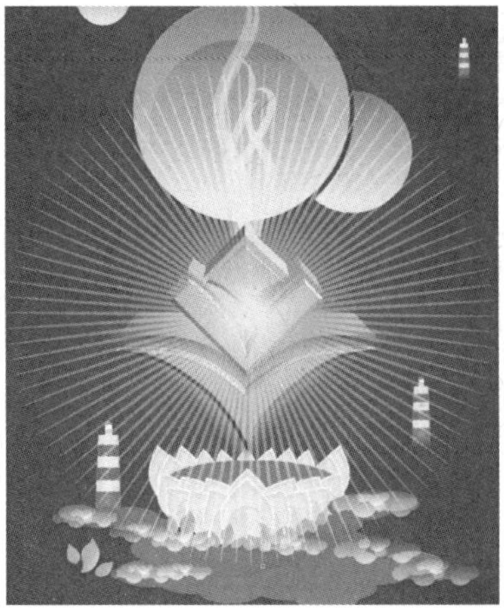

94 使用工具箱中的“挑选工具”，选择放射线图形，按快捷键【Ctrl+Page Down】下移图层。

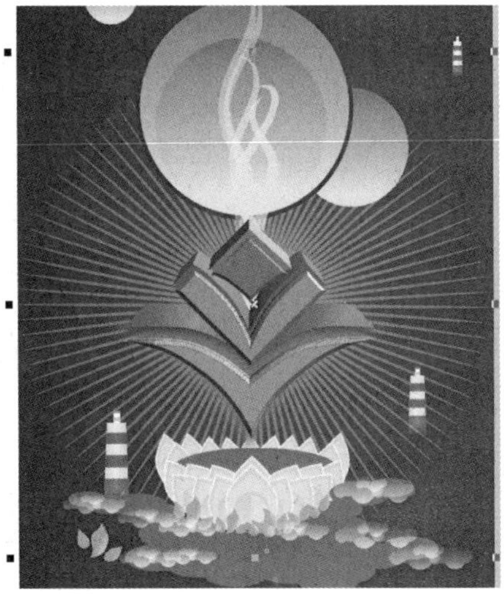

95 单击属性栏的“导入”按钮，打开“导入”对话框，导入配套光盘中的“素材 1”文件。

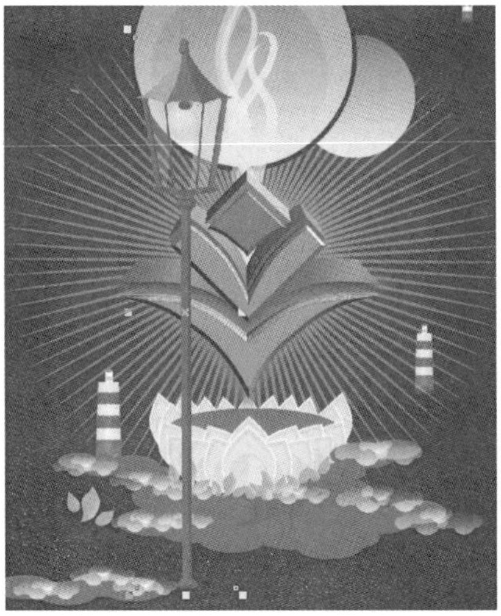

96 选择工具箱中的"挑选工具" ↳ ，将素材放置到如图所示的位置，并调整到如图所示的大小。

97 使用工具箱中的"贝塞尔工具" ✎ ，在图像中绘制图形，按【F11】键，打开"渐变填充"对话框，对颜色参数进行设置后单击"确定"按钮。在调色板的"透明色"按钮⊠上单击鼠标右键，取消外框的颜色。

98 使用工具箱中的"挑选工具" ↳ ，选择渐变图形，按快捷键【Ctrl+Page Down】下移图层。

99 选择工具箱中的"椭圆形工具" ○ ，按住【Ctrl】键在图像中绘制一个圆形，按快捷键【Shift+F11】，打开"均匀填充"对话框，设置颜色参数为（R:255，G:213，B:0）后，单击"确定"按钮。在调色板的"透明色"按钮⊠上单击鼠标右键，取消外框的颜色。

100 选择工具箱中的"交互式透明工具" ♉ ，对属性栏进行设置，得到如图的效果。

101 使用工具箱中的"挑选工具" ↳ 选中黄色透明圆形，按小键盘上的【+】键以复制黄色透明圆形，然后缩小复制的图形。

102 使用工具箱中的"挑选工具" ，选中黄色透明圆形，再复制一个图形，选择工具箱中的"交互式透明工具" ，对属性栏进行修改设置，得到如图的效果。

103 使用工具箱中的"挑选工具" ，框选这组灯塔图形，然后按快捷键【Ctrl+G】群组图形。

104 使用工具箱中的"挑选工具" ，复制3个灯塔图形到如图所示的位置，并变换到合适的大小。

105 使用工具箱中的"挑选工具" ，在如图所示的位置复制一些云朵图形，并变换到合适的大小。

106 单击属性栏中的"导入"按钮 ，打开"导入"对话框，导入配套光盘中的"素材2"文件。

107 选择工具箱中的"挑选工具" ，将素材放置到如图所示的位置，并调整到如图所示的大小。

108 单击属性栏中的"导入"按钮，打开"导入"对话框，导入配套光盘中的"素材3"文件。

109 选择工具箱中的"挑选工具"，将素材放置到如图所示的位置，并调整到如图所示的大小。

110 使用工具箱中的"挑选工具"，复制7个蓝色亮珠图形到如图所示的位置，并变换到合适的大小。

111 选择工具箱中的"椭圆形工具"，按住【Ctrl】键在图像中绘制一个圆形，按【F11】键，打开"渐变填充"对话框，对参数进行设置后单击"确定"按钮。在调色板的"透明色"按钮上单击鼠标右键，取消外框的颜色。

112 使用工具箱中的"挑选工具"，复制数个紫色渐变圆球图形到如图所示的位置，并变换到合适的大小。

113 经过以上步骤，得到这幅作品的最终效果。

◎ 课后练习

1.设计一张以"节约用水"为主题的公益性海报，具体要求如下：

● 规格：200cm × 100cm。

● 设计要求：不仅要突出节约用水的重要性，还要号召大家都来监督浪费用水的现象。画面颜色要鲜艳，文字内容尽量减少，最好通过没有文字的画面就能传达出整个海报的主题。

2.试以"新产品——木瓜牛奶洗面乳"为主题，设计一张宣传海报，具体要求如下：

● 规格：210cm × 104cm。

● 设计要求：主题鲜明，着重突出新产品上市和新产品与同类产品的不同，以及新产品的功效。这份海报主要针对现代白领阶层，所以，在设计上可以大胆、富有独特的创意。

广告招贴设计

第2章

关于招贴

招贴又名"海报"或"宣传画"，属于户外广告，分布在街道、影剧院、展览会、商业闹区、车站、码头、公园等公共场所。国外也称之为"瞬间"的街头艺术。

◎ 招贴的特点

招贴与其他广告相比，具有画面大、内容广泛、艺术表现力丰富、远视效果强烈的特点。对于学设计的人来说，提起广告，恐怕首先想到的就是招贴。

1．画面大

招贴不是捧在手上的设计而是要张贴在热闹场所，它受到周围环境和各种因素的干扰，所以，必须以大画面及突出的形象和色彩展现在人们面前。其画面有全开、对开、长三开及特大画面（八张全开）等。

2．远视强

为了使来去匆忙的人们留下印象，除了面积大之外，招贴设计还要充分体现定位设计的原理。以突出的商标、标志、标题、图形、对比强烈的色彩，或大面积空白、简练的视觉流程，成为视觉焦点。如果就形式上区分广告与其他视觉艺术的不同，招贴可以说更具广告的典型性。

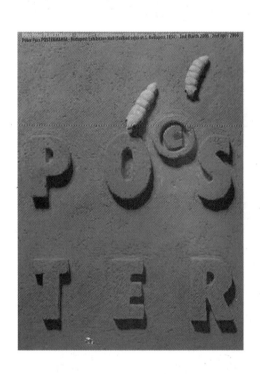

3．艺术性高

就招贴的整体而言，它包括了商业和非商业方面的种种广告。就每张招贴而言，其针对性很强。商业中的商品招贴往往以具有艺术表现力的摄影、造型写实的绘画和漫画形式表现较多，给消费者留下真实感人的画面和富有幽默情趣的感受。而非商业性的招贴，内容广泛、形式多样、艺术表现力丰富。特别是文化艺术类的招贴画，根据广告主题可使设计者充分发挥想象力，尽情施展艺术手段。许多追求形式美的画家都积极投身到招贴画的设计中，并且在设计中用自己的绘画语言，设计出风格各异、形式多样的招贴画。不少现代派画家的作品就是以招贴画的形式出现的。美术史上也留下了诸多精彩的故事和生动的画作。

◎ 招贴的特征

●画面大：作为户外广告，招贴的画面比各平面广告大，插图大、字体也大，十分引人注意。

●远视强：招贴的功能是为户外远距离、行动着的人们传达信息，所以，作品的远视效果强烈。

●内容广：招贴宣传的范围广，它可用于公共类的选举、运动、交通、运输、安全、环保等方面，也可用于商业类的产品、企业、旅游、服务及文教类的文化、教育、艺术等方面，能广泛地发挥作用。

●兼具性：设计与绘画的区别在于，设计是客观的、传达的，绘画是主观的、欣赏的，而招贴却是融合设计和绘画为一体的媒体。

●重复性：招贴在指定的场合能随意张贴，既可张贴一张，也可张贴数张，作为密集型的强传达。

◎ 招贴的局限

- ●文字限制：招贴是给远距离、行动着的人们观看的，所以文字宜少不宜多。
- ●色彩限制：招贴的色彩宜少不宜多。
- ●形象限制：招贴的形象一般不宜过分细致周详，要概括。
- ●张贴限制：公共场所不宜随意张贴，必须在指定的场所内张贴。

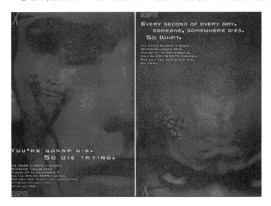

◎ 招贴设计的法则

●新奇：虽然所有媒体都需要"新奇"，但招贴要求更高。因为它是在"瞬间"发挥传达作用，特别需要视觉传达的异质点。

●简洁：虽然所有媒体都需要"简洁"，但招贴要求更高。因为它是户外广告，越是"简洁"的招贴，主题越突出，焦点越集中，内容越丰富。

●夸张：因为招贴是在远处发挥强烈的传达作用，所以，必须调动夸张、幽默、特写等表现手段来揭示主题，明确消费者的心理需求。

●冲突："冲突"也是对比，包括两个方面：一是形式节奏上的"冲突"；二是内容矛盾上的"加突"。

●直率：艺术要求含蓄，招贴则要求直率。

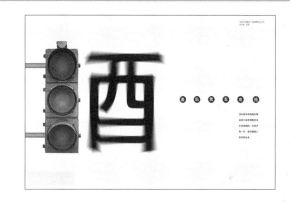

◎ 优秀招贴欣赏

2.1 手机广告设计

创作思路：如今，通讯设备已经成为人们文化生活中不可或缺的一部分。正因为如此，手机的广告便铺天盖地而来，要在众多的广告中凸显自己产品的特点，就要把广告做得更加绚丽多彩。

◎ 设计要求

设计内容	○ 手机广告设计
客户要求	○ 尺寸为297mm × 210mm。要求突出企业信息内容，画面要有冲击力
最终效果	○ 💿光盘：手机广告设计

◎ 设计步骤

最终效果

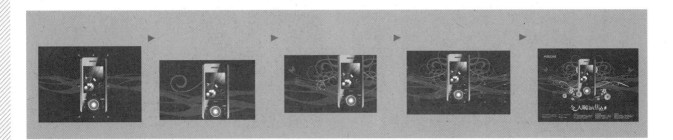

◎ 新建文档并重新设置页面大小

01 执行"文件"|"新建"命令（或按快捷键Ctrl+N），新建一个空白文档。执行"版面"|"页设置"命令，弹出"选项"对话框，选择"页面"|"大小"命令，设置好文档大小为297mm × 210mm，文档的页面大小包括了出血的区域。

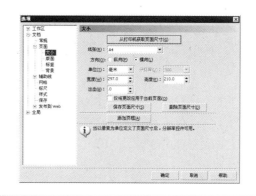

◎ 设置边框轮廓

02 双击工具箱中的"矩形工具"□，这时在页面上会出现一个与页面大小相同的矩形框，按快捷键【Shift+F11】，打开"均匀填充"对话框，设置颜色参数为（R:20，G:21，B:22）后，单击"确定"按钮。在调色板的"透明色"按钮⊠上单击鼠标右键，取消外框的颜色。

03 使用工具箱中的"贝塞尔工具"，在图像中绘制图形，按快捷键【Shift+F11】，打开"均匀填充"对话框，设置颜色参数为（R:43，G:26，B:25）后，单击"确定"按钮。在调色板的"透明色"按钮⊠上单击鼠标右键，取消外框的颜色。

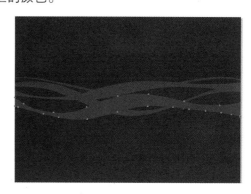

04 单击属性栏的"导入"按钮，打开"导入"对话框，导入配套光盘中的"素材1"文件。

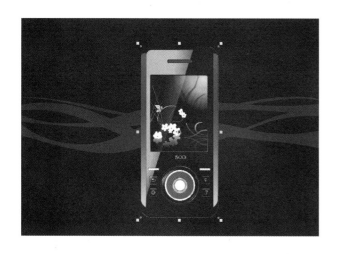

05 选择工具箱中的"挑选工具"，将素材放置到如图的位置，并调整到如图所示的大小。

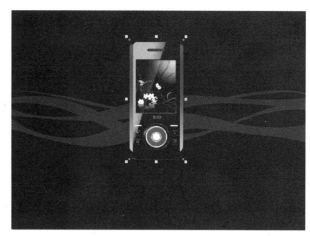

06 使用工具箱中的"贝塞尔工具" ，在图像中绘制图形，按快捷键【Shift+F11】，打开"均匀填充"对话框，设置颜色参数为（R:84，G:58，B:5）后，单击"确定"按钮。在调色板的"透明色"按钮⊠上单击鼠标右键，取消外框的颜色。

07 按快捷键【Ctrl+Page Down】下移图层，选择工具箱中的"交互式透明工具" ，对属性栏进行设置，得到如图的效果。

08 使用工具箱中的"贝塞尔工具" ，在图像中绘制图形，按快捷键【Shift+F11】，打开"均匀填充"对话框，设置颜色参数为（R:84，G:58，B:5）后，单击"确定"按钮。在调色板的"透明色"按钮⊠上单击鼠标右键，取消外框的颜色。

09 使用工具箱中的"挑选工具" ，框选这组刚刚绘制的曲线图形，然后按快捷键【Ctrl+G】群组图形，按快捷键【Ctrl+Page Down】下移图层。

10 使用工具箱中的"挑选工具" ，框选曲线图形，按小键盘上的【+】键以复制线段，再按住【Ctrl】键用鼠标左键向右拖动控制框左边中间的控制点，水平镜像图像，然后向右移动适当距离，按快捷键【Ctrl+Page Down】下移图层。

11 使用工具箱中的"贝塞尔工具" ，在图像中绘制图形，按【F11】键，打开"渐变填充"对话框，对颜色参数进行设置后单击"确定"按钮。在调色板的"透明色"按钮⊠上单击鼠标右键，取消外框的颜色。

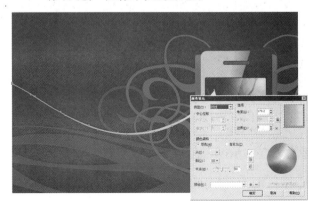

12 单击属性栏中的"导入"按钮，打开"导入"对话框，导入配套光盘中的"素材2"文件。

13 选择工具箱中的"挑选工具"，将素材放置到如图的位置，并调整到如图所示的大小。

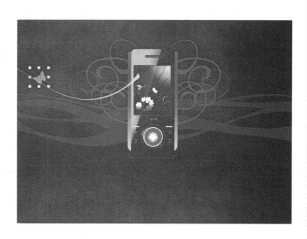

14 使用工具箱中的"挑选工具"，框选曲线图形和蝴蝶图形，然后按快捷键【Ctrl+G】群组图形。按快捷键【Ctrl+Page Down】下移图层，选择工具箱中的"交互式透明工具"，对属性栏进行设置，得到如图的效果。

15 使用工具箱中的"挑选工具"，框选曲线图形，按小键盘上的【+】键以复制线段，再按住【Ctrl】键用鼠标左键向右拖动控制框左边中间的控制点，水平镜像图像，然后向右移动适当距离，按快捷键【Ctrl+Page Down】下移图层。

16 使用工具箱中的"贝塞尔工具"，在图像中绘制两条曲线，按【F12】键，打开"轮廓笔"对话框，对参数进行设置后单击"确定"按钮。

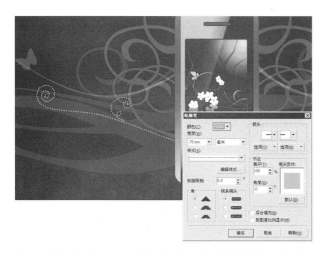

17 使用工具箱中的"挑选工具"，选择这两条虚线，然后按快捷键【Ctrl+Shift+Q】将轮廓转化为对象。

18 使用工具箱中的"挑选工具" ，框选这两条虚线图形，然后按快捷键【Ctrl+G】群组图形，按快捷键【Ctrl+Page Down】下移图层。

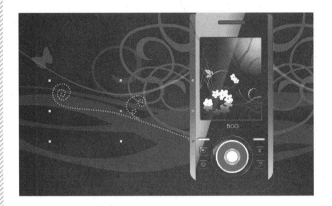

19 使用工具箱中的"挑选工具" ，框选虚线图形，按小键盘上的【+】键以复制虚线图形，再按住【Ctrl】键用鼠标左键向右拖动控制框左边中间的控制点，水平镜像图像，向右移动适当距离，按快捷键【Ctrl+Page Down】下移图层。

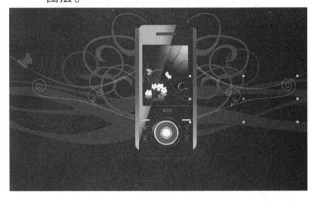

20 使用同样的方法复制两个虚线图形，得到如图的效果。

21 使用工具箱中的"贝塞尔工具" ，在图像中绘制图形，按【F11】键，打开"渐变填充"对话框，对颜色参数进行设置后单击"确定"按钮。在调色板的"透明色"按钮 上单击鼠标右键，取消外框的颜色。

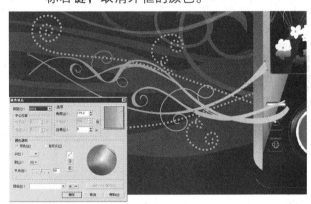

22 使用工具箱中的"挑选工具" ，框选这组曲线渐变图形，然后按快捷键【Ctrl+G】群组图形。按快捷键【Ctrl+Page Down】下移图层。

23 使用工具箱中的"贝塞尔工具" ，在图像中绘制图形，按【F11】键，打开"渐变填充"对话框，对颜色参数进行设置后单击"确定"按钮。在调色板的"透明色"按钮 上单击鼠标右键，取消外框的颜色。

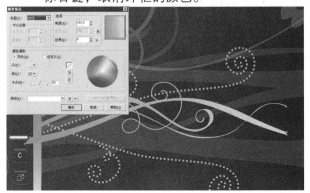

24 使用工具箱中的"挑选工具" ，框选这组曲线渐变图形，按快捷键【Ctrl+G】群组图形。按快捷键【Ctrl+Page Down】下移图层。

25 使用工具箱中的"贝塞尔工具" ，在图像中绘制图形，按【F11】键，打开"渐变填充"对话框，对颜色参数进行设置后单击"确定"按钮。在调色板的"透明色"按钮 上单击鼠标右键，取消外框的颜色。

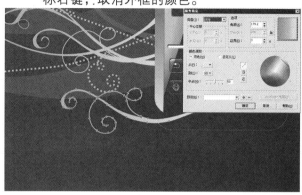

26 使用工具箱中的"挑选工具" ，向下复制一个花纹图形，然后缩小图形。按【F11】键，打开"渐变填充"对话框，对颜色参数进行设置后单击"确定"按钮。在调色板的"透明色"按钮 上单击鼠标右键，取消外框的颜色。

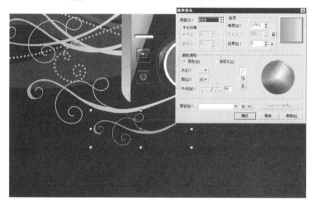

27 使用工具箱中的"挑选工具" ，框选这组渐变图形，然后按快捷键【Ctrl+G】群组图形。按快捷键【Ctrl+Page Down】下移图层。

28 使用工具箱中的"挑选工具" ，框选渐变图形，按小键盘上的【+】键以复制渐变图形，再按住【Ctrl】键用鼠标左键向右拖动控制框左边中间的控制点，水平镜像图像，按快捷键【Ctrl+Page Down】下移图层。

29 单击属性栏中的"导入"按钮 ，打开"导入"对话框，导入配套光盘中的"素材3"文件。

30 选择工具箱中的"挑选工具" ，复制数个素材，并将素材放置到如图的位置，并调整到如图所示的大小。

31 单击属性栏中的"导入"按钮 ，打开"导入"对话框，导入配套光盘中的"素材4"文件。

32 选择工具箱中的"挑选工具" ，复制两个素材，并将素材放置到如图的位置，并调整到如图所示的大小。

33 选择工具箱中的"挑选工具" ，框选黄色花朵图形，按小键盘上的【+】键以复制黄色花朵图形，按住【Ctrl】键用鼠标左键向右拖动控制框左边中间的控制点，水平镜像图像，再向右移动适当距离，按快捷键【Ctrl+Page Down】下移图层。

34 单击属性栏中的"导入"按钮 ，打开"导入"对话框，导入配套光盘中的"素材4"文件。

35 选择工具箱中的"挑选工具" ，将素材放置到如图的位置，并调整到如图所示的大小。

36 使用工具箱中的"文本工具"字，设置适当的字体和字号，在如图所示的位置输入相关文字。

37 使用工具箱中的"文本工具"字，设置适当的字体和字号，在如图所示的位置输入品牌文字，在调色板的"黄色"按钮上单击鼠标左键，填充黄色。

38 经过以上步骤的操作，得到这幅作品的最终效果。

2.2 品牌服饰广告设计

创作思路：服饰广告设计作为宣传服装的一种手段，广告要求主题突出，画面绚丽多彩。

◎ 设计要求

设计内容	○ 品牌服饰广告设计
客户要求	○ 尺寸为 240mm × 297mm。要求突出企业信息内容，画面要有冲击力
最终效果	○ 光盘：品牌服饰广告设计

◎ 设计步骤

最终效果

◎ 新建文档并重新设置页面大小

01 执行"文件"|"新建"命令（或按快捷键Ctrl+N），新建一个空白文档。执行"版面"|"页设置"命令，弹出"选项"对话框，选择"页面"|"大小"命令，设置好文档大小为240mm × 297mm，文档的页面大小包括了出血的区域。

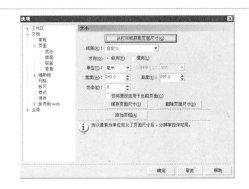

◎ 设置边框轮廓

02 双击工具箱中的"矩形工具" □，这时在页面上会出现一个与页面大小相同的矩形框，按快捷键【Shift+F11】，打开"均匀填充"对话框，设置颜色参数为（R:15，G:3，B:9）后，单击"确定"按钮。在调色板的"透明色"按钮 ⊠ 上单击鼠标右键，取消外框的颜色。

03 使用工具箱中的"贝塞尔工具" ✎，在画面中间绘制"F"形图形，在调色板的"红"按钮上单击鼠标左键，填充红色。按【F12】键，打开"轮廓笔"对话框，对参数进行设置后单击"确定"按钮。

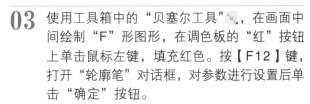

04 使用工具箱中的"贝塞尔工具" ✎，在画面中间绘制"F"形图形，在调色板的"红色"按钮上单击鼠标左键，填充红色。按【F12】键，打开"轮廓笔"对话框，对参数进行设置后单击"确定"按钮。

05 使用工具箱中的"挑选工具" ▷，框选这两个"F"形图形，单击属性栏中的"结合"按钮 ⊡，得到如图的效果。

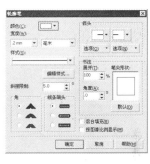

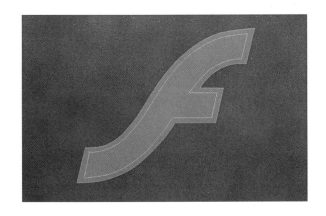

06 选择工具箱中的"交互式透明工具" ，对属性栏进行设置，在图形上从右上角到左下角拖动鼠标，对透明色块进行设置，得到如图的效果。

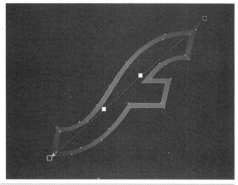

07 使用工具箱中的"贝塞尔工具" ，用绘制红色"F"形图形的方法，再绘制一个粉色"F"形图形。

08 选择工具箱中的"交互式透明工具" ，对属性栏进行设置，在图形上从右上角到左下角拖动鼠标，对透明色块进行设置，得到如图的效果。

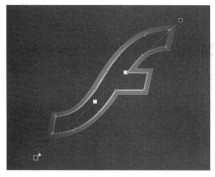

09 使用工具箱中的"贝塞尔工具" ，在画面中间绘制"F"形图形，在调色板的"白色"按钮上单击鼠标左键，填充白色。在调色板的"透明色"按钮 上单击鼠标右键，取消外框的颜色。

10 选择工具箱中的"交互式透明工具" ，对属性栏进行设置，在图形上从右上角到左下角拖动鼠标，对透明色块进行设置，得到如图的效果。

11 使用工具箱中的"挑选工具" ，选择红色"F"形图形，使用鼠标左键向右下方拖动图像，按住鼠标左键不放同时单击鼠标右键，然后释放鼠标左键，以复制一个红色"F"形图形，按快捷键【Ctrl+Page Down】下移图层。

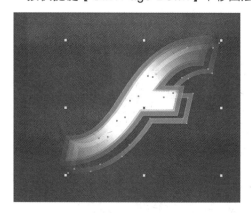

12 在调色板的"透明色"按钮⊠上单击鼠标右键，取消外框的颜色。

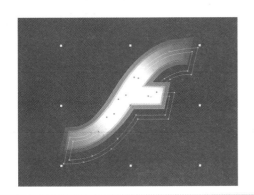

13 使用工具箱中的"贝塞尔工具" ，在图像中绘制一条直线，按【F12】键，打开"轮廓笔"对话框，对参数进行设置后单击"确定"按钮，得到一条白色的直线。

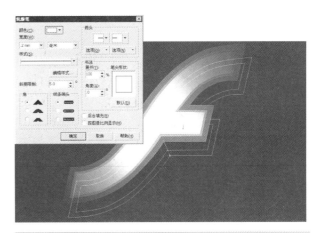

14 使用工具箱中的"挑选工具" ，选择白色直线，使用鼠标左键向右拖动图像，按住鼠标左键不放同时单击鼠标右键，然后释放鼠标左键，以复制一条白色直线。用同样的方法在如图所示的位置都复制上直线。

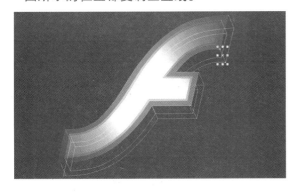

15 使用工具箱中的"贝塞尔工具" ，在图像中绘制花纹图形，按【F11】键，打开"渐变填充"对话框，对颜色参数进行设置后单击"确定"按钮。在调色板的"透明色"按钮⊠上单击鼠标右键，取消外框的颜色。

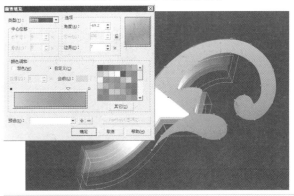

16 选择工具箱中的"交互式透明工具" ，对属性栏进行设置，在图形上从上往下拖动鼠标，得到如图的效果。

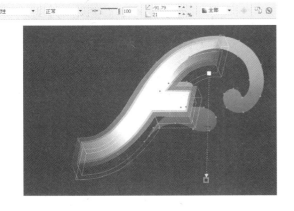

17 使用工具箱中的"挑选工具" ，复制一个花纹图案，按快捷键【Ctrl+Page Down】下移图层，并旋转缩小图案，选择工具箱中的"交互式透明工具" ，单击属性栏中的"清除透明度"按钮 。

18 使用工具箱中的"贝塞尔工具"，在图像中绘制花纹图形，在调色板的"红色"按钮上单击鼠标左键，填充红色。在调色板的"透明色"按钮上单击鼠标右键，取消外框的颜色。

19 按快捷键【Ctrl+Page Down】下移图层，选择工具箱中的"交互式透明工具"，对属性栏进行设置，得到如图的效果。

20 使用工具箱中的"贝塞尔工具"，在图像中绘制花纹图形，按【F11】键，打开"渐变填充"对话框，对颜色参数进行设置后单击"确定"按钮。在调色板的"透明色"按钮上单击鼠标右键，取消外框的颜色。

21 按快捷键【Ctrl+Page Down】下移图层，选择工具箱中的"交互式透明工具"，对属性栏进行设置，得到如图的效果。

22 使用工具箱中的"贝塞尔工具"，在图像中绘制树叶图形，按快捷键【Shift+F11】，打开"均匀填充"对话框，设置颜色参数为（R:222，G:522，B:113）后，单击"确定"按钮。在调色板的"透明色"按钮上单击鼠标右键，取消外框的颜色。

23 使用工具箱中的"挑选工具"选中树叶图形，按小键盘上的【+】键以复制树叶图形，然后移动到如图的位置，放大并旋转到如图所示的效果。

24 使用工具箱中的"挑选工具" ，选中树叶图形，按小键盘上的【+】键以复制树叶图形，然后移动到如图所示的位置，放大并旋转图形，按快捷键【Ctrl+Page Down】下移图层。

25 选择工具箱中的"交互式透明工具" ，对属性栏进行设置，得到如图的效果。

26 使用工具箱中的"挑选工具" ，选中树叶图形，按小键盘上的【+】键以复制树叶图形，然后移动到如图所示的位置，放大并旋转图形，按快捷键【Ctrl+Page Down】下移图层。

27 在调色板的"黑色"按钮上单击鼠标左键，填充黑色。

28 使用工具箱中的"贝塞尔工具" ，在图像中绘制花纹图形，按快捷键【Shift+F11】，打开"均匀填充"对话框，设置颜色参数为（R:250，G:1270，B:125）后，单击"确定"按钮。在调色板的"透明色"按钮 上单击鼠标右键，取消外框的颜色。

29 选择工具箱中的"交互式透明工具" ，对属性栏进行设置，得到如图的效果。

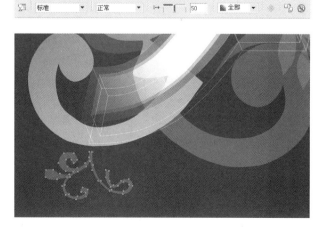

30 使用工具箱中的"挑选工具" ，选择花纹图案，向上复制一个花纹图案，然后变换图像到如图所示的大小，按快捷键【Shift+F11】，打开"均匀填充"对话框，设置颜色参数为（R: 255，G:58，B:48）后，单击"确定"按钮。

31 使用工具箱中的"贝塞尔工具" ，在图像中绘制花纹图形，按【F11】键，打开"渐变填充"对话框，对颜色参数进行设置后单击"确定"按钮。在调色板的"透明色"按钮上单击鼠标右键，取消外框的颜色。

32 选择工具箱中的"交互式透明工具" ，对属性栏进行设置，得到如图的效果。

33 选择工具箱中的"椭圆形工具" ，按住【Ctrl】键在图像中绘制一个圆形，按快捷键【Shift+F11】，打开"均匀填充"对话框，设置颜色参数为（R:231，G:188，B:63）后，单击"确定"按钮。在调色板的"透明色"按钮上单击鼠标右键，取消外框的颜色。

34 选择工具箱中的"交互式透明工具" ，对属性栏进行设置，在图形上从下向上拖动鼠标，得到如图的效果。

35 选择工具箱中的"椭圆形工具" ，按住【Ctrl】键在图像中绘制一个圆形，按快捷键【Shift+F11】，打开"均匀填充"对话框，设置颜色参数为（R:233，G:135，B:96）后，单击"确定"按钮。在调色板的"透明色"按钮上单击鼠标右键，取消外框的颜色。

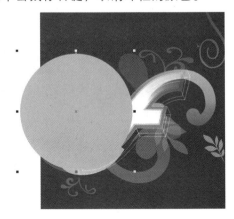

36 选择工具箱中的"交互式透明工具"，对属性栏进行设置，在图形上从下向上拖动鼠标，得到如图的效果。

37 选择工具箱中的"椭圆形工具"，按住【Ctrl】键在图像中绘制一个圆形，在调色板的"红色"按钮上单击鼠标左键，填充红色。在调色板的"透明色"按钮⊠上单击鼠标右键，取消外框的颜色。

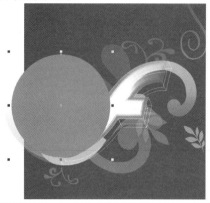

38 选择工具箱中的"交互式透明工具"，对属性栏进行设置，在图形上从下向上拖动鼠标，得到如图的效果。

39 选择工具箱中的"椭圆形工具"，按住【Ctrl】键在图像中绘制一个圆形，在调色板的"洋红色"按钮上单击鼠标左键，填充洋红色。在调色板的"透明色"按钮⊠上单击鼠标右键，取消外框的颜色。

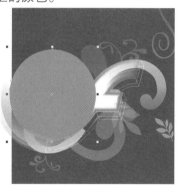

40 选择工具箱中的"交互式透明工具"，对属性栏进行设置，在图形上从下向上拖动鼠标，得到如图的效果。

41 选择工具箱中的"椭圆形工具"，按住【Ctrl】键在图像中绘制一个圆形，在调色板的"橘红色"按钮上单击鼠标左键，填充橘红色。在调色板的"透明色"按钮⊠上单击鼠标右键，取消外框的颜色。

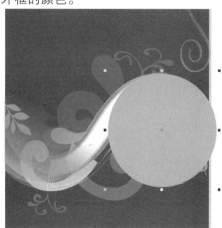

42 选择工具箱中的"交互式透明工具" ，对属性栏进行设置，在图形上从上向下拖动鼠标，得到如图的效果。

43 选择工具箱中的"椭圆形工具" ，按住【Ctrl】键在图像中绘制一个圆形，在调色板的"洋红色"按钮上单击鼠标左键，填充洋红色。在调色板的"透明色"按钮⊠上单击鼠标右键，取消外框的颜色。

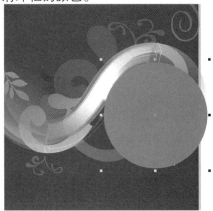

44 选择工具箱中的"交互式透明工具" ，对属性栏进行设置，在图形上从上向下拖动鼠标，得到如图的效果。

45 使用工具箱中的"贝塞尔工具" ，在图像中绘制树叶图形，在调色板的"红色"按钮上单击鼠标左键，填充红色。在调色板的"透明色"按钮⊠上单击鼠标右键，取消外框的颜色。

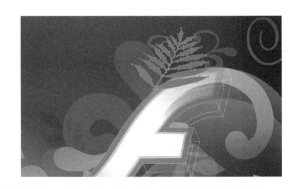

46 选择工具箱中的"交互式透明工具" ，对属性栏进行设置，得到如图的效果。

47 使用工具箱中的"挑选工具" ，选择树叶图形，复制两个图形并变换到合适的大小和位置，选中画面下方的树叶图形，在调色板的"黄色"按钮上单击鼠标左键，填充黄色。

48 选择工具箱中的“椭圆形工具”，按住【Ctrl】键在图像中绘制一个圆形，在调色板的“白色”按钮上单击鼠标左键，填充白色。在调色板的“透明色”按钮☒上单击鼠标右键，取消外框的颜色。

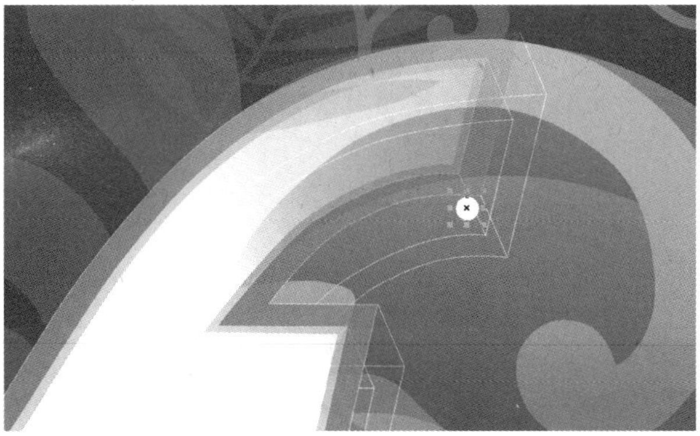

49 选择工具箱中的“交互式透明工具”，对属性栏进行设置，得到如图的效果。

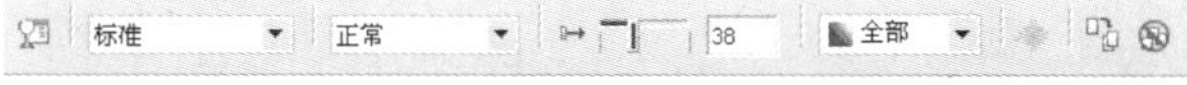

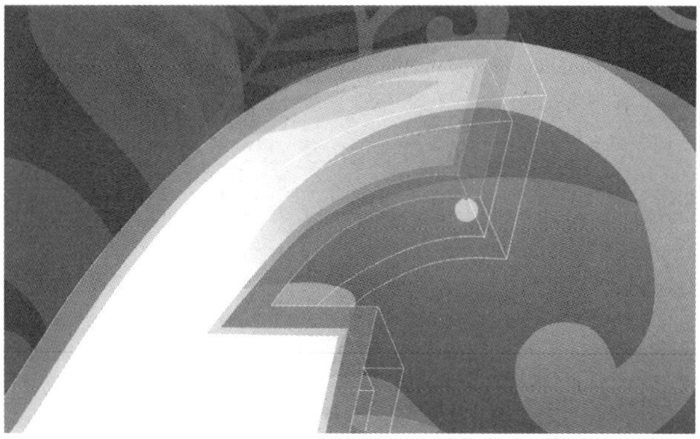

50 使用工具箱中的“挑选工具”，选中白色透明圆形，按小键盘上的【+】键以复制白色透明圆形，按住【Shift】键同心放大图形。按快捷键【Ctrl+Page Down】下移图层。

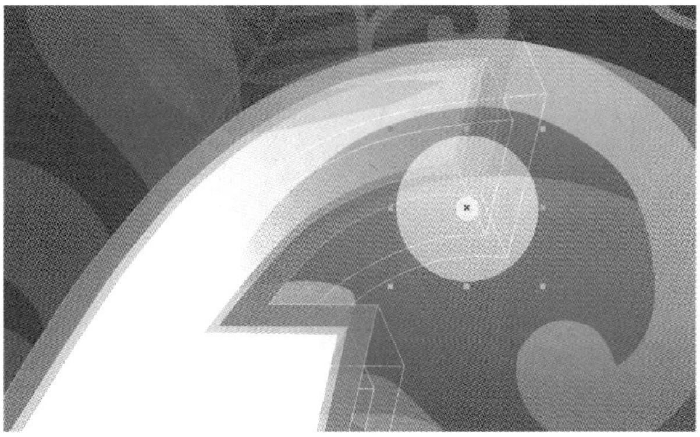

51 选择工具箱中的“交互式透明工具”，对属性栏进行设置，得到如图的效果。

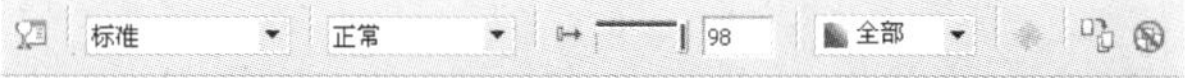

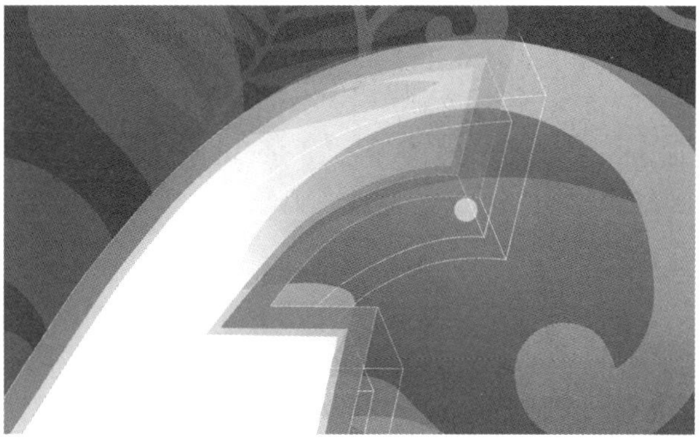

52 选择工具箱中的“交互式调和工具”，从上边的小圆到下边的大圆拖动鼠标，对属性栏进行设置，得到如图的渐变效果。

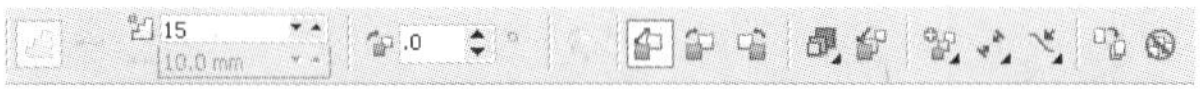

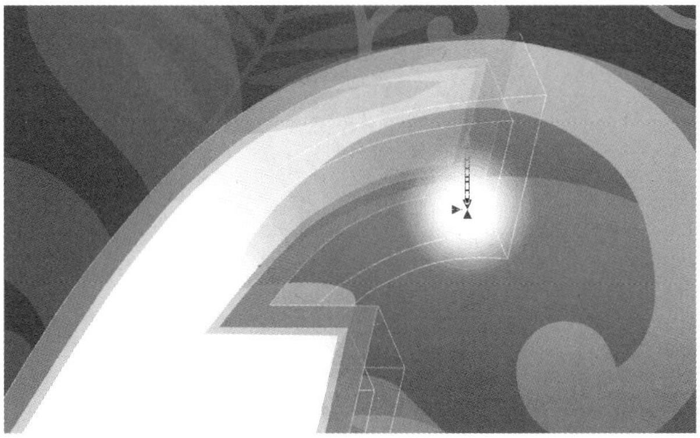

53 使用工具箱中的“贝塞尔工具”，在图像中绘制图形，按【F11】键，打开“渐变填充”对话框，对颜色参数进行设置后单击“确定”按钮。在调色板的“透明色”按钮☒上单击鼠标右键，取消外框的颜色。

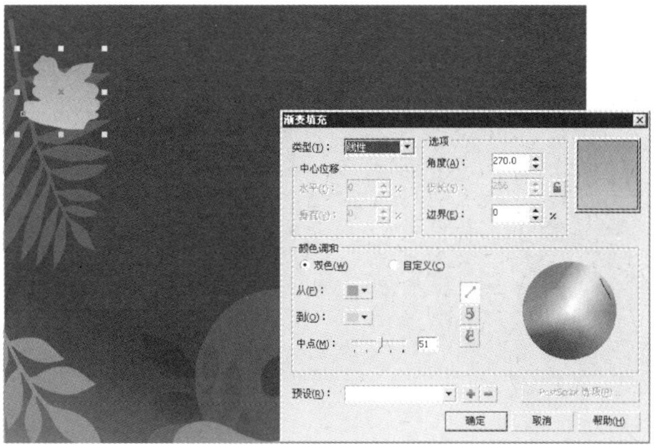

54 使用工具箱中的"贝塞尔工具"，在图像中绘制图形，按【F11】键，打开"渐变填充"对话框，对颜色参数进行设置后单击"确定"按钮。在调色板的"透明色"按钮上单击鼠标右键，取消外框的颜色。

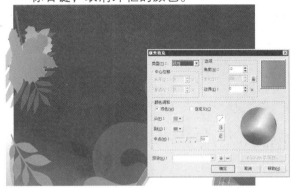

55 使用工具箱中的"挑选工具"，框选这两个渐变图形，然后按快捷键【Ctrl+G】群组图形，按快捷键【Ctrl+Page Down】下移图层。

56 使用工具箱中的"贝塞尔工具"，在图像中绘制图形，按【F11】键，打开"渐变填充"对话框，对颜色参数进行设置后单击"确定"按钮。在调色板的"透明色"按钮上单击鼠标右键，取消外框的颜色。

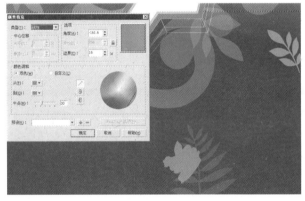

57 使用工具箱中的"贝塞尔工具"，在图像中绘制图形，按【F11】键，打开"渐变填充"对话框，对颜色参数进行设置后单击"确定"按钮。在调色板的"透明色"按钮上单击鼠标右键，取消外框的颜色。

58 使用工具箱中的"挑选工具"，框选这两个渐变图形，然后按快捷键【Ctrl+G】群组图形，按快捷键【Ctrl+Page Down】下移图层。

59 使用工具箱中的"贝塞尔工具"，在图像中绘制图形，按快捷键【Shift+F11】，打开"均匀填充"对话框，设置颜色参数为（R:222，G:69，B:33）后，单击"确定"按钮。在调色板的"透明色"按钮上单击鼠标右键，取消外框的颜色。

60 选择工具箱中的"交互式透明工具" ，对属性栏进行设置，在图形上从左到右拖动鼠标，得到如图的效果。

61 使用工具箱中的"贝塞尔工具" ，在图像中绘制水滴图形，在调色板的"白色"按钮上单击鼠标左键，填充白色。在调色板的"透明色"按钮区上单击鼠标右键，取消外框的颜色。

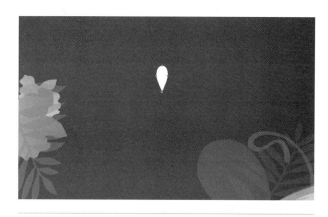

62 使用工具箱中的"挑选工具" ，选中白色水滴图形，按小键盘上的【+】键以复制白色水滴图形，对属性栏的旋转角度进行设置，使复制的图形旋转。

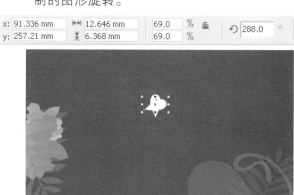

63 按快捷键【Ctrl+D】执行"再制"操作，按快捷键三次以复制三个旋转的水滴图形。

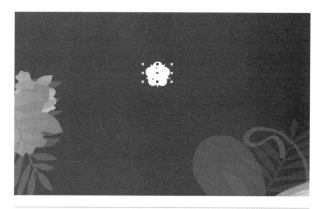

64 使用工具箱中的"挑选工具" ，将这些白色水滴图形摆放为如图的效果，组成一个花朵的图案。

65 使用工具箱中的"挑选工具" ，框选白色花朵图形，然后按快捷键【Ctrl+G】群组图形，按小键盘上的【+】键以复制白色花朵图形，缩小旋转复制的图形，得到如图的效果。

66 使用工具箱中的"挑选工具"，框选白色花朵图形，按快捷键【Ctrl+G】群组图形,移动到如图所示的位置，并倾斜图形到如图的效果。

67 使用工具箱中的"挑选工具"，复制数个白色花朵图形，放置到如图所示的位置，并变换到合适的大小。

68 使用工具箱中的"挑选工具"，复制一个白色花朵图形，放置到如图所示的位置，按快捷键【Ctrl+Page Down】下移图层。

69 使用工具箱中的"挑选工具"，复制一个白色花朵图形，放置到如图所示的位置，选择工具箱中的"交互式透明工具"，对属性栏进行设置，得到如图的效果。

70 使用工具箱中的"挑选工具"，复制两个白色花朵图形，放置到如图所示的位置，变换到合适的大小，在调色板的"霓虹粉"按钮上单击鼠标左键，填充霓虹粉色。

71 单击属性栏中的"导入"按钮，打开"导入"对话框，导入配套光盘中的"素材1"文件，按快捷键【Ctrl+U】取消群组。

72 选择工具箱中的"挑选工具" ，分别将素材放置到如图所示的位置，并调整到如图所示的大小。

73 单击属性栏中的"导入"按钮 ，打开"导入"对话框，依次导入配套光盘中的"素材2"、"素材3"图片。

74 选择工具箱中的"挑选工具" ，将素材分别放置到如图所示的位置，并调整到合适的大小。

75 使用工具箱中的"挑选工具" ，框选绘制的所有图形但不包括背景矩形，然后按快捷键【Ctrl+G】群组图形。

76 执行"效果" | "图框精确剪裁" | "放置在容器中"命令，此时的光标呈"黑箭头"状态 ，将箭头指向矩形选框中单击使图形置入，在置入的图片上单击鼠标右键，从弹出的快捷菜单中选择"编辑内容"命令，调整图像的位置到如图的效果，在图形上单击鼠标右键，从弹出的快捷菜单中选择"结束编辑"命令。

77 经过以上步骤的操作，得到这幅作品的最终效果。

2.3 房地产广告设计

创作思路：如今，房地产已经成为城市发展中的一个重要组成部分。在设计房地产广告时，要突出房地产的大气和庄重。

◎ 设计要求

设计内容	○ 房地产广告设计
客户要求	○ 尺寸为297mm × 210mm。要求突出企业信息内容，画面要有冲击力
最终效果	○ 💿光盘：房地产广告设计

◎ 设计步骤

最终效果

◎ 新建文档并重新设置页面大小

01 执行"文件"|"新建"命令（或按快捷键Ctrl+N），新建一个空白文档。执行"版面"|"页设置"命令，弹出"选项"对话框，选择"页面"|"大小"命令，设置好文档大小为210mm×297mm，文档的页面大小包括了出血的区域。

◎ 设置边框轮廓

02 双击工具箱中的"矩形工具"□，这时在页面上会出现一个与页面大小相同的矩形框，在调色板的"10%黑"按钮上单击鼠标左键，填充灰色，再在调色板的"透明色"按钮⊠上单击鼠标右键，取消外框的颜色。

03 单击属性栏中的"导入"按钮，打开"导入"对话框，导入配套光盘中的"素材1"文件。

04 执行"效果"|"图框精确剪裁"|"放置在容器中"命令，此时的光标呈"黑箭头"状态➡，将箭头指向矩形选框中单击使图片置入，在置入的图片上单击鼠标右键，从弹出的快捷菜单中选择"编辑内容"命令，调整图像的位置到如图的效果，在图片上单击鼠标右键，从弹出的快捷菜单中选择"结束编辑"命令。

05 单击属性栏中的"导入"按钮，打开"导入"对话框，导入配套光盘中的"素材2"文件。

06 执行"效果"|"图框精确剪裁"|"放置在容器中"命令，此时的光标呈"黑箭头"状态➡️，将箭头指向矩形选框中单击使图片置入，在置入的图片上单击鼠标右键，从弹出的快捷菜单中选择"编辑内容"命令，调整图像的位置到如图的效果，在图片上单击鼠标右键，从弹出的快捷菜单中选择"结束编辑"命令。

07 使用工具箱中的"文本工具"字，设置适当的字体和字号，在如图的位置输入"E"字母。

08 使用工具箱中的"交互式立体化工具"，在"E"字母上从中心到左拖动鼠标，得到如图的效果。

09 使用工具箱中的"挑选工具"，选择"E"字母，单击属性栏中的"交互式立体化颜色"按钮，对弹出的面板进行设置，得到如图的效果。

10 设置属性栏中的"深度"数值，单击属性栏中的"立体的方向"按钮，对弹出的面板进行设置，得到如图的效果。

11 单击属性栏中的"照明"按钮，分别对"光源1"和"光源2"的位置和强度进行设置，得到如图的效果。

12 单击属性栏中的"斜角修饰边缘"按钮 ▣，对弹出的面板进行设置，得到如图的效果。

13 使用工具箱中的"挑选工具" ▸，选择"E"字母，按快捷键【Ctrl+K】执行"打散斜角立体化群组"操作，这时立体文字被打散为两部分。

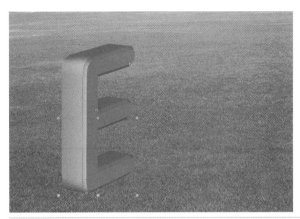

14 使用工具箱中的"挑选工具" ▸，选择"E"字母的侧面部分，按快捷键【Ctrl+U】取消群组，使侧面部分的各个面可以分开编辑。

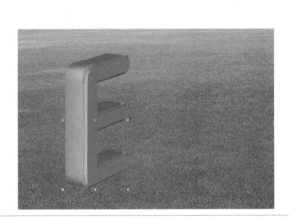

15 使用工具箱中的"挑选工具" ▸，选择字母侧面的一个色块，按快捷键【Shift+F11】，打开"均匀填充"对话框，设置颜色参数为（R:199，G:69，B:46）后，单击"确定"按钮。

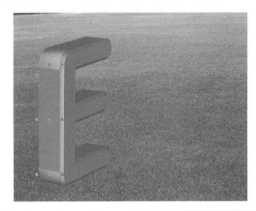

16 使用工具箱中的"挑选工具" ▸，框选字母侧面转折部分的所有小色块，然后单击属性栏中的"焊接"按钮 ▢，把它们焊接在一起。

17 按【F11】键，打开"渐变填充"对话框，对参数进行设置后单击"确定"按钮，得到如图的效果。

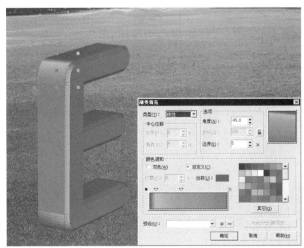

18 使用工具箱中的"挑选工具"，选择"E"字母的正面部分，按快捷键【Ctrl+U】取消群组，使正面部分的各个面可以分开编辑。

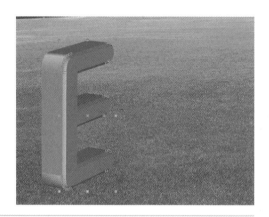

19 使用工具箱中的"挑选工具"，选择字母正面上斜边色块，按【F11】键，打开"渐变填充"对话框，对颜色参数进行设置后单击"确定"按钮。

20 使用工具箱中的"挑选工具"，框选字母正面转折部分的所有小色块，然后单击属性栏中的"焊接"按钮，把它们焊接在一起。

21 按【F11】键，打开"渐变填充"对话框，对参数进行设置后单击"确定"按钮，得到如图的效果。

22 使用工具箱中的"挑选工具"，选择字母正面中间的斜边色块，按【F11】键，打开"渐变填充"对话框，对颜色参数进行设置后单击"确定"按钮。

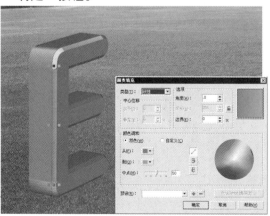

23 使用工具箱中的"挑选工具"，选择字母正面色块，按快捷键【Shift+F11】，打开"均匀填充"对话框，设置颜色参数为（R:211，G:81，B:53）后，单击"确定"按钮。

24 使用工具箱中的"挑选工具"⎍，框选"E"字母，然后按快捷键【Ctrl+G】群组图形。

25 使用工具箱中的"文本工具"⎍，设置适当的字体和字号，在如图的位置输入"L"字母。

26 按快捷键【Ctrl+Q】将文字转化为曲线，使用工具箱中的"形状工具"⎍，对节点进行调整，得到如图的效果。

27 使用工具箱中的"交互式立体化工具"⎍，在"L"字母上从中心到左拖动鼠标，得到如图的效果。

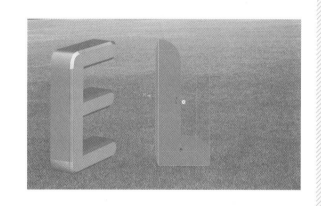

28 使用工具箱中的"挑选工具"⎍，选择"L"字母，单击属性栏中的"交互式立体化颜色"按钮⎍，对弹出的面板进行设置，得到如图的效果。

29 设置属性栏中的"深度"数值，单击属性栏中的"立体的方向"按钮⎍，对弹出的面板进行设置，得到如图的效果。

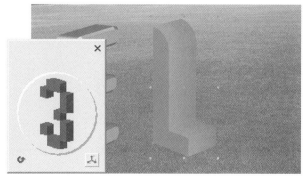

30 单击属性栏中的"照明"按钮 ，分别对"光源 1"和"光源 2"的位置和强度进行设置，得到如图的效果。

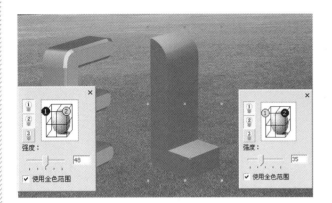

31 单击属性栏中的"斜角修饰边缘"按钮 ，对弹出的面板进行设置，得到如图的效果。

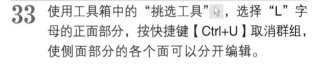

32 使用工具箱中的"挑选工具" ，选择"L"字母，按快捷键【Ctrl+K】执行"打散斜角立体化群组"操作，这时立体文字被打散为两部分。

33 使用工具箱中的"挑选工具" ，选择"L"字母的正面部分，按快捷键【Ctrl+U】取消群组，使侧面部分的各个面可以分开编辑。

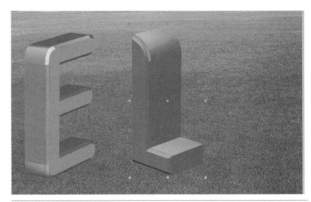

34 使用工具箱中的"挑选工具" ，框选字母正面顶部转折部分的所有小色块，然后单击属性栏中的"焊接"按钮 ，把它们焊接在一起。

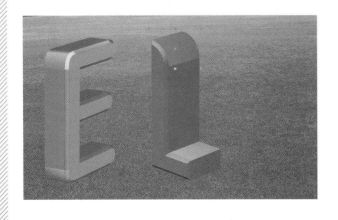

35 按【F11】键，打开"渐变填充"对话框，对参数进行设置后单击"确定"按钮，得到如图的效果。

36 使用工具箱中的"挑选工具" ，选择字母正面顶部转折部分，按小键盘上的【 + 】键以复制一个，按【 F11 】键，打开"渐变填充"对话框，对参数进行设置后单击"确定"按钮，得到如图的效果。

37 选择工具箱中的"交互式透明工具" ，对属性栏进行设置，在图形上从右下角到左上角拖动鼠标，得到如图的效果。

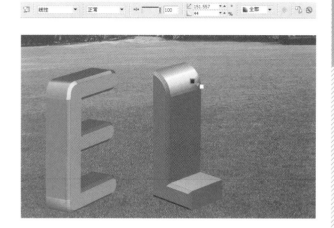

38 使用工具箱中的"挑选工具" ，选择字母正面中间的色块，按【 F11 】键，打开"渐变填充"对话框，对颜色参数进行设置后单击"确定"按钮。

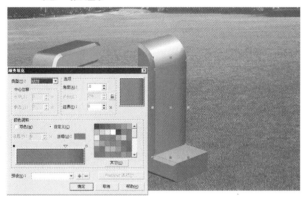

39 使用工具箱中的"挑选工具" ，选择字母正面下边的色块，按【 F11 】键，打开"渐变填充"对话框，对颜色参数进行设置后单击"确定"按钮。

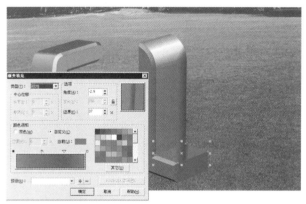

40 使用工具箱中的"挑选工具" ，选择字母正面下边侧面的色块，按【 F11 】键，打开"渐变填充"对话框，对颜色参数进行设置后单击"确定"按钮。

41 使用工具箱中的"挑选工具" ，选择"L"字母的侧面部分，按快捷键【 Ctrl+U 】取消群组，使正面部分的各个面可以分开编辑。

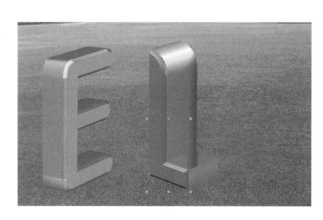

42 使用工具箱中的"挑选工具" ⬚，选择字母侧面下边斜边色块，按快捷键【Shift+F11】，打开"均匀填充"对话框，设置颜色参数为（R: 199，G:72，B:46）后，单击"确定"按钮。

43 使用工具箱中的"挑选工具" ⬚，选择字母侧面底部斜边色块，按快捷键【Shift+F11】，打开"均匀填充"对话框，设置颜色参数为（R: 168，G:56，B:22）后，单击"确定"按钮。

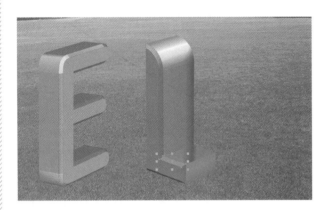

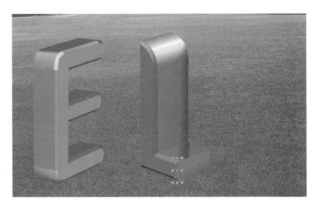

44 使用工具箱中的"挑选工具" ⬚，框选"L"字母，然后按快捷键【Ctrl+G】群组图形,再把它移动到如图所示的位置。

45 使用工具箱中的"文本工具" 字，设置适当的字体和字号，在如图所示的位置输入"N"字母。

46 使用工具箱中的"交互式立体化工具" ⬚，在"N"字母上从中心到右拖动鼠标，得到如图的效果。

47 使用工具箱中的"挑选工具" ⬚，选择"N"字母，单击属性栏中的"交互式立体化颜色"按钮⬚，对弹出的面板进行设置，得到如图的效果。

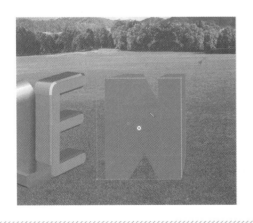

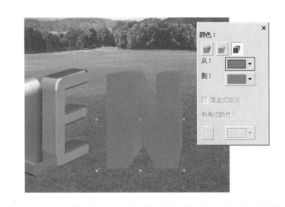

48 设置属性栏中的"深度"数值，单击属性栏中的"立体的方向"按钮，对弹出的面板进行设置，得到如图的效果。

49 单击属性栏中的"照明"按钮，分别对"光源 1"和"光源 2"的位置和强度进行设置，得到如图的效果。

50 单击属性栏中的"斜角修饰边缘"按钮，对弹出的面板进行设置，得到如图的效果。

51 使用工具箱中的"挑选工具"，选择"N"字母，按快捷键【Ctrl+K】执行"打散斜角立体化群组"操作，这时立体文字被打散为两部分。

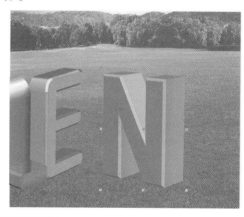

52 使用工具箱中的"挑选工具"，选择"N"字母的正面部分，按快捷键【Ctrl+U】取消群组，使正面部分的各个面可以分开编辑。

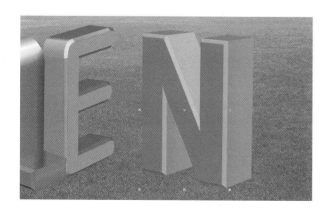

53 使用工具箱中的"挑选工具"，选择字母正面中间的色块，按【F11】键，打开"渐变填充"对话框，对颜色参数进行设置后单击"确定"按钮。

54 使用工具箱中的"挑选工具" ，选择字母正面上边侧边的色块，按【F11】键，打开"渐变填充"对话框，对颜色参数进行设置后单击"确定"按钮。

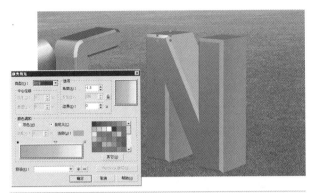

55 使用工具箱中的"挑选工具" ，选择字母正面中间的侧边色块，按【F11】键，打开"渐变填充"对话框，对颜色参数进行设置后单击"确定"按钮。

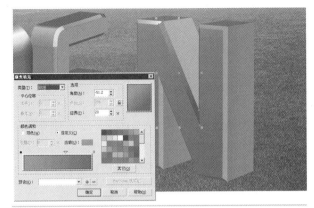

56 使用工具箱中的"挑选工具" ，选择"N"字母的侧面部分，按快捷键【Ctrl+U】取消群组，使侧面部分的各个面可以分开编辑。

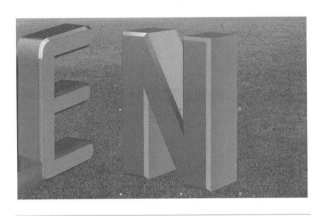

57 使用工具箱中的"挑选工具" ，选择字母侧面顶部的色块，按【F11】键，打开"渐变填充"对话框，对颜色参数进行设置后单击"确定"按钮。

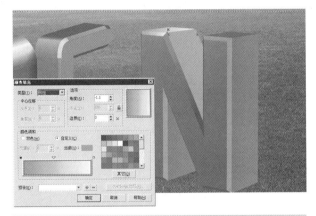

58 使用工具箱中的"挑选工具" ，选择字母侧面中间的侧边色块，按【F11】键，打开"渐变填充"对话框，对颜色参数进行设置后单击"确定"按钮。

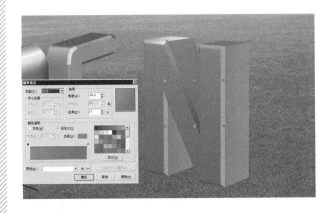

59 使用工具箱中的"挑选工具" ，选择字母正面下边的侧边色块，按快捷键【Shift+F11】，打开"均匀填充"对话框，设置颜色参数为（R: 28，G:8，B:3）后，单击"确定"按钮。

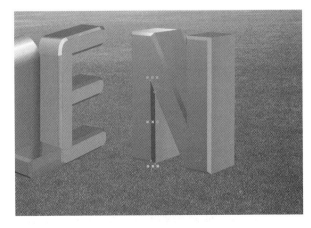

60 使用工具箱中的"挑选工具" ，选择字母正面下边中间的色块，按【F11】键，打开"渐变填充"对话框，对颜色参数进行设置后单击"确定"按钮。

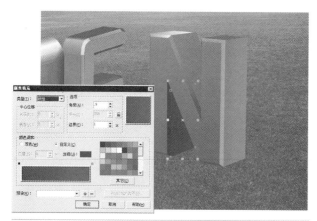

61 使用工具箱中的"挑选工具" ，框选"N"字母，然后按快捷键【Ctrl+G】群组图形，再把它移动到如图所示的位置。

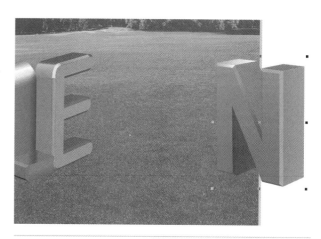

62 使用工具箱中的"贝塞尔工具" ，在图像中绘制图形，在调色板的"黑色"按钮上单击鼠标左键，填充黑色。

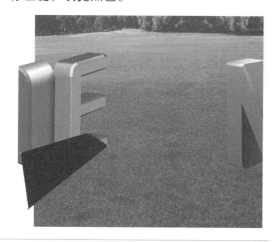

63 使用工具箱中的"挑选工具" ，选择黑色图形，按快捷键【Ctrl+Page Down】下移图层，得到如图的效果。

64 选择工具箱中的"交互式透明工具" ，对属性栏进行设置，在图形上从右上角到左下角拖动鼠标，得到如图的效果。

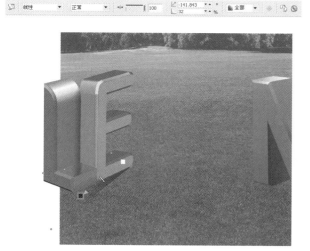

65 使用工具箱中的"挑选工具" ，选择黑色透明图形，按小键盘上的【+】键以复制图形，选择工具箱中的"交互式透明工具" ，单击属性栏中的"清除透明度"按钮 ，删除透明度。

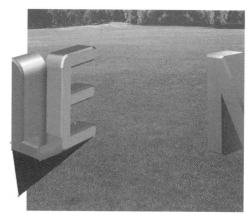

66 执行"位图"|"转换为位图"命令，在弹出的"转换为位图"对话框中进行设置后单击"确定"按钮，再执行"位图"|"模糊"|"高斯式模糊"命令，在弹出的"高斯式模糊"对话框中进行设置后单击"确定"按钮。

67 使用工具箱中的"贝塞尔工具"，在图像中绘制图形，在调色板的"黑色"按钮上单击鼠标左键，填充黑色。

68 使用工具箱中的"挑选工具"，选择黑色图形，按快捷键【Ctrl+Page Down】下移图层，得到如图的效果。

69 选择工具箱中的"交互式透明工具"，对属性栏进行设置，在图形上从右上角到左下角拖动鼠标，得到如图的效果。

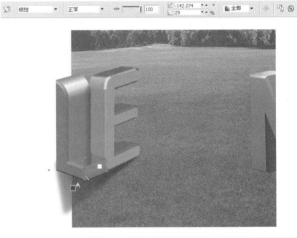

70 使用工具箱中的"挑选工具"，选择黑色透明图形，按小键盘上的【+】键以复制图形，选择工具箱中的"交互式透明工具"，单击属性栏中的"清除透明度"按钮，删除透明度。

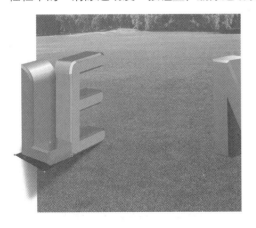

71 执行"位图"|"转换为位图"命令，在弹出的"转换为位图"对话框中进行设置后单击"确定"按钮，再执行"位图"|"模糊"|"高斯式模糊"命令，在弹出的"高斯式模糊"对话框中进行设置后单击"确定"按钮。

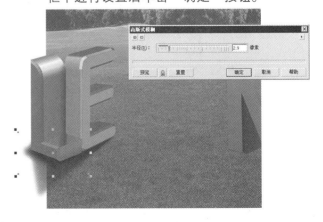

72 使用工具箱中的"挑选工具" ，框选"L"和"E"字母以及它们的阴影，然后按快捷键【Ctrl+G】群组图形。

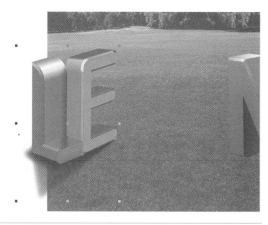

73 执行"效果"|"图框精确剪裁"|"放置在容器中"命令，此时的光标呈"黑箭头"状态 ，将箭头指向矩形选框中单击使图片置入，在置入的图片上单击鼠标右键，从弹出的快捷菜单中选择"编辑内容"命令，调整图像的位置到如图的效果，在图片上单击鼠标右键，从弹出的快捷菜单中选择"结束编辑"命令。

74 使用工具箱中的"贝塞尔工具" ，在图像中绘制图形，在调色板的"黑色"按钮上单击鼠标左键，填充黑色。

75 使用工具箱中的"挑选工具" ，选择黑色图形，按快捷键【Ctrl+Page Down】下移图层，得到如图的效果。

76 执行"位图"|"转换为位图"命令，在弹出的"转换为位图"对话框中进行设置后单击"确定"按钮，再执行"位图"|"模糊"|"高斯式模糊"命令，在弹出的"高斯式模糊"对话框中进行设置后单击"确定"按钮。

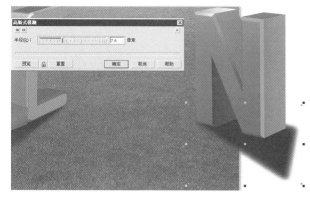

77 选择工具箱中的"交互式透明工具" ，对属性栏进行设置，在图形上从左上角到右下角拖动鼠标，得到如图的效果。

78 使用工具箱中的"挑选工具" ![], 框选"N"字母以及它的阴影, 然后按快捷键【Ctrl+G】群组图形。

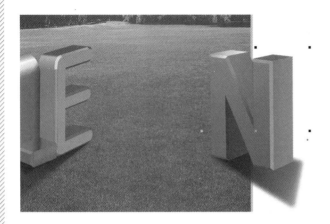

79 执行"效果"|"图框精确剪裁"|"放置在容器中"命令, 此时的光标呈"黑箭头"状态 ![], 将箭头指向矩形选框中单击使图片置入, 在置入的图片上单击鼠标右键, 从弹出的快捷菜单中选择"编辑内容"命令, 调整图像的位置到如图的效果, 在图片上单击鼠标右键, 从弹出的快捷菜单中选择"结束编辑"命令。

80 使用工具箱中的"文本工具" ![], 设置适当的字体和字号, 在如图的位置输入"L"字母。

81 按快捷键【Ctrl+Q】将文字转化为曲线, 使用工具箱中的"形状工具" ![], 对节点进行调整, 得到如图的形状。

82 使用工具箱中的"交互式立体化工具" ![], 在"L"字母上从中心到左拖动鼠标, 得到如图的效果。

83 使用工具箱中的"挑选工具" ![], 选择"L"字母, 单击属性栏中的"交互式立体化颜色"按钮 ![], 对弹出的面板进行设置, 得到如图的效果。

84 设置属性栏的"深度"数值，单击属性栏中的"立体的方向"按钮，对弹出的面板进行设置，得到如图的效果。

85 单击属性栏中的"照明"按钮，分别对"光源1"和"光源2"的位置和强度进行设置，得到如图的效果。

86 单击属性栏中的"斜角修饰边缘"按钮，对弹出的面板进行设置，得到如图的效果。

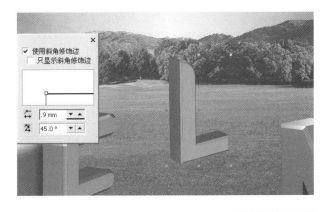

87 使用工具箱中的"挑选工具"，选择"L"字母，使用鼠标左键向左拖动图像，按住鼠标左键不放同时单击鼠标右键，然后释放鼠标左键，以复制一个"L"字母，按快捷键【Ctrl+Page Down】下移图层。

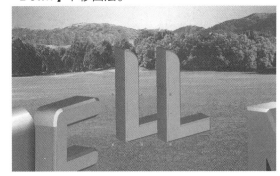

88 单击属性栏中的"立体的方向"按钮，对弹出的面板进行设置，得到如图的效果。

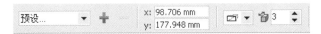

89 使用工具箱中的"挑选工具"，将复制的"L"字母移动到如图的位置。

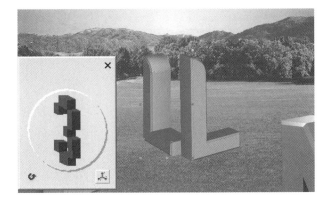

90 使用工具箱中的"挑选工具" 框选这两个"L"字母，然后移动缩小到如图的位置。

91 使用工具箱中的"贝塞尔工具" ，在图像中绘制图形，按快捷键【Shift+F11】，打开"均匀填充"对话框，设置颜色参数为（R:61，G:64，B:114）后，单击"确定"按钮。在调色板的"透明色"按钮⊠上单击鼠标右键，取消外框的颜色。

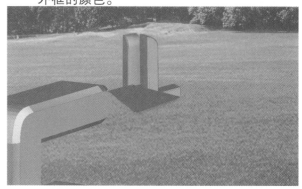

92 使用工具箱中的"挑选工具" ，选择黑色图形，按快捷键【Ctrl+Page Down】下移图层，得到如图的效果。

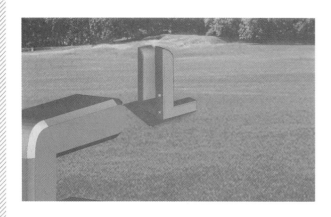

93 执行"位图"|"转换为位图"命令，在弹出的"转换为位图"对话框中进行设置后单击"确定"按钮，再执行"位图"|"模糊"|"高斯式模糊"命令，在弹出的"高斯式模糊"对话框中进行设置后单击"确定"按钮。

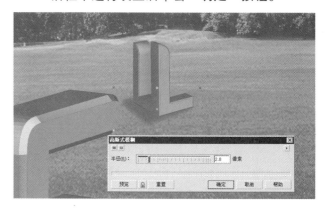

94 选择工具箱中的"交互式透明工具" ，对属性栏进行设置，在图形上从右上角到左下角拖动鼠标，得到如图的效果。

95 使用工具箱中的"文本工具" ，设置适当的字体和字号，在如图的位置输入"E"字母。

96 使用工具箱中的"交互式立体化工具"，在"E"字母上从中心到左拖动鼠标，得到如图的效果。

97 使用工具箱中的"挑选工具"，选择"E"字母，单击属性栏中的"交互式立体化颜色"按钮，对弹出的面板进行设置，得到如图的效果。

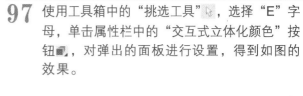

98 设置属性栏的"深度"数值，单击属性栏中的"立体的方向"按钮，对弹出的面板进行设置，得到如图的效果。

99 单击属性栏中的"照明"按钮，分别对"光源1"和"光源2"的位置和强度进行设置，得到如图的效果。

100 单击属性栏中的"斜角修饰边缘"按钮，对弹出的面板进行设置，得到如图的效果。

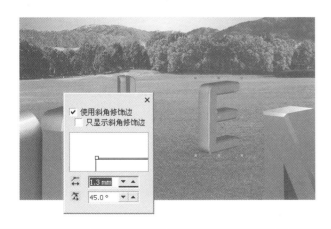

101 使用工具箱中的"文本工具"，设置适当的字体和字号，在如图的位置输入"G"字母。

102 使用工具箱中的"交互式立体化工具" ，在"G"字母上从中心到左拖动鼠标，得到如图的效果。

103 使用工具箱中的"挑选工具" ，选择"G"字母，单击属性栏中的"交互式立体化颜色"按钮 ，对弹出的面板进行设置，得到如图的效果。

104 设置属性栏的"深度"数值，单击属性栏中的"立体的方向"按钮 ，对弹出的面板进行设置，得到如图的效果。

105 单击属性栏中的"照明"按钮 ，分别对"光源 1"和"光源 2"的位置和强度进行设置，得到如图的效果。

106 单击属性栏中的"斜角修饰边缘"按钮 ，对弹出的面板进行设置，得到如图的效果。

107 使用工具箱中的"挑选工具" ，将"G"字母移动到如图的位置，并变换到合适的大小。

单击属性栏中的"导入"按钮 ，打开"导入"对话框，导入配套光盘中的"素材 6"文件。

108 使用工具箱中的"挑选工具" ⚫，框选"E"字母和"G"字母，移动缩小到如图的位置。

109 使用工具箱中的"贝塞尔工具" ✎，在图像中绘制图形，按快捷键【Shift+F11】，打开"均匀填充"对话框，设置颜色参数为（R:53，G:53，B:41）后，单击"确定"按钮。在调色板的"透明色"按钮⊠上单击鼠标右键，取消外框的颜色。

110 使用工具箱中的"挑选工具" ⚫，选择黑色图形，按快捷键【Ctrl+Page Down】下移图层，得到如图的效果。

111 执行"位图"|"转换为位图"命令，在弹出的"转换为位图"对话框中进行设置后单击"确定"按钮，再执行"位图"|"模糊"|"高斯式模糊"命令，在弹出的"高斯式模糊"对话框中进行设置后单击"确定"按钮。

112 选择工具箱中的"交互式透明工具" ☶，对属性栏进行设置，在图形上从左到右拖动鼠标，得到如图的效果。

113 单击属性栏中的"导入"按钮 ⬚，打开"导入"对话框，导入配套光盘中的"素材3"文件。按快捷键【Ctrl+U】取消群组。

114 选择工具箱中的"挑选工具"，分别将素材放置到如图的位置，并调整到如图所示的大小。

115 选择工具箱中的"交互式阴影工具"，在树图形上从中间向外沿拖动鼠标，对属性栏进行设置，得到如图的效果。

116 选择工具箱中的"交互式阴影工具"，在茶杯图形上从中间向外沿拖动鼠标，对属性栏进行设置，得到如图的效果。

117 选择工具箱中的"交互式阴影工具"，在书图形上从中间向外沿拖动鼠标，对属性栏进行设置，得到如图的效果。

118 使用工具箱中的"挑选工具"，选择树图形，使用鼠标左键向右上角拖动图形，按住鼠标左键不放同时单击鼠标右键，然后释放鼠标左键，以复制一个圆形渐变图形，变换图形到如图所示的大小。

119 单击属性栏中的"导入"按钮，打开"导入"对话框，导入配套光盘中的"素材4"文件。

120 选择工具箱中的"挑选工具"⬚，将素材放置到画面的右下角，并调整到如图所示的大小。

121 单击属性栏中的"导入"按钮⬚，打开"导入"对话框，导入配套光盘中的"素材5"文件。

122 选择工具箱中的"挑选工具"⬚，将素材放置到画面上部的中间位置，并调整到如图所示的大小。

123 选择工具箱中的"矩形工具"⬚，在图像中绘制一个矩形，在调色板的"黑"按钮上单击鼠标左键，填充黑色，在调色板的"透明色"按钮⊠上单击鼠标右键，取消外框的颜色。

124 使用工具箱中的"文本工具"字，设置适当的字体和字号，在如图的位置输入相关文字，得到这幅作品的最终效果。

◎ 课后练习

1. 试以"奥运2008"为主题制作一整版报纸广告，具体要求如下。

● 规格：340cm × 240cm。

● 设计要求：主题鲜明，能体现奥运精神，奥运标志和吉祥物均可用于设计中。

2. 每逢季节交替，各品牌都会推出自己的新款式，依都锦也不例外。该公司今年春天就推出了"职业女性"系列的服饰。读者可以试试为这个主题策划制作一张海报，具体要求如下：

● 规格不限。

● 设计风格：主题鲜明，颜色搭配舒服，与依都锦品牌的公司理念相符合。

宣传页设计

第 3 章

关于宣传页 ·······························

　　宣传页俗称小广告，它属于企业 VI 系统的一部分，在商业活动中起着宣传企业文化精神的作用。宣传页可以通过派发、邮递等方式向消费者传达企业和商品的信息。它具有独立性和针对性。由于宣传页的制作简单且大小可以根据实际需要调整，所以，精美的宣传页会被长期保存起来。

◎ 宣传页的特性

1. 独立性

　　宣传页无需借助其他媒体，不受其他媒体、宣传环境、信息安排、版面、印刷、纸张等的影响，所以，它的独立性比其他广告强，而且宣传页也有自己单独的封面和完整的内容。

2. 针对性

　　不同种类的宣传页，在设计构思和形象表现方面也会有所不同。

◎ 宣传页的种类

1. 宣传卡片类

　　宣传卡片类包括传单、折页、明信片等。它们常用来提示商品信息、活动介绍和企业宣传等。

2. 样本类

　　这类宣传页包括各种小册子、产品目录等，可以系统地展现产品信息，如前言、厂长或经理致辞，每个部门、每类商品、成果介绍、未来展望和服务等。这类宣传页不仅要求在商业上宣传商品，也要求在商业领域树立企业的整体形象。

3. 说明书类

　　这类宣传页一般放在商品的包装里面，主要是对商品的性能、结构、成分、质量和使用方法等的介绍，以便让消费者详细地了解商品的情况。

◎ 宣传页的设计

1. 纸张

　　可根据不同的形式和用途选择纸张，一般可用铜版纸、卡纸和玻璃纸等。

2. 开本

　　宣传页的开本，一般分为 32 开、24 开、16 开、8 开等，常采用的形式有长条开本和经折叠后形成新的形式。大的开本用于张贴，小的开本有利于散发、邮寄。

3. 折叠方式的设计

　　可以通过改变折叠的方式来设计宣传页，使其更能贴近设计内容的要求。

　　折叠方法主要有"平行折"和"垂直折"两种，但是可以由此延伸出多种折叠的方法。比如将一张纸分为三份，左右两边在一面向内折入，称为"折荷包"。

4. 宣传页的整体设计

　　宣传页的整体设计风格应该考虑到与企业的 VI 相一致。应该抓住企业的特点，运用各种设计形式来表现企业的形象，主要是通过各种艺术表现来吸引消费者的目光。

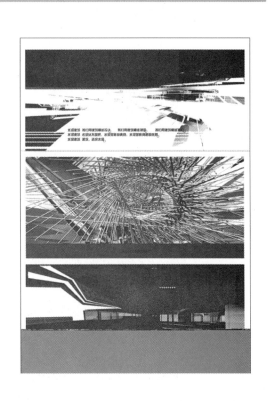

◎ 优秀宣传页欣赏

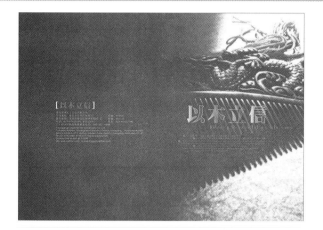

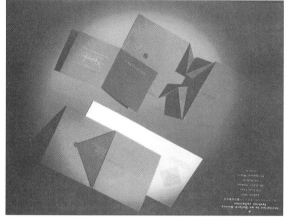

3.1 汽车宣传页设计

创作思路：利用商品本身的造型美绘制场景，突出商品的特点，画面内容丰富，运动时尚，主题商品居中使它表达得更加生动，使商品显得更加鲜明强烈，从而突出商品的时代感。

◎ 设计要求

设计内容	○ 汽车宣传页设计
客户要求	○ 尺寸为291mm×216mm。要求突出企业信息内容，画面要有冲击力
最终效果	○ 💿光盘：汽车宣传页设计

◎ 设计步骤

最终效果

◎ 新建文档并重新设置页面大小

01 执行"文件"|"新建"命令（或按快捷键Ctrl+N），新建一个空白文档。执行"版面"|"页设置"命令，弹出"选项"对话框，选择"页面"|"大小"命令，设置好文档大小为291mm × 216mm，文档的页面大小包括了出血的区域。

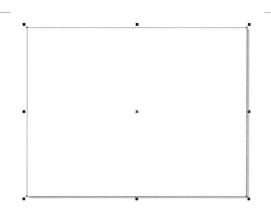

◎ 设置图像并绘制宣传页场景

02 双击工具箱中的"矩形工具" ，这时在页面上会出现一个与页面大小相同的矩形框，单击"交互式填充工具" 进行填充（从下到上分别为10%黑、20%黑、10%黑、10%黑、白）。

03 单击属性栏中的"导入"按钮 ，打开"导入"对话框，导入配套光盘中的"素材1"文件，在页面上单击鼠标左键即可导入，然后按住【Shift】键等比例调整其图像大小，并置于合适的位置。

04 选择工具箱中的"艺术笔工具" ，单击属性栏中的"喷灌" ，在新喷涂列表中选择一组蘑菇图案，在画面中从左至右绘制。

05 在绘制出的蘑菇图案上单击鼠标右键，在弹出的快捷菜单中选择"打散艺术笔群组"命令，或按快捷键【Ctrl+K】将其路径拆分删除。

06 选择工具箱中的"挑选工具" ，在图像中选择蘑菇，将其缩小并置于画面合适的位置。

07 选择工具箱中的"艺术笔工具" ，单击属性栏中的"喷灌" ，在新喷涂列表中选择气球图案，在画面中绘制一组气球。

08 选择工具箱中的"挑选工具" ，在图像中选择气球，将其缩小置于楼层上方并调整其位置。

09 选择工具箱中的"矩形工具" ，在图像中绘制一个矩形（加文字）

10 在属性栏设置矩形的边角圆滑度参数，按【Enter】键,得到一个带圆角的矩形。

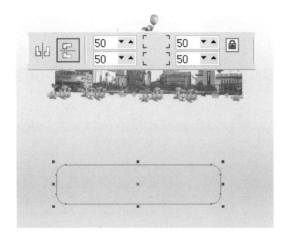

11 选择工具箱中的"交互式轮廓图工具" ，在属性栏上设置其参数，在图形上从下到上拖动鼠标，得到如图的效果。

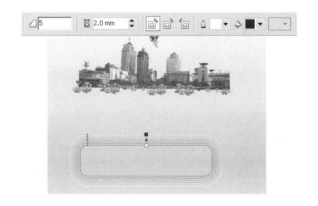

12 选择工具箱中的"挑选工具" ，将图形框选按快捷键【Ctrl+K】，在空白处单击鼠标左键将图形最上层拖动出来，然后选择剩下 4 层，按快捷键【Ctrl+U】取消群组，这样图形就全部被拆分。

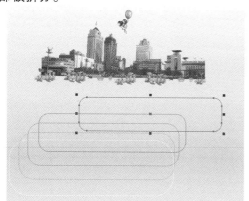

13 依次选择被拆分的圆角矩形，在调色板的"透明色"按钮⊠上单击鼠标右键，取消外框的颜色，然后分别为圆角矩形进行填色。

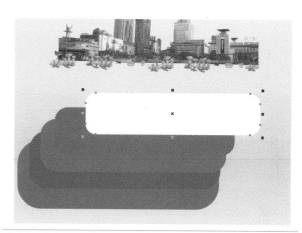

14 选择工具箱中的"挑选工具" ，将 5 个图形全部选中按快捷键【C】和【E】垂直居中对齐和水平居中对齐，然后按快捷键【Ctrl+G】将其全部群组。

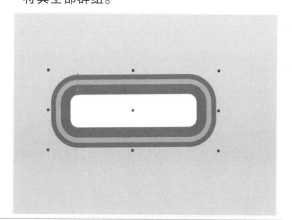

15 选择工具箱中的"挑选工具" ，使用鼠标左键双击图形将其旋转。

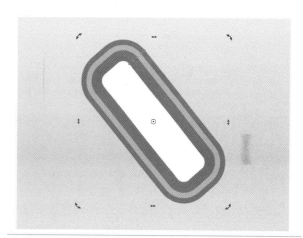

16 按住【Shift】键将图形等比例缩小，调整到合适的大小放置在楼层位置，按快捷键【Ctrl+Page Down】下移图层，将图形置于楼层后方。

17 用相同的方法绘制一个相同的图形，更换其颜色。

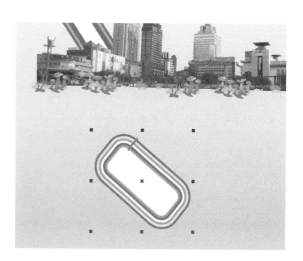

18 选择工具箱中的"挑选工具"，按住【Shift】键将图形等比例缩小，调整合适的大小放置在楼层位置，按快捷键【Ctrl+Page Down】下移图层。

19 使用工具箱中的"贝塞尔工具"，在图像内绘制一个透视效果的图形。

20 选择图形，在调色板上单击"蓝"按钮将图形进行填充。在调色板的"透明色"按钮⊠上单击鼠标右键，取消外框的颜色。

21 选择工具箱中的"挑选工具"，在图形上双击鼠标左键再将图形的中心原点拖到图形上方的透视点上。

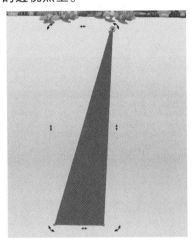

22 执行"排列"|"变换"|"旋转"命令或按快捷键【Alt+F8】，弹出"变换"面板，在泊坞窗中设置好旋转角度后单击 4 次"应用到再制"按钮。

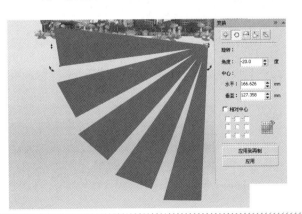

23 选择工具箱中的"挑选工具"，依次选择复制得到的图形，在调色板中对图形进行颜色填充。

24 使用工具箱中的"形状工具" ，选中节点依次调整图形，将其进行透视。

25 使用工具箱中的"形状工具" ，将图形依次调整，最终效果如图所示。

26 单击属性栏中的"导入"按钮 ，打开"导入"对话框，导入配套光盘中的"素材2"文件，按【Shift】键将图形等比例放大，调整到合适位置，放在彩带上。

27 选择工具箱中的"交互式阴影工具" ，在图形上从右向左拖动鼠标，对属性栏进行参数设置，设置阴影颜色为黑色。

28 单击属性栏中的"导入"按钮 ，打开"导入"对话框，导入配套光盘中的"素材3"文件，按快捷键【Ctrl+U】将人物和白色背景取消编组。

29 选中素材中的白色背景将其删除，只显示人物图像在页面中。

30 选择工具箱中的"挑选工具" ， 按住【Shift】键将图形等比例缩小，调整到合适的大小放置在图像中适当的位置。

31 单击属性栏中的"导入"按钮 ，打开"导入"对话框，导入配套光盘中的"素材 4"文件，按快捷键【Ctrl+U】将人物和白色背景取消编组并删除白色背景。

32 执行"位图"|"三维效果"|"透视"命令，在弹出的对话框中调整其透视点。

33 选择工具箱中的"挑选工具" ，按住【Shift】键将图形等比例缩小，旋转调整到合适的大小置于适当位置，按快捷键【Ctrl+Page Down】下移图层，将图像放置在汽车和彩带的后方。

34 单击属性栏中的"导入"按钮 ，打开"导入"对话框，导入配套光盘中的"素材 5"文件，按快捷键【Ctrl+U】将人物和白色背景取消编组。

35 选择删除白色背景的人物图像按住【Shift】键单击鼠标左键，将图像等比例缩小放置在如图所示的位置，按快捷键【Ctrl+Page Down】下移图层，图像被放置在汽车后面。

36 选择工具箱中的"艺术笔工具 ✎", 单击属性栏中的"笔刷" ☑, 在喷涂列表中选择一组彩虹条图案, 设置好参数, 按住【Ctrl】键在画面中从左至右绘制。

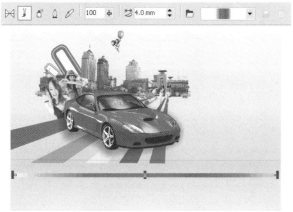

37 使用工具箱中的"形状工具" ⬈, 鼠标左键单击图形, 将其左右延长对齐画面边缘, 然后将图形置于画面的适当位置。

38 选择工具箱中的"矩形工具" ▢, 在页面的左下方绘制一个条状的矩形。

39 在属性栏设置矩形的边角圆滑度参数, 按【Enter】键, 得到一个带圆角的矩形。

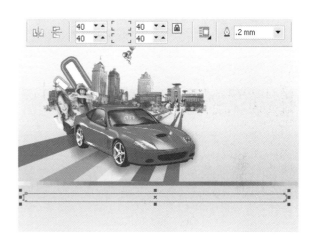

40 按【F11】键, 打开"渐变填充"对话框, 对颜色参数进行设置, 颜色从下 (R:30, G:25, B:25) 到上 (R:65, G:65, B:70)。

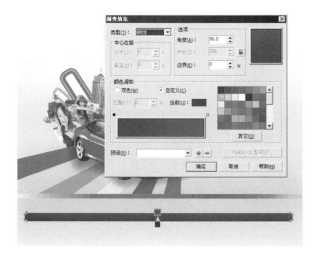

41 选择工具箱中的"挑选工具" ⬈, 将绘制好的图形置于彩色条上方。

42 选择工具箱中的"矩形工具"□，在页面左下方绘制一个矩形。

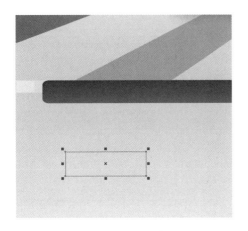

43 在属性栏设置矩形的边角圆滑度参数，得到一个带圆角的矩形。

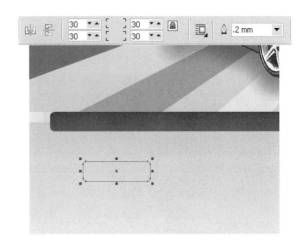

44 按住【Ctrl】键在矩形上单击鼠标左键向右拖动，单击鼠标右键，释放鼠标左键，这时复制了一个相同的矩形。

45 按快捷键【Ctrl+D】复制 4 个相同的矩形，然后框选 6 个矩形，按快捷键【Ctrl+G】群组图形。

46 按【F11】键，打开"渐变填充"对话框,对颜色参数进行设置，颜色从下（R:65, G:65, B:70）到上（R:30, G:25, B:25）对矩形进行填充。

47 在调色板的"透明色"按钮⊠上单击鼠标右键，取消外框的颜色，然后放置在长条矩形上方。

48 使用工具箱中的"文本工具"字，设置适当的字体，在如图的位置输入相关文字。

49 选择工具箱中的"矩形工具"□，在页面右上方绘制一个矩形作为指示标牌的边框。

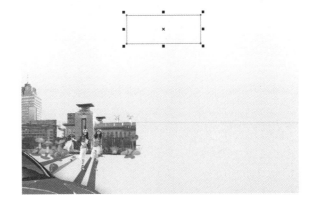

50 按【F11】键，打开"渐变填充"对话框，颜色参数从左上至右下分别设置：白色，20%黑，白色，将矩形进行填充。

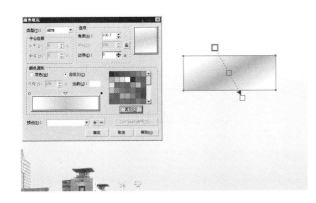

51 在矩形上单击鼠标左键，按快捷键【Ctrl+C】复制图形，按快捷键【Ctrl+V】粘贴图形，重复操作一次复制两个矩形，选择工具箱中的"挑选工具"，将复制的矩形移动出来。

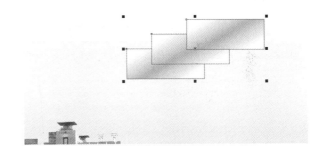

52 选择工具箱中的"挑选工具"，按住【Shift】键等比例调整矩形大小，鼠标右键双击矩形调整旋转方向。

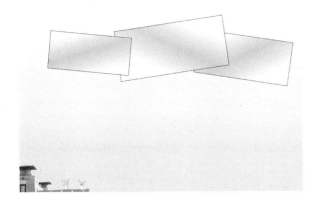

53 使用工具箱中的"贝塞尔工具"，在矩形内绘制一个指示标箭头图形，选择工具箱中的"挑选工具"，按住【Shift】键，用鼠标左键单击箭头图形等比例调整大小并置于合适位置。

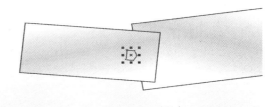

54 选择箭头图形，在调色板上选择黑色将图形进行填充。在调色板的"透明色"按钮☒上单击鼠标右键，取消外框的颜色。使用工具箱中的"文本工具"字，设置适当的字体，在如图的位置输入相关文字。

55 使用相同的方法在矩形下方绘制出指示标并输入适当字体，按快捷键【Ctrl+G】将指示标和字体分别群组。

56 将字体放入矩形中，鼠标左键双击字体图形，旋转调整到适当的位置。

57 使用工具箱中的"贝塞尔工具"，在页面内矩形牌下方绘制一个飘带的图形。

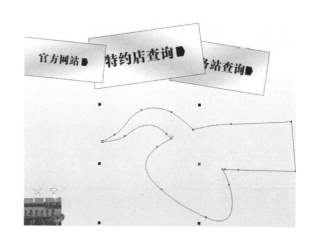

58 在调色板的"红色"按钮上单击鼠标左键，填充红色。使用工具箱中的"贝塞尔工具"，在飘带的图形上绘制出一个半弧形，执行"排列"|"造型"|"修剪"命令。

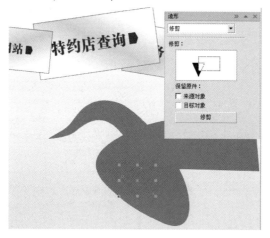

59 这样修剪后就得到了一个具有重叠飘逸感的红色飘带。

60 按【F11】键，打开"渐变填充"对话框，对颜色参数进行设置，颜色从左下（R:150，G:40，B:40）到右上（R:210，G:45，B:45）对飘带进行填充。

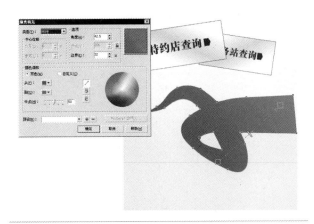

61 选择飘带，在调色板的"透明色"按钮⊠上单击鼠标右键，取消外框的颜色。使用工具箱中的"贝塞尔工具"，在页面内再绘制一个的图形作为飘带的另一部分。

62 使用"挑选工具"将飘带的另一部分移动到标牌位置，并按快捷键【Ctrl+Page Down】下移图层置于指示标牌下方。按【F11】键，打开"渐变填充"对话框，对颜色参数进行设置，颜色从左（R:150，G:40，B:40）到右（R:215，G:60，B:40）。选择飘带，在调色板的"透明色"按钮⊠上单击鼠标右键，取消外框的颜色。

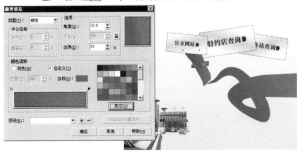

63 使用工具箱中的"贝塞尔工具"，在飘带内绘制一条弯曲的线。

64 选择工具箱中的"文本工具"字，鼠标滑动到上步绘制的线段路径左端单击鼠标左键，沿线段路径输入适当的文字并调整文字距离大小。在调色板的"白色"按钮上单击鼠标左键，将字体填充为白色，然后选择线段，在调色板的"透明色"按钮⊠上单击鼠标右键，取消外框的颜色就将线段隐藏了。

65 单击属性栏中的"导入"按钮，打开"导入"对话框，导入配套光盘中的"素材6"文件。

66 选择工具箱中的"挑选工具" ，按【Shift】键拖动控制框等比例调整图像大小，并将其旋转置于页面适当的位置，按快捷键【Ctrl+Page Down】下移图层。

67 选择工具箱中的"矩形工具" ，在页面左下方绘制三个矩形。

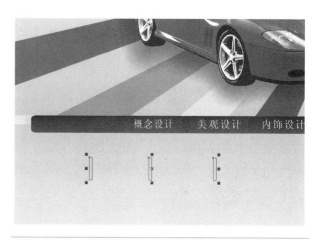

68 在调色板的"黑色"按钮上单击鼠标左键，将三个矩形填充为黑色，然后选择工具箱中的"文本工具" 字，在矩形两侧输入适当的字体。

69 选择工具箱中的"矩形工具" ，在页面左下方绘制一个矩形，用于绘制标志的一个底纹图案。

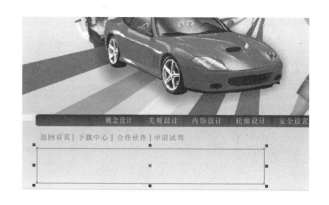

70 按【F11】键，打开"渐变填充"对话框，对颜色参数进行设置，颜色从上到下（20% 白色，白色）对矩形进行填充。

71 在调色板的"透明色"按钮 上单击鼠标右键，取消矩形外框的颜色。

◎ 绘制齐齐汽车标志

72 单击工具箱中的"矩形工具"□，按住【Ctrl】键绘制出一个正方形，在属性栏设置矩形的边角圆滑度参数并将其填充蓝色，在调色板的"透明色"按钮⊠上单击鼠标右键，取消矩形外框的颜色。

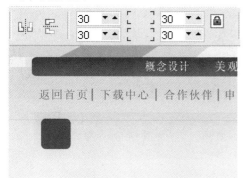

74 选中两个圆形，在属性栏上单击"结合"按钮□或按快捷键【Ctrl+L】，得到一个环形。

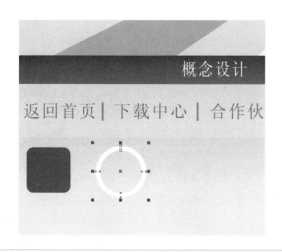

76 选择工具箱中的"文本工具"字，选择适当的字体，输入字母"V"并填充为白色，选择"矩形工具"□绘制一个矩形并填充为黄色，得到两个图形。

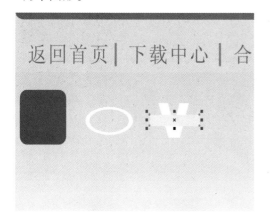

73 选择工具箱中的"椭圆形工具"○，按住【Ctrl】键在图像中绘制一个圆形，在调色板上将其填充为白色。按住【Shift】键选中圆形控制框的一个角按住鼠标左键向内拖动鼠标，单击鼠标右键，释放鼠标左键，复制一个同心圆，将其填充为黑色，在调色板的"透明色"按钮⊠上单击鼠标右键，取消两个圆形外框的颜色。

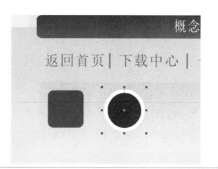

75 选择工具箱中的"挑选工具"▷，选中圆形控制框，将环形调整变形得到如图的效果。

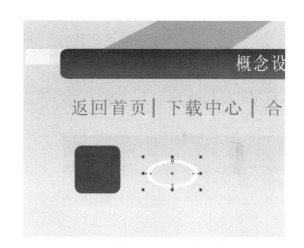

77 选择黄色矩形执行"排列"|"造型"|"修剪"命令，将"V"字形修剪，得到如图的效果。

78 将两个图形全部选中，按快捷键【C】和【E】垂直居中对齐和水平居中对齐，按快捷键【Ctrl+G】将其全部群组。

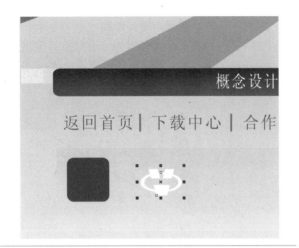

79 选择工具箱中的"挑选工具"，选择群组的图形，按住【Shift】键将其缩小放置在蓝色矩形上，执行"排列"|"造形"|"修剪"命令，单击蓝色矩形区域，修剪后的效果如图所示。

80 使用工具箱中的"文本工具"，设置适当的字体和字号，在如图的位置输入相关文字。

81 单击属性栏中的"导入"按钮，打开"导入"对话框，导入配套光盘中的"素材7"文件，按住【Shift】键将图像缩小放置在页面右下方。

82 复制一个做好的标志将其填充为红色并输入字符，放置在图像右侧适当的位置上，选择上一步置入的图像，执行"位图"|"三位效果"|"卷页"命令，在弹出的对话框中设置参数。

83 单击属性栏中的"导入"按钮，打开"导入"对话框，导入配套光盘中的"素材8"图片。按住【Shift】键等比例缩小，将其放置在页面的左上角，这样齐齐汽车的宣传单页就绘制完成了。

3.2 水世界宣传折页设计

创作思路：宣传单页作为一种宣传媒介，在生活中得到了广泛的应用，起到了很好的宣传作用。水世界的宣传折页设计，色调主要以蓝色为主，突出了要表现的主题。

◎ 设计要求

设计内容	○ 水世界宣传折页设计
客户要求	○ 尺寸为 297mm × 210mm。要求突出企业信息内容，画面要有冲击力
最终效果	○ 💿光盘：水世界宣传折页设计

◎ 设计步骤

最终效果

◎ 新建文档并重新设置页面大小

01 执行"文件"|"新建"命令（或按快捷键【Ctrl+N】），新建一个空白文档。执行"版面"|"页设置"命令，弹出"选项"对话框，选择"页面"|"大小"命令，设置好文档大小为297mm × 210mm，文档的页面大小包括了出血的区域。

◎ 设置边框轮廓

02 双击工具箱中的"矩形工具" ，这时在页面上会出现一个与页面大小相同的矩形框，在调色板的"白色"按钮上单击鼠标左键，填充白色，在调色板的"透明色"按钮⊠上单击鼠标右键，取消外框的颜色。

03 使用工具箱中的"贝塞尔工具" ，在图像中绘制螺旋形状，按快捷键【Shift+F11】，打开"均匀填充"对话框，设置颜色参数为（R:194 G:215 B:218）后，单击"确定"按钮。在调色板的"透明色"按钮⊠上单击鼠标右键，取消外框的颜色。

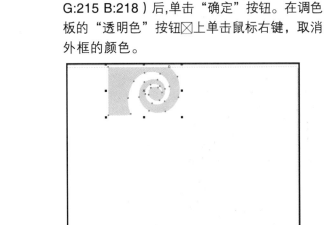

◎ 绘制图标

05 选择工具箱中的"椭圆形工具" ，按住【Ctrl】键在图像中绘制一个圆形，用鼠标左键向右拖动圆形，按住鼠标左键不放同时单击鼠标右键，然后释放鼠标左键，以复制一个圆形，用同样的操作再复制一个圆形。

04 使用工具箱中的"贝塞尔工具" ，在画面左边绘制图形，按【F11】键，打开"渐变填充"对话框，对颜色参数进行设置，颜色从（R:25，G:87，B:111）到（R:28，G:152，B:168）后，单击"确定"按钮。在调色板的"透明色"按钮⊠上单击鼠标右键，取消外框的颜色。

06 使用工具箱中的"挑选工具" ↳ ，框选三个圆形，单击属性栏中的"结合"按钮 ⬛ ，在调色板的"白"按钮上单击鼠标左键，填充白色，在调色板的"透明色"按钮 ⊠ 上单击鼠标右键，取消外框的颜色。

07 按快捷键【Ctrl+C】复制图形，按快捷键【Ctrl+V】粘贴图形，按住【Shift】键同心缩小图形到如图的效果。

08 使用工具箱中的"文本工具" 字 ，设置适当的字体和字号，在如图的位置输入相关文字。

09 选择工具箱中的"矩形工具" □ ，在图像上方绘制一个矩形，在属性栏设置矩形的边角圆滑度参数，得到一个带圆角的矩形。

10 按【F11】键，打开"渐变填充"对话框，对颜色参数进行设置，颜色从（R:28，G:95，B:118）到（R:50，G:148，B:168）后，单击"确定"按钮。按【F12】键，打开"轮廓笔"对话框，对参数进行设置后单击"确定"按钮。

11 按快捷键【Ctrl+Shift+Q】将轮廓转化为对象，选择工具箱中的"交互式透明工具" ☒ ，对属性栏进行设置，在图形上从右到左拖动鼠标，得到如图的效果。

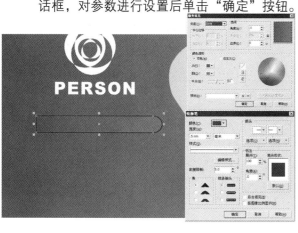

12 使用"挑选工具" ➤ 选择圆角渐变矩形，使用鼠标左键向右拖动图像，按住鼠标左键不放同时单击鼠标右键，然后释放鼠标左键，以复制一个圆角渐变矩形。按快捷键【Ctrl+Page Down】下移图层，按快捷键【Shift+F11】，打开"均匀填充"对话框，设置颜色参数为（R: 10，G:57，B:69）后，单击"确定"按钮。

13 选择工具箱中的"交互式透明工具" ❏，对属性栏进行设置，在图形上从右到左拖动鼠标，得到如图的效果。

14 使用工具箱中的"文本工具" 宇，设置适当的字体和字号，在如图的位置输入网页序列的相关文字。

15 使用工具箱中的"贝塞尔工具" ❏，在图像中绘制水滴图形，在调色板的"白色"按钮上单击鼠标左键，填充白色，在调色板的"透明色"按钮⊠上单击鼠标右键，取消外框的颜色。

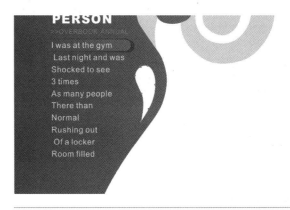

16 使用工具箱中的"贝塞尔工具" ❏，在水滴图形左边再绘制一个小的水滴图形。在调色板的"白色"按钮上单击鼠标左键，填充白色，在调色板的"透明色"按钮⊠上单击鼠标右键，取消外框的颜色。

17 选择工具箱中的"椭圆形工具" ○，按住【Ctrl】键在图像中绘制一个圆形。在调色板的"白"按钮上单击鼠标左键，填充白色，在调色板的"透明色"按钮⊠上单击鼠标右键，取消外框的颜色。

18 选择工具箱中的"矩形工具"□，在图像上方绘制一个矩形，在属性栏设置矩形的边角圆滑度参数，得到一个带圆角的矩形。

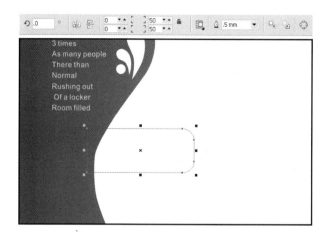

20 按快捷键【Ctrl+Shift+Q】将轮廓转化为对象，使用"挑选工具"选择轮廓，按住【Shift】键同心放大一点轮廓。按【F11】键，打开"渐变填充"对话框，对颜色参数进行设置，颜色从（R:128，G:173，B:190）到白色后，单击"确定"按钮。

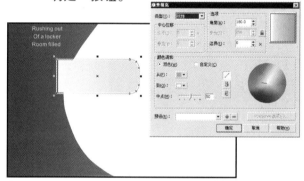

22 使用工具箱中的"文本工具"字，设置适当的字体和字号，在如图的位置输入相关文字。

19 按【F11】键，打开"渐变填充"对话框，对颜色参数进行设置，颜色从（R:240，G:244，B:247）到（R:190，G:213，B:222），单击"确定"按钮。按【F12】键，打开"轮廓笔"对话框，对参数进行设置后单击"确定"按钮。

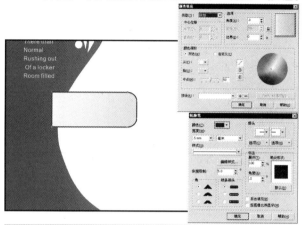

21 使用工具箱中的"挑选工具"，按住【Shift】键选择轮廓和圆角矩形，按快捷键【Ctrl+G】群组图形，用鼠标左键向下拖动图形，按住鼠标左键不放同时单击鼠标右键，然后释放鼠标左键，以复制一个图形。

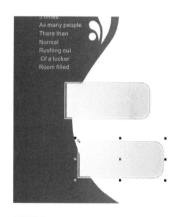

23 单击属性栏中的"导入"按钮，打开"导入"对话框，依次导入配套光盘中的"素材1"、"素材2"图片。

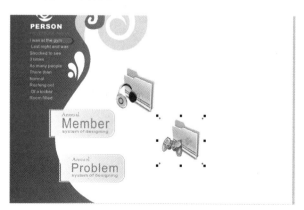

24 选择工具箱中的"挑选工具"，将素材分别放置到如图的位置，并调整到合适的大小。

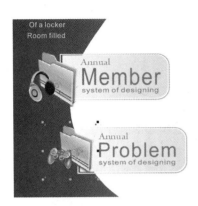

25 使用工具箱中的"挑选工具"，选择"素材1"图像，选择工具箱中的"交互式阴影工具"，在图形上从中间向外沿拖动鼠标，对属性栏进行设置，得到如图的效果。

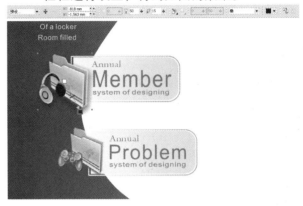

26 使用工具箱中的"挑选工具"，选择"素材2"图像，选择工具箱中的"交互式阴影工具"，在图形上从中间向外沿拖动鼠标，对属性栏进行设置，得到如图的效果。

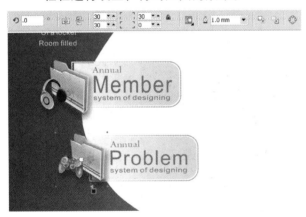

27 使用工具箱中的"挑选工具"，选择圆形渐变图像，使用鼠标左键向右拖动图像，按住鼠标左键不放同时单击鼠标右键，然后释放鼠标左键，以复制一个圆形渐变图像，变换图像到如图的大小。

28 选择工具箱中的"矩形工具"，在图像上方绘制一个矩形，在属性栏设置矩形的边角圆滑度参数，得到一个带圆角的矩形。

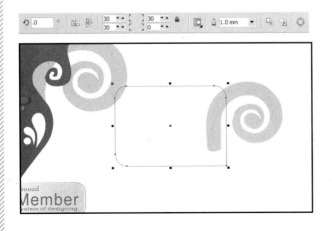

29 在调色板的"20% 黑"按钮上单击鼠标左键，填充灰色，然后按【F12】键，打开"轮廓笔"对话框，对参数进行设置后单击"确定"按钮。

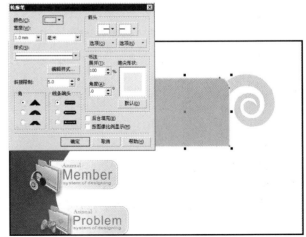

30 单击属性栏中的"导入"按钮，打开"导入"对话框，导入配套光盘中的"素材3"图片。

31 执行"效果"|"图框精确剪裁"|"放置在容器中"命令，此时的光标呈"黑箭头"状态，将箭头指向矩形选框中单击使图片置入，在置入的图片上单击鼠标右键，从弹出的快捷菜单中选择"编辑内容"命令，调整图像的位置到如图的效果，在图片上单击鼠标右键，从弹出的快捷菜单中选择"结束编辑"命令。

32 选择工具箱中的"矩形工具"，在圆角矩形的底部绘制一个矩形。

33 按快捷键【Ctrl+Q】转化为曲线，使用工具箱中的"形状工具"，单击属性栏中的"添加节点"按钮添加一个节点，然后调整节点到如图的效果。

34 按【F11】键，打开"渐变填充"对话框，对颜色参数进行设置，颜色从（R:29，G:47，B:40）到（R20，G:21，B:22），单击"确定"按钮。在调色板的"透明色"按钮上单击鼠标右键，取消外框的颜色。

35 选择工具箱中的"多边形工具"，在属性栏设置多边形的边数为3，在图像中绘制一个三角形，然后旋转适当角度，在调色板的"白"按钮上单击鼠标左键，填充白色。在调色板的"透明色"按钮上单击鼠标右键，取消外框的颜色。

36 使用工具箱中的"挑选工具"，按住【Ctrl】键使用鼠标左键向右拖动三角形，按住鼠标左键不放同时单击鼠标右键，然后释放鼠标左键，以复制一个三角形，单击属性栏中的"水平镜像"按钮。

37 使用工具箱中的"文本工具"，设置适当的字体和字号，在如图的位置输入相关文字。按快捷键【Shift+F11】，打开"均匀填充"对话框，设置颜色参数为（R:122 G:147 B:133）后，单击"确定"按钮。

38 使用工具箱中的"挑选工具"，按住【Shift】键选择墨绿色圆角矩形、文字和三角形，按快捷键【Ctrl+G】群组图形。按住【Ctrl】键用鼠标左键向下拖动图形，按住鼠标左键不放同时单击鼠标右键，然后释放鼠标左键，以复制一个图形。单击属性栏中的"垂直镜像"按钮。

39 按【F12】键，打开"轮廓笔"对话框，对参数进行设置后单击"确定"按钮。

40 选择工具箱中的"交互式透明工具"，对属性栏进行设置，在图形上从上往下拖动鼠标，得到如图的效果。

41 使用工具箱中的"文本工具"，设置适当的字体和字号，在如图的位置输入相关文字。按快捷键【Shift+F11】，打开"均匀填充"对话框，设置颜色参数为（R:66，G:146，B:157）后，单击"确定"按钮。

42 使用工具箱中的"贝塞尔工具" ，在圆形图像内绘制水滴图形，按【F11】键，打开"渐变填充"对话框，对颜色参数进行设置，颜色从（R:52，G:139，B:150）到（R:24，G:84，B:110），单击"确定"按钮。在调色板的"透明色"按钮⊠上单击鼠标右键，取消外框的

43 使用工具箱中的"挑选工具" ，选择水滴形渐变图像，使用鼠标左键向右拖动图像，按住鼠标左键不放同时单击鼠标右键，然后释放鼠标左键，以复制一个水滴形渐变图像，缩小并旋转图形。

44 使用工具箱中的"贝塞尔工具" ，在圆形图像内绘制人形图形，按【F11】键，打开"渐变填充"对话框，对颜色参数进行设置，颜色从（R:69，G:181，B:206）到（R:9，G:110，B:126），单击"确定"按钮。在调色板的"透明色"按钮⊠上单击鼠标右键，取消外框的颜色。

45 使用工具箱中的"复杂星形工具" ，对属性栏进行设置，在图像中绘制图形，按快捷键【Shift+F11】，打开"均匀填充"对话框，设置颜色参数为（R:12，G:107，B:121）后，单击"确定"按钮。在调色板的"透明色"按钮⊠上单击鼠标右键，取消外框的颜色。

46 执行"文本"｜"插入符号字符"命令，在弹出的泊坞窗中进行设置，选择鹦鹉图案并拖动到图像中，调节到合适的大小。按快捷键【Shift+F11】，打开"均匀填充"对话框，设置颜色参数为（R:20，G:112，B:126）后，单击"确定"按钮。在调色板的"透明色"按钮⊠上单击鼠标右键，取消外框的颜色。

47 使用工具箱中的"椭圆形工具" ，按住【Ctrl】键在图像中绘制一个圆形，按快捷键【Shift+F11】，打开"均匀填充"对话框，设置颜色参数为（R:31，G:40，B:49）后，单击"确定"按钮。在调色板的"透明色"按钮⊠上单击鼠标右键，取消外框的颜色。

48 按快捷键【Ctrl+C】复制图形，按快捷键【Ctrl+V】粘贴图形，按住【Shift】键同心缩小图形，按快捷键【Shift+F11】，打开"均匀填充"对话框，设置颜色参数为（R:20，G:21，B:22）后，单击"确定"按钮。

49 按快捷键【Ctrl+C】复制图形，按快捷键【Ctrl+V】粘贴图形，按住【Shift】键同心缩小图形，按快捷键【Shift+F11】，打开"均匀填充"对话框，设置颜色参数为（R:31，G:40，B:49）后，单击"确定"按钮。

50 按快捷键【Ctrl+C】复制图形，按快捷键【Ctrl+V】粘贴图形，按住【Shift】键同心缩小图形，按快捷键【Shift+F11】，打开"均匀填充"对话框，设置颜色参数为（R:20，G:21，B:22）后，单击"确定"按钮。

51 按快捷键【Ctrl+C】复制图形，按快捷键【Ctrl+V】粘贴图形，按【F11】键，打开"渐变填充"对话框，对颜色参数进行设置后，单击"确定"按钮。

52 按快捷键【Ctrl+C】复制图形，按快捷键【Ctrl+V】粘贴图形，按住【Shift】键同心缩小图形。按快捷键【Shift+F11】，打开"均匀填充"对话框，设置颜色参数为（R:20，G:21，B:22）后，单击"确定"按钮，得到一个小圆。

53 按快捷键【Ctrl+C】复制图形，按快捷键【Ctrl+V】粘贴图形，按住【Shift】键同心缩小图形。在调色板的"白"按钮上单击鼠标左键，填充白色，旋转变形到如图的效果。

54 选择工具箱中的"交互式透明工具" ，对属性栏进行设置，在图形上从上到下拖动鼠标，得到如图的效果。

55 使用工具箱中的"挑选工具" ，框选这一组圆形，按快捷键【Ctrl+G】群组图形，按快捷键【Ctrl+Page Down】下移图层。

56 使用工具箱中的"贝塞尔工具" ，在圆形图像内绘制箭头图形，按【F11】键，打开"渐变填充"对话框，对颜色参数进行设置，颜色从（R:12，G:55，B:61）到（R:68，G:165，B:191），单击"确定"按钮。在调色板的"透明色"按钮⊠上单击鼠标右键，取消外框的颜色。

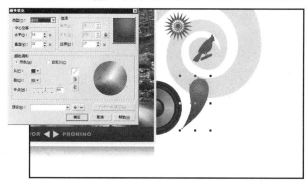

57 使用工具箱中的"挑选工具" ，选择圆形渐变图像，使用鼠标左键向右拖动图像，按住鼠标左键不放同时单击鼠标右键，然后释放鼠标左键，以复制一个圆形渐变图像。单击属性栏中的"垂直镜像"按钮 ，缩小旋转图像到如图的效果。

58 选择工具箱中的"椭圆形工具" ，按住【Ctrl】键在图像中绘制一个圆形，按【F11】键，打开"渐变填充"对话框，对颜色参数进行设置，颜色从（R:305，G:942，B:113）到（R:129，G:203，B:222），单击"确定"按钮。在调色板的"透明色"按钮⊠上单击鼠标右键，取消外框的颜色。

59 单击属性栏中的"导入"按钮 ，打开"导入"对话框，导入配套光盘中的"素材4"图片。

60 选择工具箱中的"挑选工具"，将素材放置到如图的位置，并调整到如图所示的大小。

61 选择工具箱中的"椭圆形工具"，按住【Ctrl】键在图像中绘制一个圆形，按快捷键【Shift+F11】，打开"均匀填充"对话框，设置颜色参数为（R:11，G:134，B:157）后，单击"确定"按钮。在调色板的"透明色"按钮上单击鼠标右键，取消外框的颜色。

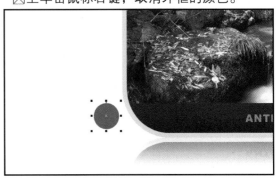

62 选择工具箱中的"多边形工具"，在属性栏设置多边形的边数为3，在图像中绘制一个三角形，然后旋转适当角度，在调色板的"白色"按钮上单击鼠标左键，填充白色。在调色板的"透明色"按钮上单击鼠标右键，取消外框的颜色。

63 使用工具箱中的"文本工具"，设置适当的字体和字号，在如图的位置输入相关文字。

64 选择工具箱中的"椭圆形工具"，在图像中绘制一个椭圆形，按【F11】键，打开"渐变填充"对话框，对参数进行设置，颜色从白色到蓝色，设置完后单击"确定"按钮。在调色板的"透明色"按钮上单击鼠标右键，取消外框的颜色。

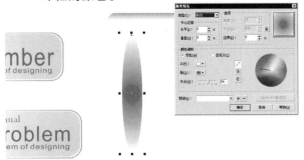

65 选择工具箱中的"交互式透明工具"，对属性栏进行设置，在图形上从左到右拖动鼠标，得到如图的效果。

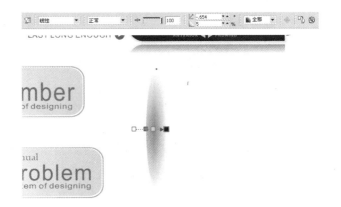

66 选择工具箱中的"矩形工具"▢，在图像中绘制一个矩形，在调色板的"白色"按钮上单击鼠标左键，填充白色。在调色板的"透明色"按钮⊠上单击鼠标右键，取消外框的颜色。

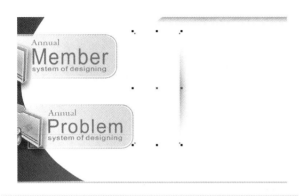

67 选择工具箱中的"矩形工具"▢，在图像中绘制一个矩形，按【F11】键，打开"渐变填充"对话框，对颜色参数进行设置后单击"确定"按钮。在调色板的"透明色"按钮⊠上单击鼠标右键，取消外框的颜色。

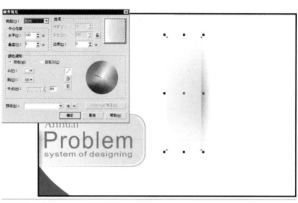

68 选择工具箱中的"交互式透明工具"▨，对属性栏进行设置，在图形上从右向左拖动鼠标，得到如图的效果。

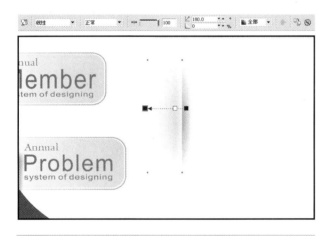

69 使用工具箱中的"挑选工具"▨，按住【Shift】键选择白色矩形和渐变矩形，按快捷键【Ctrl+G】群组图形。

70 使用工具箱中的"挑选工具"▨，按住【Shift】键选择矩形和渐变椭圆形，按住【Ctrl】键使用鼠标左键向右拖动图形，按住鼠标左键不放同时单击鼠标右键，然后释放鼠标左键，以复制一个图形。用同样的方法再复制两个图形。

71 使用工具箱中的"贝塞尔工具"▨，在圆形图像内绘制箭头图形，按快捷键【Shift+F11】，打开"均匀填充"对话框，设置颜色参数为（R: 5，G:157，B:174）后，单击"确定"按钮。在调色板的"透明色"按钮⊠上单击鼠标右键，取消外框的颜色。

72 选择工具箱中的"交互式阴影工具"，在图形上从中间向外沿拖动鼠标，对属性栏进行设置，得到如图的效果。

73 单击属性栏中的"导入"按钮，打开"导入"对话框，依次导入配套光盘中的"素材5"、"素材6"和"素材7"文件。

74 选择工具箱中的"挑选工具"，将素材分别放置到如图的位置，并调整到合适的大小。"素材5"的显示器需要按快捷键【Ctrl+Page Down】下移图层。

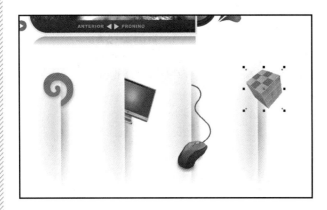

75 使用工具箱中的"挑选工具"，选择立方体图像，使用鼠标左键向右拖动图像，按住鼠标左键不放同时单击鼠标右键，然后释放鼠标左键，以复制一个立方体图像，单击属性栏中的"垂直镜像"按钮，缩小旋转图像，按快捷键【Ctrl+Page Down】下移图层。

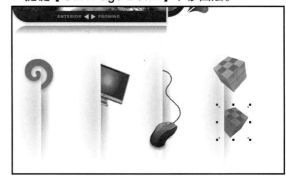

76 选择工具箱中的"交互式阴影工具"，在图形上从中间向外沿拖动鼠标，对属性栏进行设置，得到如图的效果。

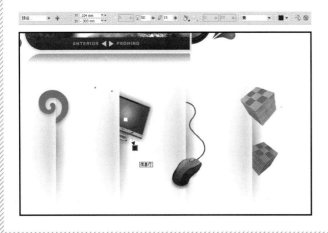

77 选择工具箱中的"交互式阴影工具"，在图形上从上向下拖动鼠标，对属性栏进行设置，得到如图的效果。

78 选择工具箱中的"交互式阴影工具" ▢，对这两个立方体图像添加阴影，得到如图的效果。

79 使用工具箱中的"文本工具" 字，设置适当的字体和字号，在如图的位置输入相关文字。按快捷键【Shift+F11】，打开"均匀填充"对话框，设置颜色参数为（R:31，G:115，B:127）后，单击"确定"按钮，在属性栏设置"旋转角度"为90。

80 使用工具箱中的"文本工具" 字，用同样的方法输入文字。

81 使用工具箱中的"文本工具" 字，设置适当的字体和字号，在如图的位置输入与网页相关的文字。

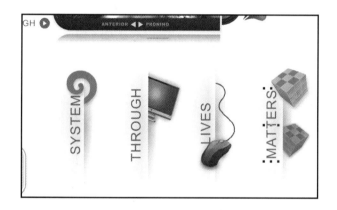

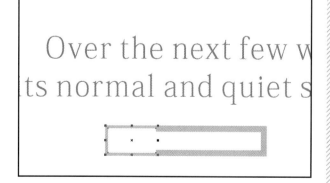

82 使用工具箱中的"矩形工具" ▢，在图像中绘制一个矩形，按【F12】键，打开"轮廓笔"对话框，对参数进行设置后单击"确定"按钮。

83 使用工具箱中的"矩形工具" ▢，在图像中绘制一个矩形，在调色板的"白色"按钮上单击鼠标左键，填充白色。在调色板的"透明色"按钮 ⊠ 上单击鼠标右键，取消外框的颜色。

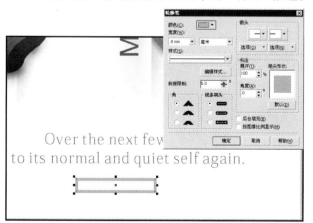

84 使用工具箱中的"矩形工具" ⬜ ，在图像中绘制一个矩形，按快捷键【Shift+F11】，打开"均匀填充"对话框，设置颜色参数为（R:5，G:126，B:142）后，单击"确定"按钮。在调色板的"透明色"按钮⊠上单击鼠标右键，取消外框的颜色。

85 使用工具箱中的"文本工具"字，设置适当的字体和字号，在如图的位置输入相关文字。

86 使用工具箱中的"挑选工具" ⬉ ，框选这组矩形，按快捷键【Ctrl+G】群组图形。

87 使用工具箱中的"挑选工具" ⬉ ，按住【Ctrl】键，使用鼠标左键向下拖动图形，按住鼠标左键不放同时单击鼠标右键，然后释放鼠标左键，以复制一个图形。

88 经过以上步骤的操作，得到这幅作品的最终效果。

3.3 | 歌舞派对宣传页设计

创作思路：使用夸张的设计手法，凭借一定的想象力，利用各种元素组成故事情节，使画面生动活泼，使人产生联想，耐人寻味，从而使得主题更加强烈，来触动消费者。

◎ 设计要求

设计内容	○ 歌舞派对宣传页设计
客户要求	○ 尺寸为 300mm × 300mm。要求突出企业信息内容，画面要有冲击力
最终效果	○ 💿光盘：歌舞派对宣传页设计

◎ 设计步骤

最终效果

◎ 新建文档并重新设置页面大小

01 执行"文件"|"新建"命令（或按快捷键【Ctrl+N】），新建一个空白文档。执行"版面"|"页设置"命令，弹出"选项"对话框，选择"页面"|"大小"命令，设置好文档大小为 300mm × 300mm。双击工具箱中的"矩形工具" ，这时在页面上会出现一个与页面大小相同的矩形，按快捷键【Shift+F11】，打开"均匀填充"对话框，设置好颜色参数后，单击"确定"按钮。在调色板的"透明色"按钮 ⊠ 上单击鼠标右键，取消外框的颜色。

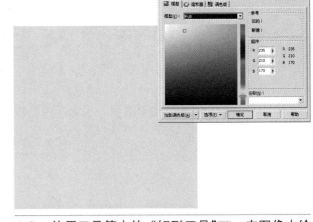

◎ 绘制页面场景内容

02 单击属性栏中的"导入"按钮 ，打开"导入"对话框，导入配套光盘中的"素材 1"文件，这是一张绘制好的位图，按住【Shift】键等比例调整其大小，将其置于如图的位置。

03 使用工具箱中的"矩形工具" ，在图像中绘制一个矩形，在调色板上用鼠标左键单击"白"按钮，将其填充为白色。

04 单击属性栏中的"导入"按钮 ，打开"导入"对话框，导入配套光盘中的"素材 2"文件，执行"效果"|"调整"|"颜色平衡"命令，在弹出的面板中设置参数。

05 在执行"效果"|"调整"|"颜色平衡"命令后，得到如图的效果。

06 选择工具箱中的"挑选工具"▷，用鼠标左键单击图像将其变形，然后执行"效果"|"图框精确剪裁"|"放置在容器中"命令，此时的光标呈"黑箭头"状态➡，将箭头指向矩形选框中单击使图片置入。

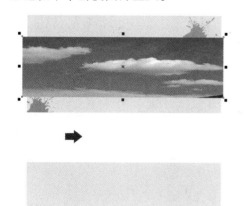

07 在置入的图片上单击鼠标右键，从弹出的快捷菜单中选择"编辑内容"命令，调整图像的位置到如图的效果，在图片上单击鼠标右键，从弹出的快捷菜单中选择"结束编辑"命令。

08 选择工具箱中的"挑选工具"▷，将导入并调整好的素材 2 位图图像按快捷键【Ctrl+C】复制图形，按快捷键【Ctrl+V】粘贴图形，然后用鼠标左键双击图像将其旋转变形。

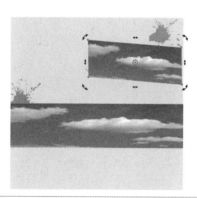

09 选中位图图像，执行"位图"|"模糊"|"高斯式模糊"命令，设置好参数，得到如图的效果。

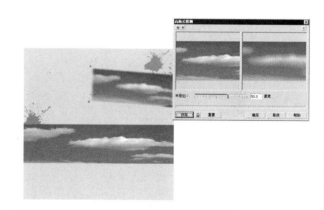

10 选择工具箱中的"交互式透明工具"▽，对属性栏进行设置，在图形上从左到右拖动鼠标，在调色板上选择适当的百分比黑度添加到如图的位置。

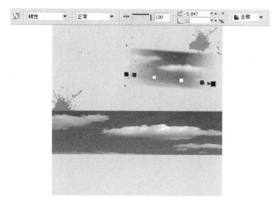

11 选择工具箱中的"矩形工具"□，在图像中绘制一个矩形，按快捷键【Shift+F11】，打开"均匀填充"对话框，设置颜色参数后，单击"确定"按钮。在调色板的"透明色"按钮⊠上单击鼠标右键，取消外框的颜色。

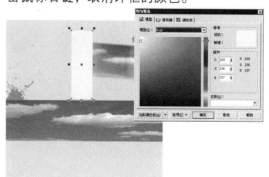

12 选择工具箱中的"椭圆形工具" ，按住【Ctrl】键在图像中绘制一个圆形，按【F11】键，打开"渐变填充"对话框，对参数进行设置，颜色从黑色到白色分别为（黑，90% 黑，70% 黑，50% 黑，20% 黑，白），设置完后单击"确定"按钮。在调色板的"透明色"按钮 上单击鼠标右键，取消外框的颜色。

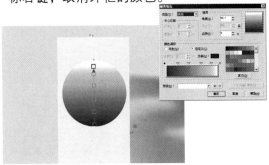

13 选择工具箱中的"挑选工具" ，选中图形，按小键盘上的"+"键，在圆图形上复制一个大小相同的圆，按住【Shift】键将其等比例缩小，然后双击鼠标左键将其旋转，得到如图的效果。

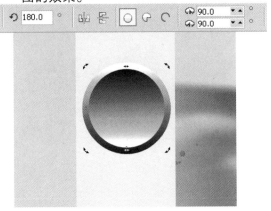

14 按【F11】键，打开"渐变填充"对话框，将复制的图形渐变模式设置为圆锥，设置完后单击"确定"按钮。

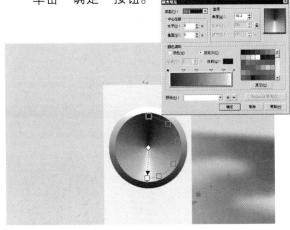

15 选择工具箱中的"椭圆形工具" ，按住【Ctrl】键在图像中绘制一个圆形，按【F11】键，打开"渐变填充"对话框，对参数进行设置，颜色从左到右分别为（白色，80% 黑，黑色），设置完后单击"确定"按钮。在调色板的"透明色"按钮 上单击鼠标右键，取消外框的颜色。

16 选择工具箱中的"挑选工具" ，选中所有渐变图像，按快捷键【Ctrl+G】群组图形，然后双击鼠标左键将其旋转。

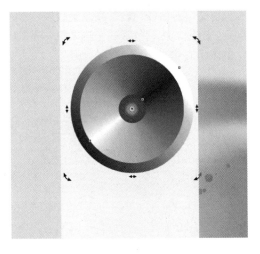

17 使用"挑选工具" ，选中群组的图形，按快捷键【Ctrl+C】复制图形，按快捷键【Ctrl+V】粘贴图形，复制两个相同的图形，将其移动到如图的位置。

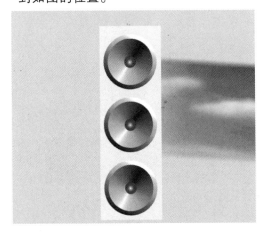

18 使用工具箱中的"贝塞尔工具" ，在如图的位置绘制图形，然后用鼠标左键单击调色板上的"白色"按钮，将其填充为白色。在调色板的"透明色"按钮⊠上单击鼠标右键，取消外框的颜色。

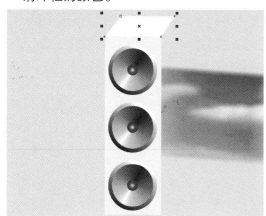

19 使用工具箱中的"贝塞尔工具" ，在如图的位置绘制出音响的侧面形状，按快捷键【Shift+F11】，打开"均匀填充"对话框，设置颜色参数后，单击"确定"按钮。在调色板的"透明色"按钮⊠上单击鼠标右键，取消外框的颜色。

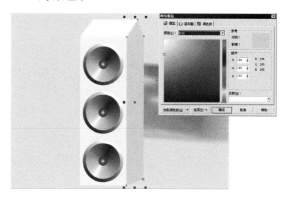

20 选择工具箱中的"矩形工具" ，在如图的位置绘制出音响的侧面形状，按快捷键【Shift+F11】，打开"均匀填充"对话框，设置颜色参数后，单击"确定"按钮。在调色板的"透明色"按钮⊠上单击鼠标右键，取消外框的颜色。

21 使用"挑选工具" ，选中群组的图形，按快捷键【Ctrl+C】复制图形，按快捷键【Ctrl+V】粘贴图形，复制一个相同的图形，将其移动到如图的位置。

22 选择工具箱中的"挑选工具" ，选中两个音响按快捷键【Ctrl+G】群组图形，然后双击鼠标左键将其旋转。

23 选择工具箱中的"挑选工具" ，选择图像，执行"排列"|"变换"|"比例"命令，设置好参数，单击"应用到再制"按钮，调整后得到如图的效果。

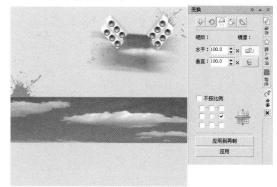

24 使用"挑选工具" ，选中图形，按快捷键
【Ctrl+C】复制图形，按快捷键【Ctrl+V】粘贴
图形，双击鼠标左键将其旋转，移动到如图的
位置。

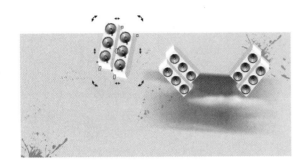

25 双击工具箱中的"矩形工具" ，这时在页面
上会出现一个与页面大小相同的矩形框。按
快捷键【Shift+Page Up】，将图层置于页面最
上方，在调色板的"黄色"按钮上单击鼠标左
键，填充黄色。

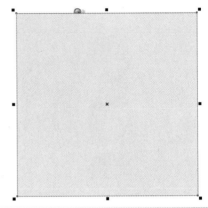

26 选择工具箱中的"挑选工具" ，选中黄色矩
形，执行"排列"|"造形"|"相交"命令，当
鼠标左键显示相交状态时，用鼠标左键单击
音响漏在页面外的部分。

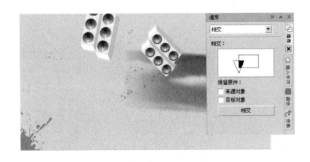

27 使用工具箱中的"贝塞尔工具" ，在如图的
位置绘制出一把剑的形状，按快捷键
【Shift+F11】，打开"均匀填充"对话框，设
置颜色参数后，单击"确定"按钮。按【F12】
键，打开"轮廓笔"对话框，对参数进行设置
后单击"确定"按钮。

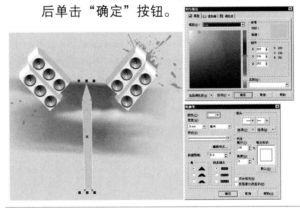

28 使用"挑选工具" ，选中图形，按快捷键
【Ctrl+C】复制图形，按快捷键【Ctrl+V】粘贴
图形，复制两个相同的图形，按住【Shift】
键等比例分别将其缩小，双击鼠标左键分别将
其旋转，调整到如图的效果。

29 选择工具箱中的"挑选工具" ，选中绘制好
的一组剑的图形，按快捷键【Ctrl+G】群组图
形，然后按住【Shift】键等比例将其缩小，置
于如图的位置。

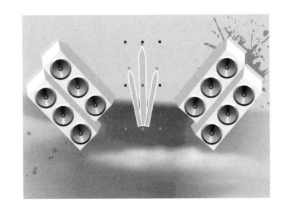

30 选择工具箱中的"挑选工具"，用鼠标左键双击图形，然后将图形的中心点移动到如图的位置。

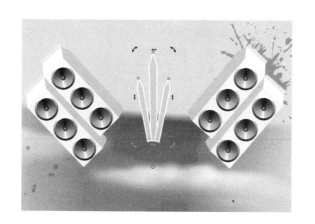

31 选择工具箱中的"挑选工具"，选择图像，执行"排列"|"变换"|"旋转"命令，设置好参数，单击 7 次"应用到再制"按钮，得到如图的效果。

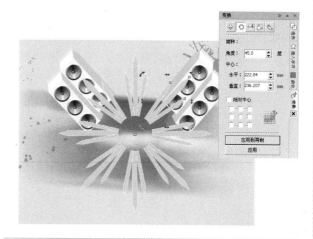

32 使用工具箱中的"贝塞尔工具"，在如图的位置绘制出一个形状，在调色板的"白色"按钮上单击鼠标左键，填充白色。按【F12】键，打开"轮廓笔"对话框，对参数进行设置后单击"确定"按钮。

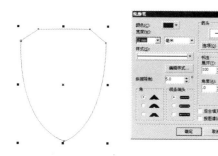

33 选择工具箱中的"交互式轮廓图工具"，对属性栏的颜色参数进行设置，在图形上从下到上拖动鼠标，得到如图的效果。

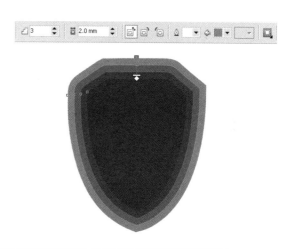

34 选择工具箱中的"挑选工具"，将图形框选，按快捷键【Ctrl+K】拆分命令，在空白处单击鼠标左键，将图形最上层拖动出来，然后选择剩下 4 层，按快捷键【Ctrl+U】取消群组命令，这样图形就全部被拆分了。

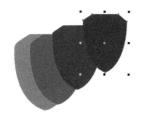

35 依次选择被拆分的图形，分别为图形进行填色，选择黑、蓝、红三个图形，在调色板的"透明色"按钮上单击鼠标右键，取消外框的颜色。

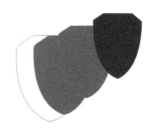

36 选择工具箱中的"挑选工具" ，将 4 个图形全部选中，按快捷键【C】和【E】垂直居中对齐和水平居中对齐。

37 选择工具箱中的"挑选工具" ，选中黑色和蓝色图形，按快捷键【Ctrl+G】将其群组，按住【Shift】键等比例缩小。

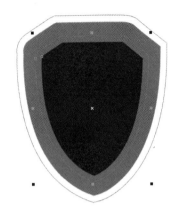

38 选择工具箱中的"挑选工具" ，选中排列好的图形，按快捷键【Ctrl+G】将其全部群组，按住【Shift】键等比例缩小后置于如图的位置。

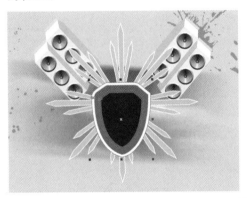

39 选择工具箱中的"椭圆形工具" ，按住【Ctrl】键在图像中绘制一个圆形，在调色板上将其填充为洋红。按住【Shift】键，选中圆形控制框的一个角，按住鼠标左键向内拖动，单击鼠标右键，释放鼠标左键，复制一个同心圆，将其填充为黄色。在调色板的"透明色"按钮 上单击鼠标右键，取消两个圆形外框的颜色。

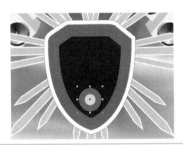

40 选中两个圆形，在属性栏上单击"结合"按钮 或按快捷键【Ctrl+L】，得到一个环形。

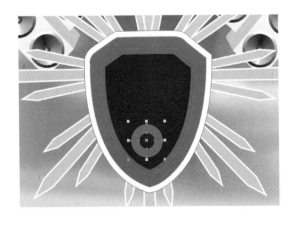

41 单击属性栏中的"导入"按钮 ，打开"导入"对话框，导入配套光盘中的"素材 3"文件，双击鼠标左键，将图形调整到如图所示的效果。

42 选择工具箱中的"挑选工具"，选中素材3，按快捷键【Ctrl+Page Down】下移图层，然后选择图像，执行"排列"|"变换"|"比例"命令，设置好参数，单击"应用到再制"按钮，调整后得到如图的效果。

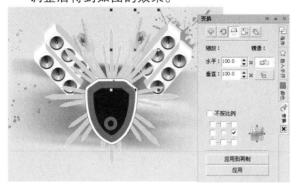

43 单击属性栏中的"导入"按钮，打开"导入"对话框，导入配套光盘中的"素材4"文件，双击鼠标左键，将其调整到如图的效果。

44 选择工具箱中的"挑选工具"，选中素材4，按快捷键【Ctrl+Page Down】下移图层，选择图像，执行"排列"|"变换"|"比例"命令，设置好参数，单击"应用到再制"按钮，调整后得到如图的效果。

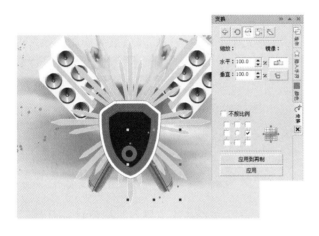

45 使用工具箱中的"贝塞尔工具"，在如图的位置绘制出一个图形，按【F11】键，打开"渐变填充"对话框，颜色参数从右到左为（R:56，G:180，B:231，白色），设置完单击"确定"按钮。按【F12】键，打开"轮廓笔"对话框，对参数进行设置后单击"确定"按钮。

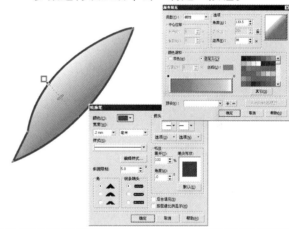

46 选择工具箱中的"挑选工具"，选中图形按快捷键【Ctrl+C】复制图形，按快捷键【Ctrl+V】粘贴图形，用鼠标左键双击复制得到的图形，将其旋转到如图的效果。

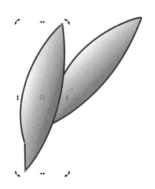

47 选择工具箱中的"挑选工具"，按快捷键【Ctrl+C】复制图形，按快捷键【Ctrl+V】粘贴图形，将复制得到的图形旋转到如图的效果。

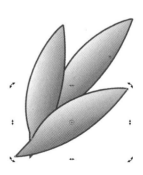

48 利用上步的方法，复制、旋转，排列出一组麦穗的图形，按快捷键【Ctrl+G】群组图形。

49 选择工具箱中的"挑选工具" ，选中绘制好的图形，拖动到如图的位置，按住【Shift】键等比例调整大小后按快捷键【Ctrl+Page Down】下移图层。

50 选择工具箱中的"挑选工具" ，选中麦穗图形，执行"排列"|"变换"|"比例"命令，设置好参数，单击"应用到再制"按钮，调整后得到如图的效果。

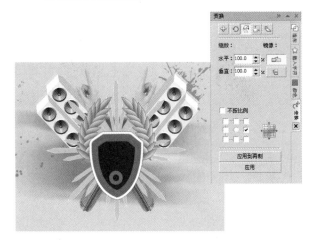

51 选择工具箱中的"挑选工具" ，复制一组绘制好的麦穗图形，按快捷键【Shift+F11】，打开"均匀填充"对话框，设置颜色参数后，单击"确定"按钮。按【F12】键，打开"轮廓笔"对话框，对参数进行设置后单击"确定"按钮，然后按快捷键【Ctrl+G】将图形群组，用鼠标左键单击，将其调整到如图的效果。

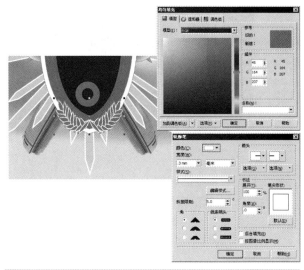

52 使用工具箱中的"贝塞尔工具" ，在页面空白处绘制一条有弧度的线条作为文字路径。

53 选择工具箱中的"文本工具"字，将鼠标滑动到上步绘制的线段路径左端单击鼠标左键，沿线段路径输入适当的文字后，按【F10】键调整文字距离的大小。

party

54 使用工具箱中的"形状工具" ，调整好字体之间的位置大小后，得到如图的效果。

Party

55 使用"挑选工具" ，选择文字路径，在调色板的"透明色"按钮 上单击鼠标右键，取消外框的颜色就将线段隐藏了。选中文字，按快捷键【Ctrl+C】复制图形，按快捷键【Ctrl+V】粘贴图形。

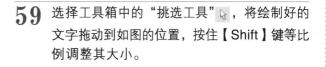

56 选择工具箱中的"交互式调和工具" ，从上到下拖动鼠标，对属性栏进行设置，得到如图的渐变效果。

57 使用"挑选工具" ，选中文字的一边，将其拖动重叠到如图的效果，按快捷键【Ctrl+G】群组图形。

58 选择工具箱中的"挑选工具" ，将文字全部框选，然后在调色板的"白色"按钮上单击鼠标左键，将文字填充为白色。在调色板的"洋红"按钮上单击鼠标右键，将文字边框填充为洋红色。

59 选择工具箱中的"挑选工具" ，将绘制好的文字拖动到如图的位置，按住【Shift】键等比例调整其大小。

60 单击属性栏中的"导入"按钮 ，打开"导入"对话框，导入配套光盘中的"素材5"文件，按住【Shift】键等比例调整其大小，并置于如图的位置。

61 使用工具箱中的"贝塞尔工具" ，在页面内绘制如图的形状，按【F11】键，打开"渐变填充"对话框，对颜色参数进行设置，颜色填充从下到上（R:210 G:210 B:210），（R:228 G:114 B:35），单击"确定"按钮。在调色板的"透明色"按钮 上单击鼠标右键，取消外框的颜色。

62 选择工具箱中的"艺术笔工具 "，单击属性栏中的"笔刷 "，在笔触列表中选择图案，在画面中进行绘制，效果如图所示。

63 使用"挑选工具" ，选中图形，按快捷键【Shift+F11】，打开"均匀填充"对话框，设置颜色参数后，单击"确定"按钮。

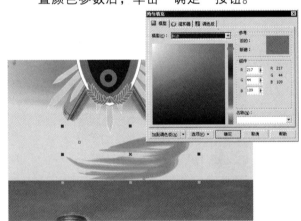

64 使用"挑选工具" ，双击鼠标左键，将图形旋转变形到如图的效果。

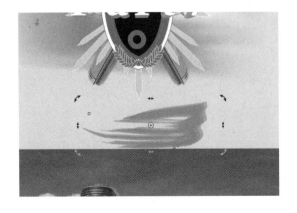

65 选择工具箱中的"挑选工具" ，选中图形，执行"排列"|"变换"|"比例"命令，设置好参数，单击"应用到再制"按钮，得到如图的效果。

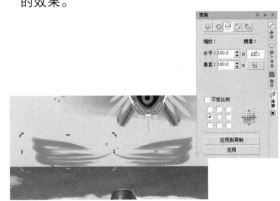

66 选择工具箱中的"挑选工具"，选中图形，将其重叠放置在如图的位置并按住【Shift】键调整其大小，按快捷键【Ctrl+G】群组图形。

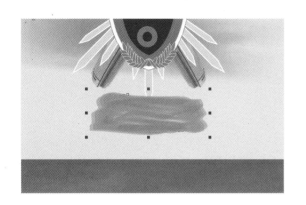

67 选择工具箱中的"挑选工具"，选中绘制好的图形，按快捷键【Ctrl+C】复制图形，按快捷键【Ctrl+V】粘贴图形，将复制的图形拖动到如图的位置，并按住【Shift】键将其等比例放大到如图的效果。

68 选择工具箱中的"矩形工具"，在页面上方绘制一个与页面大小相同的矩形，在调色板上的"黄色"按钮上单击鼠标左键，填充为黄色。在调色板":透明色"按钮上单击鼠标右键，取消外框的颜色。选择工具箱中的"挑选工具"，选中黄色矩形，执行"排列"|"造形"|"相交"命令。

69 当鼠标左键显示相交状态时，用鼠标左键单击红色图形漏在页面外的部分，得到如图的效果。

70 选择工具箱中的"挑选工具"，选中相交后的图形，按小键盘上的"+"键，复制一个重叠的大小相同的图形，然后单击鼠标左键，选中一个图形将其压缩变形，这样中间的空隙就被遮盖了。

71 选择工具箱中的"挑选工具"，选中笔触图形，按快捷键【Ctrl+C】复制图形，按快捷键【Ctrl+V】粘贴图形，复制后得到如图的效果选中其中的图形，在调色板中的"白色"按钮上单击鼠标左键，使其更改为白色，效果如图所示。

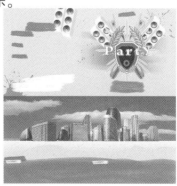

72 选择工具箱中的"挑选工具"，选中之前绘制好的音响图形，将其复制到如图的位置，调整好大小后置于页面合适的位置。

73 使用工具箱中的"贝塞尔工具"，在空白处绘制出一个闪电的形状并按快捷键【Shift+F11】，打开"均匀填充"对话框，设置颜色参数后，单击"确定"按钮。在调色板的"透明色"按钮上单击鼠标右键，取消外框的颜色。

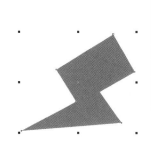

74 选择工具箱中的"挑选工具"，按快捷键【Ctrl+C】复制图形，按快捷键【Ctrl+V】粘贴图形，复制三个图形。用鼠标左键双击图形，分别将其旋转调整，然后分别选中图形单击鼠标左键，按住【Shift】键分别调整其大小。

75 选择工具箱中的"挑选工具"，将绘制好的闪电图形全部选中，按快捷键【Ctrl+G】群组图形，将其拖动到如图的位置，按住【Shift】键，用鼠标左键单击图形等比例调整其大小。

76 选择工具箱中的"挑选工具"，选中闪电图形，执行"排列"|"变换"|"比例"命令，设置好参数，单击"应用到再制"按钮，调整后得到如图的效果。

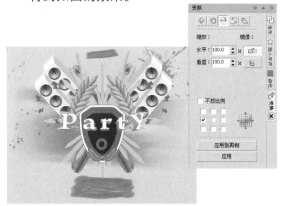

77 选择工具箱中的"挑选工具"，选择绘制好的闪电图形复制两组，拖动到页面下方音响的位置并调整其大小。

78 使用工具箱中的"贝塞尔工具" ，在空白处绘制出一个飘带的形状并按快捷键【Shift+F11】，打开"均匀填充"对话框，设置颜色参数后，单击"确定"按钮。在调色板的"透明色"按钮⊠上单击鼠标右键，取消外框的颜色。

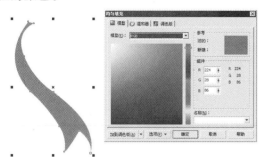

79 选择工具箱中的"挑选工具" ，选择绘制好的飘带图形按快捷键【Ctrl+C】复制图形，按快捷键【Ctrl+V】粘贴图形，复制得到三个图形，分别置于页面音响显示的位置。

80 单击属性栏中的"导入"按钮 ，打开"导入"对话框，导入配套光盘中的"素材6"文件，按住【Shift】键等比例调整其大小并置于如图的位置。

81 使用工具箱中的"贝塞尔工具" ，在如图的位置绘制出两个发光的形状并按快捷键【Shift+F11】，打开"均匀填充"对话框，设置颜色参数后，单击"确定"按钮。在调色板的"透明色"按钮⊠上单击鼠标右键，取消外框的颜色。

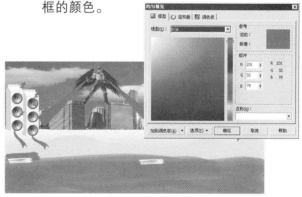

82 选择工具箱中的"交互式透明工具" ，对属性栏进行设置，在第一组光的图形上从右上到左下拖动鼠标，在调色板上选择适当的百分比黑度添加到如图的位置。

83 选择工具箱中的"交互式透明工具" ，对属性栏进行设置，在第二组光的图形上从左上到右下拖动鼠标，在调色板上选择适当的百分比黑度添加到如图的位置。

84 选择工具箱中的"矩形工具"□，在页面旁边空白区域绘制一个矩形，在调色板的"黑"按钮上单击鼠标左键，填充黑色选择工具箱中的"矩形工具"□，绘制两个矩形，在调色板的"白色"按钮上单击鼠标左键，填充白色。

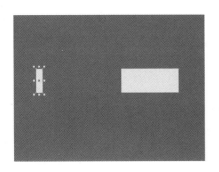

85 选择工具箱中的"交互式透明工具"✎，对两个矩形的属性栏分别进行设置。

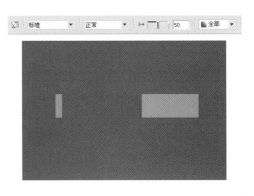

86 选择工具箱中的"交互式调和工具"✎，在图形上从左向右拖动鼠标，然后对属性栏参数进行设置，得到如图的效果。

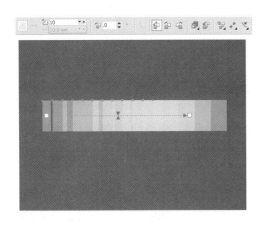

87 使用"挑选工具"▸，选中矩形的一边将其拖动重叠到如图的效果，然后按快捷键【Ctrl+G】群组图形。

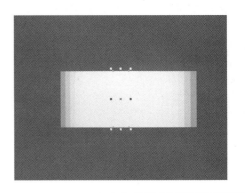

88 使用"挑选工具"▸，选中图形，按快捷键【Ctrl+C】复制图形，按快捷键【Ctrl+V】粘贴图形，用鼠标左键单击复制得到的图形，按住【Shift】键等比例调整其大小。

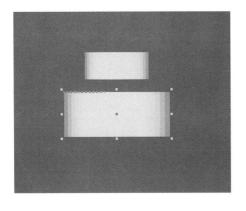

89 使用"挑选工具"▸，将两个图形排列好按快捷键【Ctrl+G】群组图形，选中图形，在属性栏上设置参数并将其旋转。

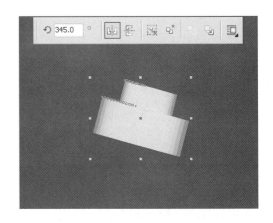

90 使用工具箱中的"贝塞尔工具" ，在如图的位置绘制出两个激光的形状并按快捷键【Shift+F11】，打开"均匀填充"对话框，设置颜色参数后，单击"确定"按钮。在调色板的"透明色"按钮⊠上单击鼠标右键，取消外框的颜色。

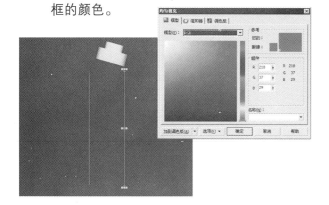

91 使用"挑选工具" ，分别选中图形，用鼠标左键双击图形，分别将其旋转拖动到如图的位置。

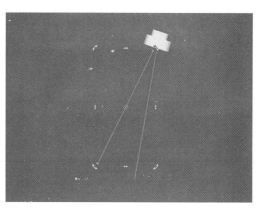

92 使用"挑选工具" ，将绘制好的一组图形全部选中，按快捷键【Ctrl+G】群组图形，然后拖动到如图的位置，按住【Shift】键等比例调整其大小后按快捷键【Ctrl+Page Down】下移图层。

93 使用"挑选工具" ，按快捷键【Ctrl+C】复制图形 ，按快捷键【Ctrl+V】粘贴图形，复制两组图形，适当调整后按快捷键【Ctrl+Page Down】下移图层，使图形放置在如图的位置。

94 使用工具箱中的"矩形工具" 和"椭圆形工具" ，在页面内绘制出一组几何体，并适当调整其位置，按快捷键【Shift+F11】，打开"均匀填充"对话框，设置颜色参数后，单击"确定"按钮。在调色板的"透明色"按钮⊠上单击鼠标右键，取消外框的颜色。

95 使用"挑选工具" ，将绘制好的一组图形全部选中，按快捷键【Ctrl+G】群组图形，然后拖动到如图的位置，按住【Shift】键等比例调整其大小。

◎ 导入素材

96 单击属性栏中的"导入"按钮，打开"导入"对话框，导入配套光盘中的"素材7"文件，选中图像按住【Shift】键等比例调整其大小，按快捷键【Ctrl+Page Down】下移图层，将图像置于如图的位置。

97 单击属性栏中的"导入"按钮，打开"导入"对话框，导入配套光盘中的"素材8"文件，选中图像按住【Shift】键等比例调整其大小，按快捷键【Ctrl+Page Down】下移图层，将图像置于如图的位置。

98 单击属性栏中的"导入"按钮，打开"导入"对话框，导入配套光盘中的"素材9"文件，选中图像按住【Shift】键等比例调整其大小，按快捷键【Ctrl+Page Down】下移图层，将图像置于如图的位置。

99 单击属性栏中的"导入"按钮，打开"导入"对话框，导入配套光盘中的"素材10"文件，选中图像按住【Shift】键等比例调整其大小，置于如图的位置。

101 单击属性栏中的"导入"按钮，打开"导入"对话框，导入配套光盘中的"素材11"文件，选中图像按住【Shift】键等比例调整其大小，置于如图的位置。

101 单击属性栏中的"导入"按钮，打开"导入"对话框，导入配套光盘中的"素材12"文件，选中图像按住【Shift】键等比例调整其大小，置于如图的位置。

102 单击属性栏中的"导入"按钮，打开"导入"对话框，导入配套光盘中的"素材13"文件，选中图像按住【Shift】键等比例调整其大小，置于如图的位置。

103 单击属性栏中的"导入"按钮，打开"导入"对话框，导入配套光盘中的"素材14"文件，选中图像按住【Shift】键等比例调整其大小，置于如图的位置。

104 单击属性栏中的"导入"按钮，打开"导入"对话框，导入配套光盘中的"素材15"文件，选中图像按住【Shift】键等比例调整其大小，置于如图的位置。

105 单击属性栏中的"导入"按钮，打开"导入"对话框，导入配套光盘中的"素材16"文件，选中图像按住【Shift】键等比例调整其大小，置于如图的位置。

106 单击属性栏中的"导入"按钮，打开"导入"对话框，导入配套光盘中的"素材17"文件，选中图像按住【Shift】键等比例调整其大小，置于如图的位置。

107 使用"挑选工具"，选中老鹰图像按快捷键【Ctrl+C】复制图形，按快捷键【Ctrl+V】粘贴图形，选中复制得到的图像在属性栏上单击"水平镜像"按钮，按住【Shift】键等比例调整其大小后置于如图的位置。

108 单击属性栏中的"导入"按钮，打开"导入"对话框，导入配套光盘中的"素材18"文件，选中图像按住【Shift】键等比例调整其大小，置于如图的位置。

109 使用"挑选工具"，选中墨滴图像按快捷键【Ctrl+C】复制图形，按快捷键【Ctrl+V】粘贴图形，将复制得到的图像置于如图的位置。

110 选择工具箱中的"矩形工具"，在页面上绘制一个与页面半页大小相同的矩形，在调色板的"蓝色"按钮上单击鼠标左键，填充为蓝色，在调色板的"透明色"按钮上单击鼠标右键，取消外框的颜色，选择工具箱中的"挑选工具"，选中蓝色矩形，执行"排列"|"造形"|"相交"命令。

111 当鼠标左键显示相交状态时，用鼠标左键单击墨滴图形漏在页面外的部分，得到如图的效果。

112 使用"挑选工具"，将前面绘制好的剑和立体字复制在如图的位置，按住【Shift】键等比例调整其图形大小，使用工具箱中的"文本工具"，设置适当的字体和字号，在如图的位置输入相关文字，然后在调色板的"洋红色"按钮上单击鼠标左键，填充颜色。

113 使用"挑选工具"，将前面绘制好的标志图形复制在如图的位置，按住【Shift】键等比例调整其图形大小。

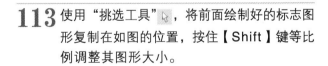

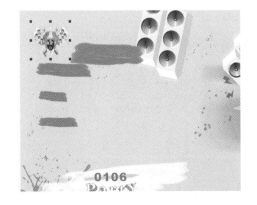

114 使用工具箱中的"文本工具" 字，设置适当的字体和字号，在如图的位置输入相关文字，按快捷键【Shift+F11】，打开"均匀填充"对话框，设置颜色参数后，单击"确定"按钮。

115 使用工具箱中的"文本工具" 字，设置适当的字体和字号，在如图的位置输入相关文字，在调色板的"白色"按钮上单击鼠标左键，填充为白色。

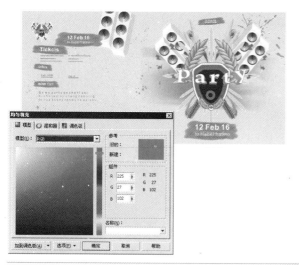

◎ 制作效果图

116 到这一步宣传折页就全部制作完成了，整体效果如图所示。

117 制作完成后的效果图，如图所示。

◎ 课后练习

1. 做一个关于香水的宣传页，具体要求如下。

● 规格：297cm × 210cm。

● 设计要求：主题鲜明，能体现出香水的迷人味道，让消费者见到这个宣传页就能产生强烈的购买欲。

2. 试以"计算机"为主题制作一个宣传页，具体要求如下。

● 规格：285cm × 200cm。

● 设计要求：主题鲜明，设计新颖，能够体现计算机的功能和特征。

包装设计

第4章

关于包装

　　包装是一种静态广告，是市场推广的重要工具。优良的包装设计，可通过视觉图像来介绍产品的特色，建立和稳定市场定位，达到提高销售的效果。包装从单一的保护和识别商品的目的，已经发展到如今在店铺和广告中直接引发消费者购买欲望等功能。商品的包装有时比商品本身更具商业价值，故把包装设计与品牌战略结合起来，使其体现产品属性和企业形象。

◎ 包装的种类

1. 提袋类包装

　　主要用纸或薄塑料为原材料，造型以方形为主，其他材料因受制作工艺、制作成本等方面的限制，而较少采用。

2. 盒带类包装

　　纸盒和塑料盒是目前广泛应用的产品包装形式。纸盒包装的主要形式有透明盒、姐妹盒、异型盒等。在盒带类包装中，有些饮料也用轻质的纸质包装。包装材料除了纸张外，还有木片、铝箔和铁皮等。盒带类包装以其富于艺术性、创意性、选择性大等特点，而成为现代包装的主要形式。

3. 瓶罐类包装

　　瓶罐类包装一般用在饮料、酒类、油类、洗发精、清洁剂、喷漆类、液体颜料、燃料、化妆品等产品上。瓶罐类包装主要用于盛装液体，属于容器型包装，既便于运输与携带，又能较长时间地保持产品、食品的无菌和保鲜。瓶罐类包装由于盛装液体时密封和保鲜效果较好，因而受到商家和消费者的青睐与欢迎。

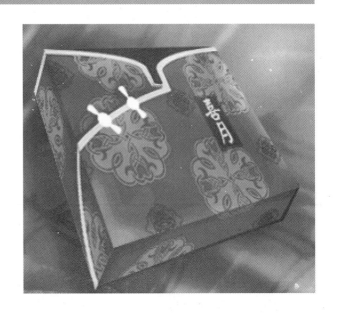

◎ 包装的功能

1. 保护功能

　　无声的卫士。这是包装最基本的功能。保护商品的包装，我们不能简单地理解，是给商品一个防止外力入侵的外壳。实际上，保护商品的意义是多重的：①包装不仅要防止商品物理性的损坏，如防冲击、防震动、耐压等，而且要防止各种化学性和其他方式的损坏，如啤酒瓶的深色可以保护啤酒减少受到光线的照射，防止变质。各种复合膜的包装可以在防潮、防光线辐射等几方面同时发挥作用。②包装不仅要防止由外到内的损伤，也要防止由内到外产生的破坏。例如，化学品的包装如果达不到要求而渗漏，就会对环境造成破坏。③包装对产品的保护还有一个时间的问题，有的包装需要提供长时间甚至几十年不变的保护，例如，红酒。而有的包装则可以运用简单的方式设计制作，容易销毁。

2. 方便功能

　　无声的助手。包装便于运输和装卸，保管与储藏，携带与使用，回收和废弃处理。它分为三类：①时间方便性。科学的包装能为人们的活动节约宝贵的时间，如快餐、易开包装等。②空间方便性。包装的空间方便性对降低流通费用至关重要。尤其对于商品种类繁多、周转快的超市，更加重视货架的利用率，因而也更加讲究包装的空间方便性。规格标准化包装、挂式包装、大型组合产品拆卸分装等，都能比较合理地利用物流空间。③省力方便性。按照人体工程学原理，结合实践经验设计的合理包装，能够节省人的体力消耗，使人产生一种现代生活的享乐感。

3. 促销功能

　　无声的推销员。这是包装设计最主要的功能之一。在超市中，标准化生产的产品云集在货架上，不同厂家的商品只有依靠产品的包装展现自己的特色，这些包装都以精巧的造型、醒目的商标、得体的文字和明快的色彩等艺术语言宣传自己。

　　促销功能以美感为基础，现代包装要求将"美化"内涵具体化。包装的形象不仅体现出生产企业的性质与经营特点，而且体现出商品的内在品质，能够反映不同消费者的审美情趣，满足他们的心理与生理需要。

◎ 优秀包装欣赏

4.1 萌柳橙汁

创作思路：随着生活质量的提高，消费者对果汁饮料的要求也越来越高，新鲜、健康、浓缩、口感已经成为消费的新时尚。为了使包装的画面更具可视性和号召力，需要在主视面的设计中利用较大的空间来安排产品或加工原料的精美图片，以诱人逼真的形象来增强其真实性和可信度，帮助消费者尽快了解和熟悉包装内的产品属性与特征。画面的对比强烈，图文清晰，才能具有较强的视觉冲击力和货架竞争力。

◎ 设计要求

设计内容	○ 易拉罐包装——萌柳橙汁
客户要求	○ 已知"萌柳橙汁"易拉罐的高为 120mm，直径为 67mm。帮助消费者尽快了解和熟悉包装内的产品属性与特征，同时能够在商场专柜的陈列中达到较好的视觉效果
最终效果	○ 💿光盘：包装／萌柳橙汁

◎ 设计步骤

平面展开图

立体效果图

◎ 新建文档并设定辅助线

01 执行"文件"|"新建"命令（或按快捷键
【Ctrl+N】），新建一个空白文档。单击属性栏中
的"横向"按钮，设置页面方向为横向，并
在 参数框中设置页面
大小为 216mm × 126mm。

02 执行"工具"|"选项"命令，弹出"选项"对
话框。在"选项"对话框左窗格中，依次展开
"文档"|"辅助线"|"垂直或水平"列表，在
"选项"对话框右侧"垂直"和"水平"选项组
中分别输入 3mm、108mm、213mm 和 3mm、
123mm，并分别单击"添加"按钮。在垂直方
向和水平方向为绘图页面添加辅助线，然后单
击"确定"按钮。

技巧提示 Tips

已知易拉罐的高为 120mm，直径为 67mm，根据圆周长的计算公式：直径×π，可得圆周长为 210mm。在
设置印刷尺寸时必须在原尺寸的基础上预留 3mm 的出血位。这样，最终设置的尺寸就应该是宽度（W）：216mm，
高度（H）：126mm。

◎ 绘制矩形并填充颜色

03 使用"矩形工具"绘制一个矩形，在属性栏
中设置其大小为 108mm × 126mm，将其放
置于如图的位置，并保持矩形被选中。

04 按【F11】键，打开"渐变填充"对话框，将
"类型"设置为线性，"颜色调和"设置为"自
定义"，"位置"0 处颜色设置为（M：10，Y：
100），"位置"45 处颜色设置为（Y：30），"位
置"55 处颜色设置为（Y：30），"位置"100
处颜色设置为（M：10，Y：100），然后单击
"确定"按钮。

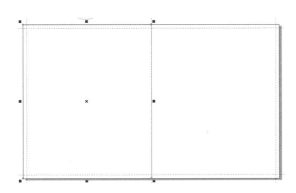

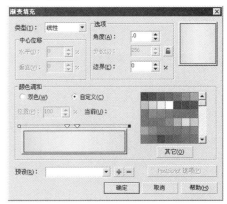

◎ 绘制图形

05 选择"矩形工具" ，再绘制一个矩形。执行 "排列" | "转换为曲线"命令（或按快捷键 【Ctrl+Q】），将矩形转换为曲线。

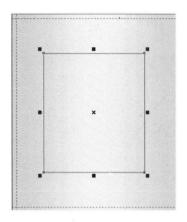

06 选择"形状工具" ，同时配合属性栏中的各 种节点调节工具，对图形上的节点和曲线进 行调整，使图形达到理想效果，并保持图形被 选中。

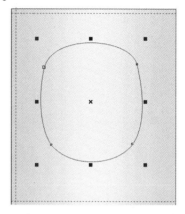

07 选择"挑选工具" ，然后按住【Shift】键，将 图形进行等比例缩小，且两个图形是垂直水 平对齐，并保持复制图形被选中。

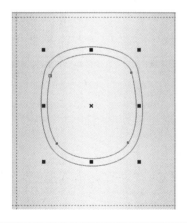

08 执行"排列" | "造形" | "造形"命令，弹出 "造形"对话框。选择"修剪"，"保留原件"为 "目标对象"，然后单击"修剪"按钮，用复制 的图形修剪原图形。

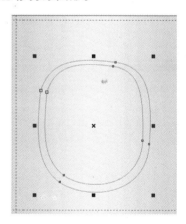

09 按快捷键【Shift+F11】弹出"均匀填充"对 话框，将修剪的图形填充为（Y：50）。然后在 调色板中用鼠标右键单击色块，取消外框的 颜色。

10 选择"挑选工具" ，然后按住【Shift】键，将 图形进行等比例缩小，并且按住鼠标右键，将 图形复制。再重复同一步骤，将图形进行等比 例缩小，复制一个图形。

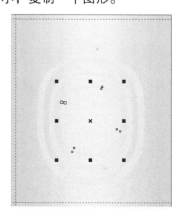

◎ 绘制文字特效置入图片

11 使用"文本工具" ，在页面中输入文字"萌柳橙汁"，在属性栏中设置其字体为"方正平和简体"，字号为60。

12 将字体颜色设置为（C：0，M：10，Y：85，K：0），使用"轮廓工具" ，弹出"轮廓笔"对话框。将轮廓"颜色"设置为黑色，"宽度"设置为0.45mm，然后单击"确定"按钮。

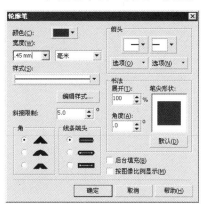

13 选择"贝塞尔工具" ，绘制出一条路径。执行"文本"|"使文本适合路径"命令，然后选择"形状工具" ，将文字调整。

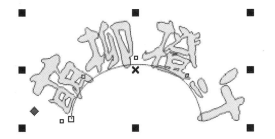

14 执行"排列"|"拆分在一路径上的文本"命令（或按快捷键【Ctrl+K】），将文本和路径拆分，并去掉路径。

15 按住【Shift】键，将文字进行同比例放大，并单击鼠标右键复制。将复制的文字填充色设置为无色，单击"轮廓工具"按钮 ，弹出"轮廓笔"对话框。将轮廓色设置为（M：100，Y：100，K：20），将"宽度"设置为1.2mm。

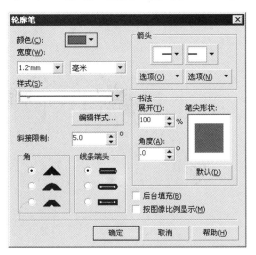

16 执行"排列"|"顺序"|"向后一位"命令（或按快捷键【Ctrl+Page Down】），将红色文字放置在黄色文字下一层，然后拖动到适合的位置。

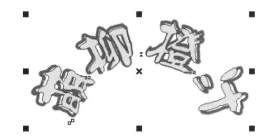

17 单击"交互式调和工具"按钮，使用"阴影工具"，在文字上从下到上拖动鼠标，调节阴影滑块，制作出投影的效果，使得文字表现出立体效果，并将文字移至合适的位置。

18 单击属性栏中的 按钮（或按快捷键）【Ctrl+I】，导入图片"橙子"，这样就一目了然地展示出本产品是由新鲜的水果制作而成。

◎ 编辑文字

19 调整图片大小，放置到合适的位置。分别选中位图和矩形，执行"排列"|"对齐和分布"|"对齐和分布"命令，在"对齐与分布"对话框中单击"对齐"标签，选中水平方向的"中"复选框（或按快捷键【E】），使位图与矩形图形水平中心对齐。

20 使用"文本工具"，在页面中输入文字"每天补充多一点维生素"，在属性栏中设置其字体为"方正中等线简体"，字号为16。

21 使用"文本工具"，在页面中输入文字"净含量：335ml"，在属性栏中设置其字体为"方正中等线简体"，字号为8。

22 使用"文本工具"，在页面中输入文字"北京萌柳有限责任公司"，在属性栏中设置其字体为"方正中等线简体"，字号为8。然后全选这三组文字，再选中矩形，将这三个文本与矩形水平中心对齐。

23 选中所有图层进行拖动，单击鼠标右键，复制所有图层。

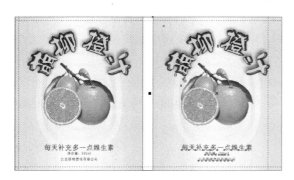

24 调整复制图层，将其移至合适的位置，与左边图层水平中心对齐。

25 使用"文本工具"，在页面中输入文字"不含防腐剂……地址：北京市朝阳区朝阳路 79 号"，设置字体为"方正中等线"，字号为 6。

26 执行"文本"|"段落格式化"命令，在"段落格式化"对话框中设置文字的行距为 130，使文字的行距加大。将文字放置在合适的位置。

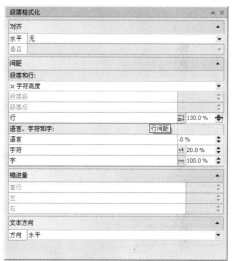

27 使用"文本工具"，在页面中输入文字"饮用前请先摇一摇……避免阳光曝晒"，设置字体为"方正中等线"，字号为 6。

28 执行"文本"|"段落格式化"命令，在"段落格式化"对话框中设置文字的行距为 120，使文字的行距加大。将文字放置在合适的位置。

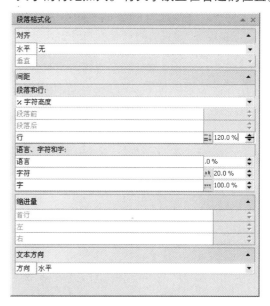

◎ **制作条形码**

29 执行"编辑"|"插入条形码"命令，弹出"条码向导"对话框。在"从下列行业标准格式中选择一个"列表中，选择 EAN-8 条形码，在"输入 7 个数字"文本框中输入数字，然后单击"下一步"按钮，进行下一步操作。

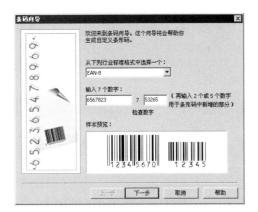

30 设置"打印机分辨率"为 300dpi，"单位"为"毫米"，"条形码宽度减少值"为 1 像素，"缩放比例"为 100%，"条形码高度"为 1，"宽度压缩率"为 2，然后单击"下一步"按钮，进行下一步操作。

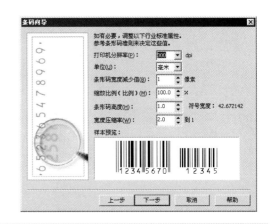

31 选择"显示新增的文字"、"在底部添加文字"和"使该条形码成为可阅读的（显示文本）"复选框，单击"完成"按钮，条形码制作完成。

32 选择工具箱中的"挑选工具"，双击条形码，在条形码周围出现旋转和倾斜控制手柄。同时按住【Ctrl】键，将鼠标放在旋转控制手柄上，当鼠标指针变成形状，拖动鼠标，顺时针旋转 90°。

◎ **完成平面展开图**

33 按住【Shift】键，将条形码同比例缩放，并放置在合适的位置。

34 单击属性栏中的 按钮（或按快捷键【Ctrl+I】），导入图片"质量安全"。按住【Shift】键，将图片同比例缩小，以适合整个构图，然后执行"排列/群组"命令（或按快捷键【Ctrl+G】），完成平面展开图。

◎ 新建文档

35 执行"文件"|"新建"命令（或按快捷键【Ctrl+N】），新建一个空白文档，单击属性栏中的"竖向"按钮□，设置页面方向为竖向，并在 ▭ 参数框中设置页面大小为 73mm × 126mm。

36 执行"工具"|"选项"命令，弹出"选项"对话框。在"选项"对话框左窗格中，依次展开"文档"|"辅助线"|"垂直或水平"列表，在"选项"对话框右侧"垂直"和"水平"面板中分别输入 3mm、70mm 和 3mm、123mm，并分别单击"添加"按钮，在垂直方向和水平方向为绘图页面添加辅助线，然后单击"确定"按钮。

◎ 绘制易拉罐

37 选择工具栏中的"贝塞尔工具"▭，绘制出图形，然后选择工具栏中的"形状工具"▭，调节每个节点，尽量使左右两个节点对称。

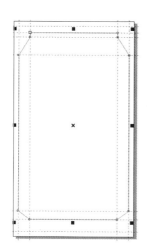

38 选择工具栏中的"形状工具"▭，全选所有节点。单击属性栏中的▭按钮，转换直线为曲线。调节每个节点，绘制出易拉罐的轮廓。

技巧提示 Tips

　　如果要使绘制的图形对称，最好使用辅助线。设置好辅助线后，用形状工具调整每个节点，这样图形就基本对称了。

39 选择工具箱中的"渐变填充"对话框 ■ ，将"类型"设置为"线性"，"颜色调和"设置为"自定义"，"位置" 0 处颜色设置为（M：10，Y：100），"位置" 45 处颜色设置为（Y：30），"位置" 55 处颜色设置为（Y：30），"位置" 100 处颜色设置为（M：10，Y：100），然后单击"确定"按钮。

40 在调色板的"透明色"按钮 ⊠ 上单击鼠标右键，取消外框的颜色。

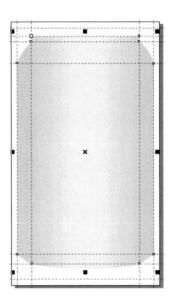

◆ **技巧提示** Tips

　　清除轮廓有两种方式：一种是用鼠标右键单击绘图窗口右侧调色板中的"透明色"按钮 ⊠ ；别一种是单击工具箱中的"轮廓工具" ◉ 按钮，在其展开栏中选择"无轮廓工具" × 。

---

41 使用"矩形工具" ▢ ，绘制一个矩形图形。

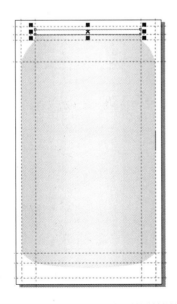

42 执行"排列"|"转换为曲线"命令（或按快捷键【Ctrl+Q】），或单击属性栏中的"转换为曲线"按钮 ◉ ，将矩形转换为曲线。选择"形状工具" ⟋ ，同时配合属性栏中的各种节点调节工具，对图形上的节点和曲线进行调整，使图形达到理想的效果。

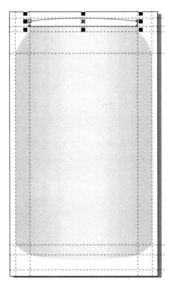

43 选择工具箱中的"渐变填充"对话框■，将"类型"设置为"线性"，"颜色调和"设置为"自定义"，"位置"0处颜色设置为（Y：70），"位置"30处颜色设置为（Y：20），"位置"60处颜色设置为（Y：20），"位置"100处颜色设置为（Y：70），然后单击"确定"按钮。

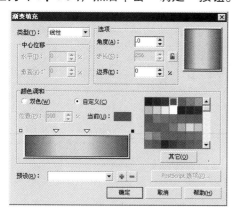

44 在调色板的"透明色"按钮⊠上单击鼠标右键，取消外框的颜色。

45 使用"矩形工具"▢，绘制一个矩形图形。

46 执行"排列"|"转换为曲线"命令（或按快捷键【Ctrl+Q】），或单击属性栏中的"转换为曲线"按钮○，将矩形转换为曲线。选择"形状工具"，同时配合属性栏中的各种节点调节工具，对图形上的节点和曲线进行调整，使图形达到理想的效果。

47 在工具箱中选取"渐变填充"对话框■，将"类型"设置为"线性"，"颜色调和"设置为"自定义"，"位置"0处颜色设置为（K：70），"位置"30处颜色设置为（K：20），"位置"60处颜色设置为（K：20），"位置"100处颜色设置为（K：70），然后单击"确定"按钮。

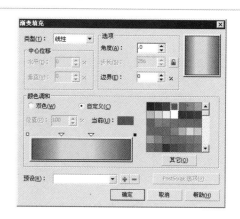

48 在调色板的"透明色"按钮⊠上单击鼠标右键，取消外框的颜色。

49 选择工具栏中的"交互式阴影工具"，在图形上单击并拖动鼠标，将阴影控制线调到合适的位置后松开鼠标，就能为图形绘制阴影效果。

50 执行"排列"|"顺序"|"到后部"命令（或按快捷键【Shift+Page Down】），将图层放置到最后一层。

专业小知识

交互式阴影工具

使用"交互式阴影工具"可以为所选择的对象制作阴影效果，可以设置阴影的透明度、角度、位置、颜色和羽化程度等。

拖动"阴影控制线"□┈┤┈►■上的"滑块"┤，可以调整阴影的透明度。滑块在不同的位置时，阴影透明度不同。

拖动"阴影控制线"□┈┤┈►■上的"控制块"■，可以调整阴影的角度。

在使用"交互式阴影工具"时，在属性栏中可以对创建的阴影效果进行编辑。如图 4-1 所示。

图 4-1

预设列表：此下拉列表中提供多种预设的阴影效果，可以根据需要选择不同的选项。单击右侧的和按钮可以添加或删除预设效果。

阴影偏移：此选项中的数值决定了阴影与原图形之间的偏移距离。数值为正值时，阴影向上或向右偏移；数值为负值时，阴影向下或向左偏移。

阴影角度：在该文本框中输入数值，可以设定阴影的角度。单击文本框右侧的按钮，出现滑动条，直接拖动滑块即可设置阴影的角度。

阴影透明度：在文本框中输入数值，可以设定阴影的透明度。单击文本框右侧的按钮，出现滑动条，直接拖动滑块可以设置阴影的透明效果。

阴影羽化：在文本框中输入数值，可以设定阴影的羽化程度。单击文本框右侧的按钮，出现滑动条，直接拖动滑块可以设置阴影的羽化程度。

羽化方向 ：单击此按钮，弹出"羽化方向"对话框，可以根据需要选择不同的选项。

阴影羽化边缘 ：单击此按钮，弹出"羽化边缘"对话框，可以根据需要选择不同的选项。

淡出和阴影延展 ：单击文本框右侧的 按钮，即可出现滑动条，拖动滑块可以改变阴影的淡出和延展效果。

阴影颜色 ：单击此按钮，在弹出的颜色列表中为阴影选择一种颜色。

51 使用工具箱中的"贝塞尔工具" ，绘制一条曲线。使用工具箱中的"轮廓工具" ，弹出"轮廓笔"对话框，将颜色设置为 60% 黑色，将宽度设置为 2.0mm，然后单击"确定"按钮。

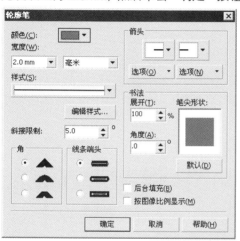

52 执行"排列"｜"顺序"｜"在后面"命令，将该曲线放置在黄色渐变图层的后面。

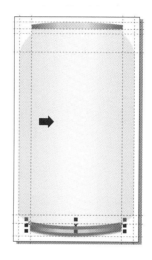

53 使用工具箱中的"矩形工具" ，绘制出一个矩形图形。

54 单击属性栏中的"转换为曲线"按钮 ，将矩形转换为曲线。选择"形状工具" ，同时配合属性栏中的各种节点调节工具，对图形上的节点和曲线进行调整，使图形达到理想的效果。将图形颜色设置为白色，边框颜色设置为无色，为瓶顶制作高光。

◎ 绘制易拉罐的高光

55 使用工具箱中的"贝塞尔工具" 绘制一个图形，选择"形状工具" ，同时配合属性栏中的各种节点调节工具，对图形上的节点和曲线进行调整，使图形达到理想的效果。将图形填充为白色，边框颜色设置为无色。

56 选择工具箱中的"交互式透明工具" ，在属性栏中将"透明度类型"设置为"线性"，将"透明度操作"设置为"正常"，调整滑块，达到理想的效果。

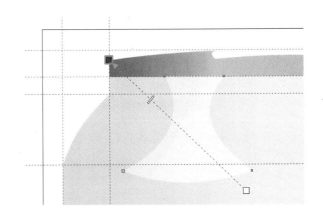

专业小知识

——— 交互式透明工具 ———

利用"交互式透明工具" 可以在两个相互重叠的图形中，通过对上层图形透明度的设定，来显示下层的图形。透明效果包括标准、线性、方角、图样、底纹等类型，可以在属性栏中设定各选项，来创建不同的透明效果。选择"交互式透明工具" ，窗口中就会出现对应的属性栏，如果属性栏没有显示，可以执行"窗口"|"工具栏"|"属性栏"命令，如图4-2所示。

图 4-2

编辑透明度 ：单击此按钮可以弹出"渐变透明度"对话框，选择不同的透明度类型就会弹出不同的"渐变透明度"对话框，在弹出的对话框中可以对"交互式透明工具"的属性进行编辑和调整。

透明度类型 ：单击 按钮，弹出"透明度类型"下拉列表，包括无、标准、线性、射线、圆锥、方角、双色图样、全色图样、位图图样和底纹10种类型。

选择不同的类型可制作出不同的透明效果。

透明度操作 ：单击 按钮，弹出"透明度操作"下拉列表。在此列表中可以根据需要选择不同选项，来改变透明度的渐变类型。

透明中心点 ：可以通过拖动其右侧的滑块，或直接在文本框中输入数值来设定透明度的大小，数值越大透明度就越高，反之透明度就越小。

将透明应用于填充、轮廓或两者 ：选择不同的选项，确定透明效果的应用范围。选择"填充"选项，可将透明效果应用于所选对象的填充区域；选择"轮廓"选项，可将透明效果应用于对象的轮廓区域；选择"全部"选项，使对象的填充和轮廓都应用透明效果。

冻结 ：单击此按钮，就会锁定图形中已经创建好的透明效果，即在透明度移动到其他位置时，应用该透明效果的对象也会随之移动。如果该按钮没有按下，就可以取消当前锁定的透明效果。

复制透明度属性 ：单击此按钮，光标变成 形状，在其他应用透明效果的对象上单击，可将其他对象的透明属性复制到当前对象中。

清除透明效果⊗：选中应用了透明效果的对象，单击此按钮即可删除透明效果。

线性渐变：交互式透明工具默认的渐变类型。如果要为两个相互重叠的对象创建线性透明效果，在适当的位置上单击并拖动鼠标，确定透明效果起点和终点的位置，松开鼠标，即可完成线性渐变效果。

如果对创建的透明效果不满意，可以通过"透明度控制条"□┄┤►■来调整透明效果。拖动控制条的"起点"□和"终点"■控制块，可以调整起点和终点的透明度以及透明度的方向和角度，拖动控制条中间的滑块┤，可以调整透明度的范围大小。

也可以在属性栏中进行线性透明效果的设定，将渐变透明的"角度"◢、"边衬"◣和"透明中心点"◈分别设置数值，来设定线性透明渐变。

标准透明：就是为选中的图形创建单一颜色的均匀化透明效果。也就是说，图形每个部分的透明度都是相同的。

射线渐变：其使用和设置的方法与线性渐变基本相同，不同的是，射线渐变所产生的是一个喷泉式的圆形渐变透明效果。

圆锥与方角渐变：透明效果基本相同，都是喷泉式的渐变效果。

图样透明效果：分为"双色图样"、"全色图样"和"位图图样"三种。图样透明效果是使用图案填充对象，与图样填充类似，不同的是，图样透明可以控制填充后图案的透明度。

底纹透明效果：与图样透明效果大同小异，都是使用图案为对象制作透明效果。底纹透明效果中都是无规律、零散的图案，可以为所选对象填充多种自然材质外观的透明效果。

57 执行"窗口"|"泊坞窗"|"变换"|"比例"命令（或按快捷键【Alt+F9】），弹出"变换"的控制面板。

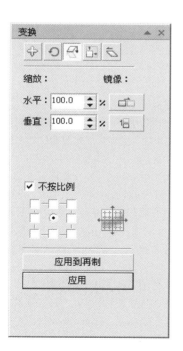

58 在面板中单击 "水平镜像"按钮 ，再单击"应用到再制"按钮，复制一个镜像后的对象，并将对象移到合适的位置。这样易拉罐就有了立体效果。

技巧提示　Tips

镜像对象最简单的方法是使用工具箱中的"挑选工具"选中对象，将鼠标放在对象左右两边中间的控制点上，当鼠标变成↔形状时，拖动鼠标到相对的方向，将会产生水平镜像对象；将鼠标放在对象上下两边中间的控制点上，当鼠标变成↕形状时，拖动鼠标到相对方向，将会产生垂直镜像对象；将鼠标放在对象的角控制点上，当鼠标变成↖形状时，拖动鼠标到相对的方向可以同时得到水平镜像和垂直镜像后的对象。用鼠标拖动控制点使对象产生镜像的同时按住【Ctrl】键，可以得到保持原对象比例的镜像对象。在松开鼠标左键之前按下鼠标右键，就可以在镜像的位置生成一个对象的复制品。

◎ 完成易拉罐立体图

59 重复步骤5~步骤10，并将图形调整至合适的大小。

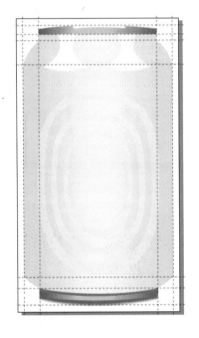

60 置入文字，重复步骤11~步骤17，将文字调整到合适的大小，完成易拉罐的制作。

4.2 | 生活用纸包装设计

创作思路：利用曲线分割的设计形式，在形式上呈现流动的曲线美，组成一个整体，使得画面完整、活泼、鲜明，画面背景呈现黑色和商品的明度区分开，突出明暗冷暖的对比关系，使主题一目了然。

◎ 设计要求

设计内容	○ 生活用纸包装设计
客户要求	○ 尺寸为 297mm × 210mm。要求突出企业信息内容，画面要有冲击力
最终效果	○ 💿光盘：生活用纸包装设计

最终效果

◎ 新建文档并重新设置页面大小

01 执行"文件"|"新建"命令（或按快捷键 Ctrl+N），新建一个空白文档。执行"版面"|"页设置"命令，弹出"选项"对话框，选择"页面"|"大小"命令，设置好文档大小为 297mm × 210mm，然后双击工具箱中的"矩形工具" ，这时在页面上会出现一个与页面大小相同的矩形框，在调色板上选择90% 黑，单击鼠标左键，将其填充颜色。

◎ 利用渐变方法制作商品包装效果

02 选择工具箱中的"矩形工具" ，在页面上绘制一个矩形，在属性栏中设置矩形的边角圆滑度参数，如图所示，得到一个带圆角的矩形。按【F11】键，打开"渐变填充"对话框，颜色参数从左下到右上分别为（R:191，G:126，B:91），（R:119，G:21，B:10），（R:237，G:156，B:2），白色，单击"确定"按钮。在调色板的"透明色"按钮 上单击鼠标右键，取消外框的颜色。

03 单击工具箱中的"椭圆形工具" ，在如图的位置绘制一个椭圆形，在调色板的"白色"按钮上单击鼠标左键，填充为白色。

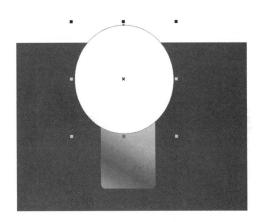

04 选择工具箱中的"挑选工具" ，选中矩形，执行"排列"|"造形"|"相交"命令，在对话框中设置好参数。

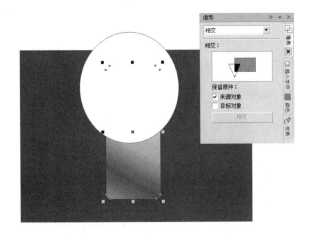

05 当鼠标左键显示相交状态时鼠标左键单击椭圆形，然后在调色板的"透明色"按钮 上单击鼠标右键，取消相交得到的白色图形外框的颜色。

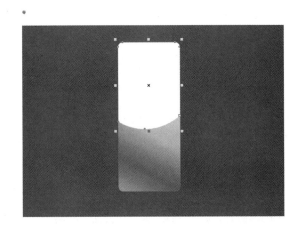

06 选择工具箱中的"挑选工具" , 选中绘制好的圆角矩形, 按快捷键【Ctrl+C】复制图形, 再按快捷键【Ctrl+V】粘贴图形, 在调色板的"白色"按钮上单击鼠标左键, 填充为白色, 在调色板的"透明色"按钮⊠上单击鼠标右键, 取消矩形外框的颜色。

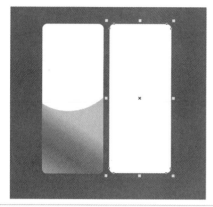

07 选择工具箱中的"交互式透明工具" , 对属性栏进行设置, 在图形上从右上到左下拖动鼠标, 在调色板上选择不同百分比的黑度置于如图的位置。

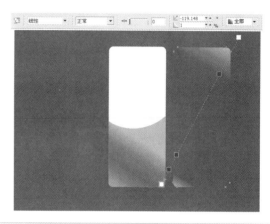

08 选择工具箱中的"挑选工具" , 选中绘制好的渐变图形拖动到页面与图形重叠, 得到如图的效果。

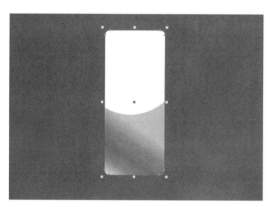

09 选择工具箱中的"椭圆形工具" , 在如图的位置绘制一个椭圆形, 在调色板的"白色"按钮上单击鼠标左键, 填充为白色。

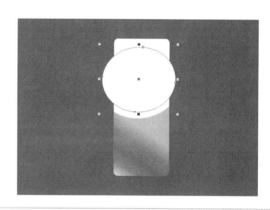

10 选择工具箱中的"挑选工具" , 选中矩形, 执行"排列"|"造形"|"相交"命令, 在对话框中设置好参数。

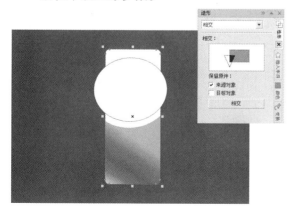

11 当鼠标左键显示相交状态时用鼠标左键单击椭圆形, 相交得到如图的效果。

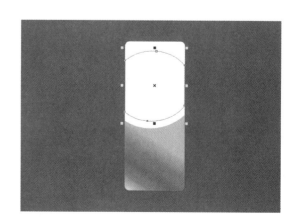

12 选择工具箱中的"挑选工具" ，选择图形按【F11】键，打开"渐变填充"对话框，颜色参数从左下到右上分别为（R:191，G:126，B:91）、（R:171，G:74，B:21）、（R:237，G:156，B:2）、白色，单击"确定"按钮。在调色板的"透明色"按钮 上单击鼠标右键，取消外框的颜色。

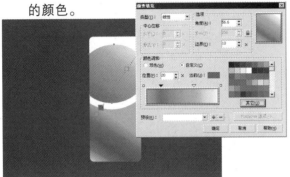

13 选择工具箱中的"椭圆形工具" ，在如图的位置绘制一个椭圆形，在调色板的"白色"按钮上单击鼠标左键，填充为白色。选择工具箱中的"挑选工具" ，选中矩形，执行"排列"|"造形"|"相交"命令，在对话框中设置好参数。

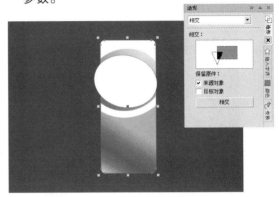

14 当鼠标左键显示相交状态时用鼠标左键单击椭圆形，得到相交的图形，在调色板的"透明色"按钮 上单击鼠标右键，取消外框的颜色。

15 选择工具箱中的"挑选工具" ，选中相交得到的图形，按快捷键【Shift+F11】，打开"均匀填充"对话框，设置颜色参数后，单击"确定"按钮。

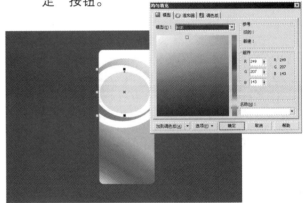

16 选择工具箱中的"椭圆形工具" ，在如图的位置绘制一个椭圆形，按【F11】键，打开"渐变填充"对话框，对参数进行设置，颜色从左到右分别为（R:240，G:208，B:113）、（R:175，G:91，B:52）、（R:129，G:30，B:12）、（R:124，G:23，B:12），设置后单击"确定"按钮。在调色板的"透明色"按钮 上单击鼠标右键，取消外框的颜色。

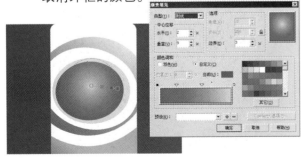

17 使用工具箱中的"贝塞尔工具" ，在页面内绘制一个如图的形状，在调色板的"白色"按钮上单击鼠标左键，填充为白色。在调色板的"透明色"按钮 上单击鼠标右键，取消外框的颜色。

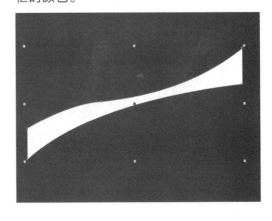

18 选择工具箱中的"交互式透明工具" ，对属性栏进行设置，在图形上从左到右拖动鼠标，在调色板上选择不同百分比的黑度置于如图的位置。

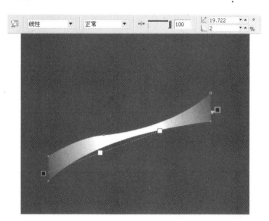

19 选择工具箱中的"挑选工具" ，选中绘制好的渐变图形拖动到如图的位置。

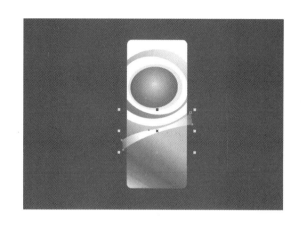

20 选择工具箱中的"矩形工具" ，在页面内绘制一个大小相同的矩形，在调色板上将其填充 30% 的黑色，在调色板的"透明色"按钮 上单击鼠标右键，取消外框的颜色。选择工具箱中的"挑选工具" ，选中矩形，执行"排列"|"造形"|"相交"命令。

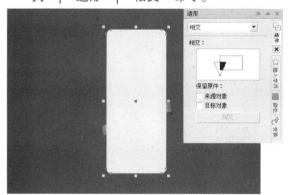

21 当鼠标左键显示相交状态时，用鼠标左键单击漏在图形外的渐变图形部分，相交得到的效果如图所示。

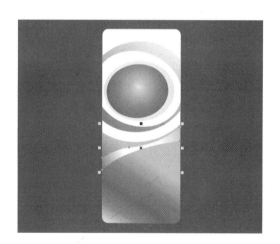

22 使用工具箱中的"贝塞尔工具" ，在页面内绘制一个如图的形状，在调色板的"白色"按钮上单击鼠标左键，填充为白色。在调色板的"透明色"按钮 上单击鼠标右键，取消外框的颜色。

23 选择工具箱中的"交互式透明工具" ，对属性栏进行设置，在图形上从左到右拖动鼠标，在调色板上选择不同百分比的黑度置于如图的位置。

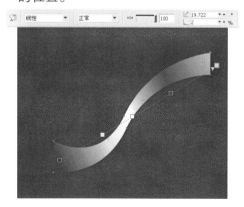

24 选择工具箱中的"挑选工具" ，选中绘制好的渐变图形拖动到如图的位置。

25 选择工具箱中的"矩形工具" ，在页面内绘制一个大小相同的矩形，在调色板上将其填充30%的黑色，在调色板的"透明色"按钮 上单击鼠标右键，取消外框的颜色。选择工具箱中的"挑选工具" ，选中矩形，执行"排列"｜"造形"｜"相交"命令。

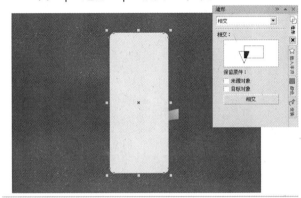

26 当鼠标左键显示相交状态时，用鼠标左键单击漏在图形外的渐变图形部分，相交得到的效果如图所示。

27 使用工具箱中的"贝塞尔工具" ，在页面内绘制一个如图的形状，在调色板的"白色"按钮上单击鼠标左键，填充为白色。在调色板的"透明色"按钮 上单击鼠标右键，取消外框的颜色。

28 选择工具箱中的"交互式透明工具" ，对属性栏进行设置，在图形上从左到右拖动鼠标，在调色板上选择不同百分比的黑度置于如图的位置。

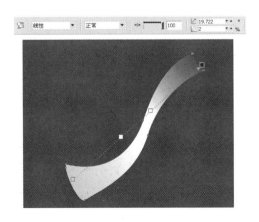

29 选择工具箱中的"挑选工具" ，选中绘制好的渐变图形拖动到如图的位置。

30 选择工具箱中的"矩形工具"□，在页面内绘制一个大小相同的矩形，在调色板上将其填充30%的黑色，在调色板的"透明色"按钮⊠上单击鼠标右键，取消外框的颜色。选择工具箱中的"挑选工具"，选中矩形，执行"排列"|"造形"|"相交"命令。

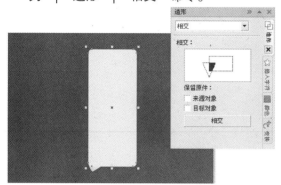

31 当鼠标左键显示相交状态时，用鼠标左键单击漏在图形外的渐变图形部分，相交得到的效果如图所示。

32 选择工具箱中的"椭圆形工具"○，在如图的位置绘制一个椭圆形，在调色板的"白色"按钮上单击鼠标左键，填充为白色，然后在调色板的"透明色"按钮⊠上单击鼠标右键，取消外框的颜色，双击鼠标左键将其旋转。

33 选择工具箱中的"交互式透明工具"，对属性栏进行设置，在图形上从内向外拖动鼠标，在调色板上选择不同百分比的黑度置于如图的位置。

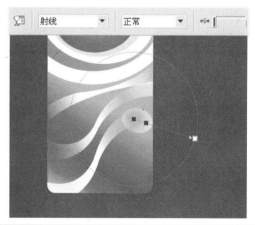

34 使用工具箱中的"贝塞尔工具"，在页面内绘制一个卫生纸外轮廓的形状，在调色板的"白色"按钮上单击鼠标左键，填充为白色。在调色板的"透明色"按钮⊠上单击鼠标右键，取消外框的颜色。

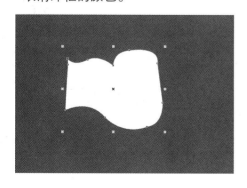

35 选择工具箱中的"交互式透明工具"，对属性栏进行设置，在图形上从内向外拖动鼠标，在调色板上选择不同百分比的黑度置于如图的位置。

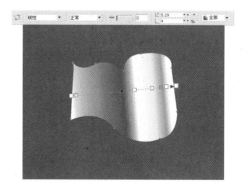

36 选择工具箱中的"挑选工具" ，选中绘制好的渐变图形拖动到如图的位置，按住【Shift】键等比例调整其大小后得到如图的效果。

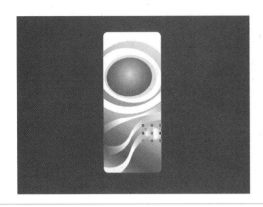

◎ 制作字体

37 使用工具箱中的"文本工具"字，设置适当的字体和字号，在页面内输入文字，然后按快捷键【Ctrl+Q】将文字转换为曲线。

38 使用工具箱中的"形状工具" ，选择"家"字的末笔向右水平拖动到如图的效果。

39 使用工具箱中的"贝塞尔工具" ，在页面内绘制一个弯曲的形状，在调色板的"白色"按钮上单击鼠标左键，填充为白色。在调色板的"透明色"按钮⊠上单击鼠标右键，取消外框的颜色。

40 选择工具箱中的"挑选工具" ，将绘制好的图形拖动到"恋"字将其对齐，同时选中图形和文字执行"排列"|"造形"|"焊接"命令。

41 选择工具箱中的"挑选工具" ，分别选择制作好的两个字，按快捷键【Ctrl+G】将两个字分别群组，然后水平拖动到如图的效果。

42 选择工具箱中的"基本形状"，在属性栏上选择桃心形，在如图的位置绘制一个心形，在调色板上的"白色"按钮上单击鼠标左键，填充为白色。在调色板的"透明色"按钮⊠上单击鼠标右键，取消外框的颜色。

43 使用工具箱中的"贝塞尔工具"，在页面内绘制一个如图的形状，在调色板的"白色"按钮上单击鼠标左键，填充为白色。在调色板的"透明色"按钮⊠上单击鼠标右键，取消外框的颜色。

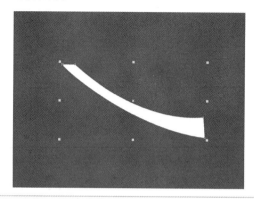

44 选择工具箱中的"挑选工具"，选择绘制好的图像，执行"排列"|"变换"|"比例"命令，设置参数如图所示，单击"应用到再制"按钮。

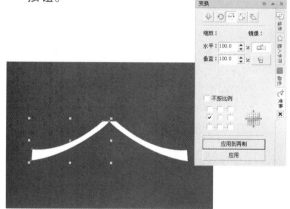

45 选择工具箱中的"挑选工具"，将绘制好的图形拖动到桃心图形处将其对齐，同时选中图形和桃心图形执行"排列"|"造形"|"焊接"命令。

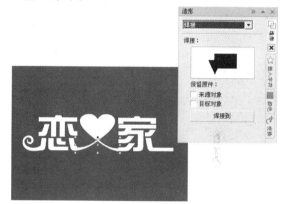

46 使用工具箱中的"形状工具"，将焊接得到的桃心图形左边与"恋"字的右边拖动对齐到如图的效果，然后同时选中桃心和"恋"字图形执行"排列"|"造形"|"焊接"命令。

47 使用工具箱中的"形状工具"，将焊接得到的桃心图形右边与"家"字的左边拖动对齐到如图的效果，然后同时选中桃心图形和"家"字图形执行"排列"|"造形"|"焊接"命令。

48 选择工具箱中的"挑选工具" ，将绘制好的图形按快捷键【Ctrl+G】群组图形，然后拖动到如图的位置，按住【Shift】键等比例调整其大小。

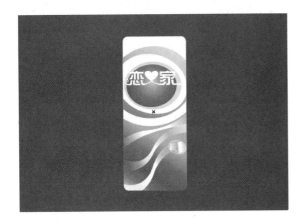

49 选择工具箱中的"交互式轮廓图工具" ，对属性栏的颜色参数进行设置，在如图的位置拖动鼠标。

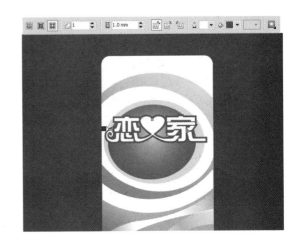

50 选择工具箱中的"基本形状" ，然后在属性栏上选择桃心形，在如图的位置绘制一个桃心形，按【F11】键，打开"渐变填充"对话框，颜色由内到外为（R:246，G:204，B:46）（R:239，G:156，B:1），单击"确定"按钮。在调色板的"透明色"按钮 上单击鼠标右键，取消外框的颜色。

51 选择工具箱中的"基本形状" ，然后在属性栏上选择桃心形，在页面内绘制一个桃心形，在调色板的"白色"按钮上单击鼠标左键，填充为白色。在调色板的"透明色"按钮 上单击鼠标右键，取消外框的颜色。

52 选择工具箱中的"交互式轮廓图工具" ，对属性栏的颜色参数进行设置，在如图的位置拖动鼠标。

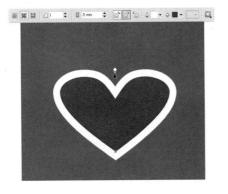

53 选择工具箱中的"挑选工具" ，选中两个桃心形，按快捷键【Ctrl+K】将其拆分，然后再选中两个桃心形在属性栏上单击"结合"按钮 或按快捷键【Ctrl+L】，得到一个桃心形的圈。

54 选择工具箱中的"交互式透明工具" ，对属性栏进行设置，在桃心形圈上从内向外拖动鼠标，在调色板上选择不同百分比的黑度置于如图的位置。

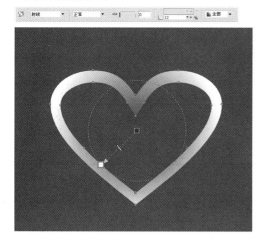

55 选择工具箱中的"挑选工具" ，将绘制好的图形拖动到如图的位置，按住【Shift】键等比例调整其大小。

56 使用工具箱中的"文本工具"字，设置适当的字体和字号，在如图的位置输入相关文字。按快捷键【Shift+F11】，打开"均匀填充"对话框，设置英文的颜色参数后，单击"确定"按钮。将中文填充为白色。

57 使用工具箱中的"文本工具"字，设置适当的字体和字号，在如图的位置输入相关文字。按快捷键【Shift+F11】，打开"均匀填充"对话框，设置颜色参数后，单击"确定"按钮。

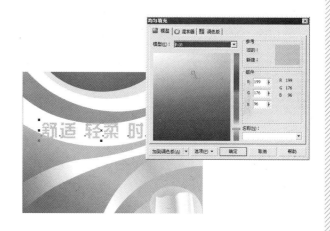

58 选择工具箱中的"挑选工具" ，选中文字按快捷键【Ctrl+K】将其拆分，然后分别选中文字，双击鼠标左键分别将其旋转调整位置。

59 选择工具箱中的"挑选工具" ，将文字最终调整到如图的位置。

60 使用工具箱中的"文本工具"字，设置适当的字体和字号，在页面内输入相关文字。选择工具箱中的"交互式轮廓图工具"，对属性栏中的颜色参数进行设置，在如图的位置拖动鼠标。

61 选择工具箱中的"挑选工具"，选中绘制好的文字，在属性栏上设置参数将其旋转，然后拖动到如图的位置，按住【Shift】键等比例调整其大小。

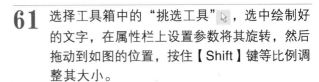

62 使用工具箱中的"文本工具"字，设置适当的字体和字号，在页面内输入相关文字。选择工具箱中的"交互式轮廓图工具"，对属性栏中的颜色参数进行设置，在如图的位置拖动鼠标。

63 选择工具箱中的"挑选工具"，选中绘制好的文字，在属性栏上设置旋转参数为270，将其旋转，然后拖动到如图的位置，按住【Shift】键等比例调整其大小。

64 利用相同的制作方法更改其渐变颜色，可以绘制出不同颜色的包装效果。

65 制作完成的效果如图所示。

4.3 麦丽素包装设计

创作思路：食品是人们生活中不可缺少的一部分，对食品的包装就显得尤为重要。在麦丽素的包装设计中，突出了麦丽素这种食品的特点，使人们更容易识别和记忆。

◎ 设计要求

设计内容	○ 麦丽素包装设计
客户要求	○ 尺寸为 200mm × 150mm。要求突出企业信息内容，画面要有冲击力
最终效果	○ 💿 光盘：麦丽素包装设计

◎ 设计步骤

最终效果

◎ 新建文档并重新设置页面大小

01 执行"文件"|"新建"命令（或按快捷键【Ctrl+N】），新建一个空白文档。执行"版面"|"页设置"命令，弹出"选项"对话框，选择"页面"|"大小"命令，设置好文档大小为200mm × 150mm，文档的页面大小包括了出血的区域。

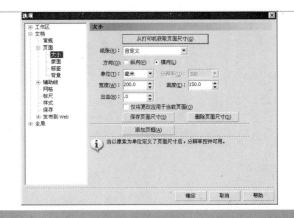

◎ 设置边框轮廓

02 选择工具箱中的"矩形工具"□，在图像中绘制一个矩形，按快捷键【Shift+F11】，打开"均匀填充"对话框，设置颜色参数为（R:165，G:9，B:1）后，单击"确定"按钮。在调色板的"透明色"按钮⊠上单击鼠标右键，取消外框的颜色。

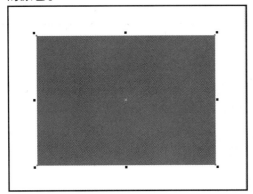

03 按快捷键【Ctrl+Q】转化为曲线，将矩形转化为曲线，使用工具箱中的"粗糙笔刷" ，对属性栏进行设置，沿着矩形左右两个边缘用鼠标画一个竖道，使边缘产生锯齿的效果。

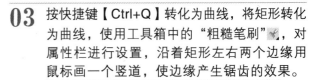

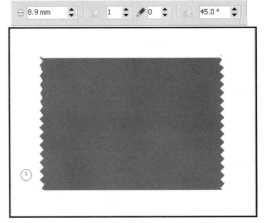

04 选择工具箱中的"椭圆形工具"○，按住【Ctrl】键在图像中绘制一个圆形，按【F12】键，打开"轮廓笔"对话框，对参数进行设置后单击"确定"按钮。

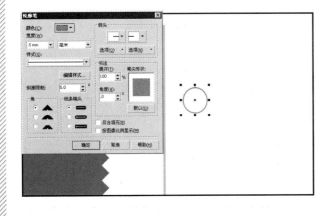

05 使用工具箱中的"挑选工具" ，选中线段，按小键盘上的【+】键三次，以复制三个圆，再各自移动到如图的效果。

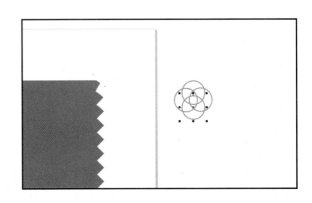

06 使用工具箱中的"挑选工具" ▷，框选4个圆形，按快捷键【Ctrl+G】群组图形。

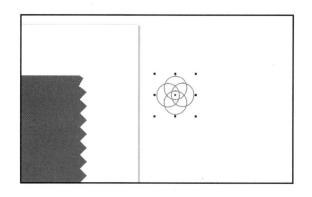

07 使用工具箱中的"挑选工具" ▷，选中线段，按小键盘上的【+】键以复制圆形花纹，再按住【Ctrl】键用鼠标左键向右拖动控制框左边中间的控制点，水平镜像图像到如图的效果。

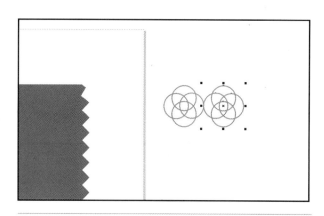

08 继续使用上一步的方法，复制、镜像出两个圆形花纹图案。

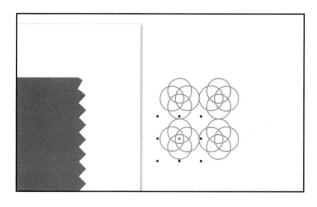

09 使用工具箱中的"挑选工具" ▷，框选4个圆形花纹图案，按快捷键【Ctrl+G】群组图形。

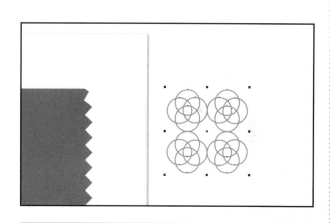

10 继续使用步骤7的方法，复制、镜像出如图的圆形花纹图案样式。

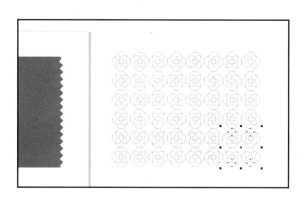

11 使用工具箱中的"挑选工具" ▷，框选这组圆形花纹图案，按快捷键【Ctrl+G】群组图形。

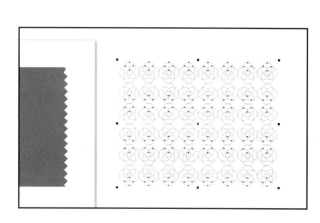

12 执行"效果"｜"图框精确剪裁"｜"放置在容器中"命令，此时的光标呈"黑箭头"状态➡，将箭头指向矩形选框中单击使圆形花纹图案置入，在置入的圆形花纹图案上单击鼠标右键，从弹出的快捷菜单中选择"编辑内容"命令，调整图像的位置到如图的效果，在圆形花纹图案上单击鼠标右键，从弹出的快捷菜单中选择"结束编辑"命令。

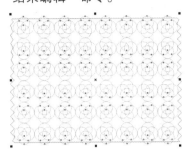

13 使用工具箱中的"贝塞尔工具"，在圆形图像内绘制图形，按快捷键【Shift+F11】，打开"均匀填充"对话框，设置颜色参数为（R:235，G:190，B:119）后，单击"确定"按钮。在调色板的"透明色"按钮⊠上单击鼠标右键，取消外框的颜色。

14 使用工具箱中的"贝塞尔工具"，在圆形图像内绘制图形，按快捷键【Shift+F11】，打开"均匀填充"对话框，设置颜色参数为（R:174，G:76，B:44）后，单击"确定"按钮。在调色板的"透明色"按钮⊠上单击鼠标右键，取消外框的颜色。

15 使用工具箱中的"贝塞尔工具"，在圆形图像内绘制图形，按【F11】键，打开"渐变填充"对话框，对颜色参数进行设置后单击"确定"按钮。在调色板的"透明色"按钮⊠上单击鼠标右键，取消外框的颜色。

16 使用工具箱中的"贝塞尔工具"，在圆形图像内绘制图形，按快捷键【Shift+F11】，打开"均匀填充"对话框，设置颜色参数为（R:183，G:103，B:60）后，单击"确定"按钮。在调色板的"透明色"按钮⊠上单击鼠标右键，取消外框的颜色。

17 执行"位图"｜"转换为位图"命令，在弹出的"转换为位图"对话框中进行设置后单击"确定"按钮。执行"位图"｜"模糊"｜"高斯式模糊"命令，在弹出的"高斯式模糊"对话框中进行设置后单击"确定"按钮。

18 使用工具箱中的"贝塞尔工具" ，在圆形图像内绘制图形，按快捷键【Shift+F11】，打开"均匀填充"对话框，设置颜色参数为（R:219，G:86，B:14）后，单击"确定"按钮。在调色板的"透明色"按钮⊠上单击鼠标右键，取消外框的颜色。

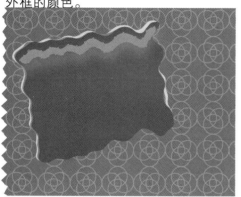

19 执行"位图"|"转换为位图"命令，在弹出的"转换为位图"对话框中进行设置后单击"确定"按钮。执行"位图"|"模糊"|"高斯式模糊"命令，在弹出的"高斯式模糊"对话框中进行设置后单击"确定"按钮。

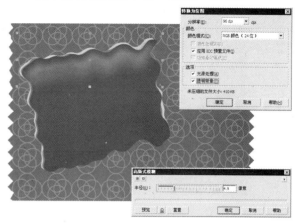

20 使用工具箱中的"贝塞尔工具" ，在圆形图像内绘制图形，按快捷键【Shift+F11】，打开"均匀填充"对话框，设置颜色参数为（R:250，G:195，B:152）后，单击"确定"按钮。在调色板的"透明色"按钮⊠上单击鼠标右键，取消外框的颜色。

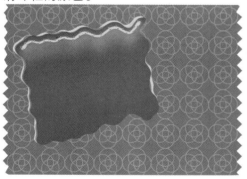

21 执行"位图"|"转换为位图"命令，在弹出的"转换为位图"对话框中进行设置后单击"确定"按钮。执行"位图"|"模糊"|"高斯式模糊"命令，在弹出的"高斯式模糊"对话框中进行设置后单击"确定"按钮。

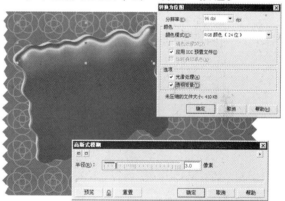

22 使用工具箱中的"贝塞尔工具" ，在圆形图像内绘制图形，在调色板的"白色"按钮上单击鼠标左键，填充白色。在调色板的"透明色"按钮⊠上单击鼠标右键，取消外框的颜色。

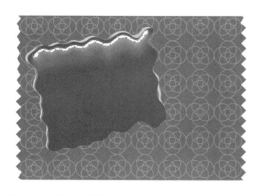

23 执行"位图"|"转换为位图"命令，在弹出的"转换为位图"对话框中进行设置后单击"确定"按钮。执行"位图"|"模糊"|"高斯式模糊"命令，在弹出的"高斯式模糊"对话框中进行设置后单击"确定"按钮。

24 使用工具箱中的"贝塞尔工具" ，在圆形图像内绘制图形，按快捷键【Shift+F11】，打开"均匀填充"对话框，设置颜色参数为（R:230，G:65，B:0）后，单击"确定"按钮。在调色板的"透明色"按钮⊠上单击鼠标右键，取消外框的颜色。

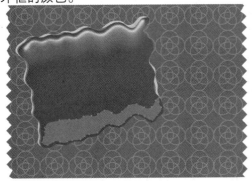

25 执行"位图"|"转换为位图"命令，在弹出的"转换为位图"对话框中进行设置后单击"确定"按钮。执行"位图"|"模糊"|"高斯式模糊"命令，在弹出的"高斯式模糊"对话框中进行设置后单击"确定"按钮。

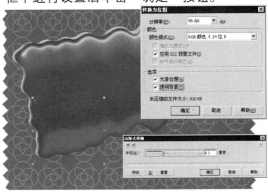

26 使用工具箱中的"贝塞尔工具" ，在圆形图像内绘制图形，按快捷键【Shift+F11】，打开"均匀填充"对话框，设置颜色参数为（R:240，G:1295，B:3）后，单击"确定"按钮。在调色板的"透明色"按钮⊠上单击鼠标右键，取消外框的颜色。

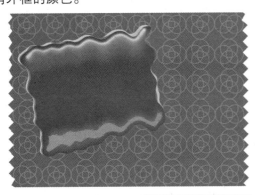

27 执行"位图"|"转换为位图"命令，在弹出的"转换为位图"对话框中进行设置后单击"确定"按钮。执行"位图"|"模糊"|"高斯式模糊"命令，在弹出的"高斯式模糊"对话框中进行设置后单击"确定"按钮。

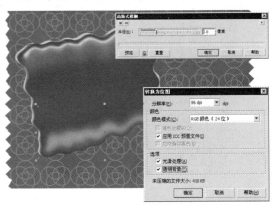

28 使用工具箱中的"贝塞尔工具" ，在圆形图像内绘制图形，按快捷键【Shift+F11】，打开"均匀填充"对话框，设置颜色参数为（R:245，G:196，B:145）后，单击"确定"按钮。在调色板的"透明色"按钮⊠上单击鼠标右键，取消外框的颜色。

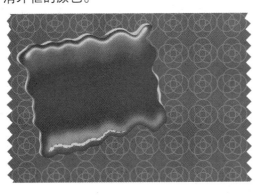

29 执行"位图"|"转换为位图"命令，在弹出的"转换为位图"对话框中进行设置后单击"确定"按钮。执行"位图"|"模糊"|"高斯式模糊"命令，在弹出的"高斯式模糊"对话框中进行设置后单击"确定"按钮。

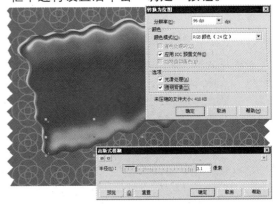

30 使用工具箱中的"贝塞尔工具"，在圆形图像内绘制图形，在调色板的"白色"按钮上单击鼠标左键，填充白色。在调色板的"透明色"按钮⊠上单击鼠标右键，取消外框的颜色。

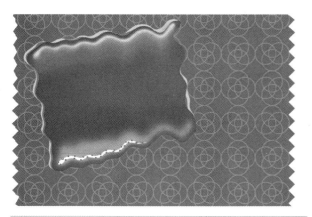

31 执行"位图"|"转换为位图"命令，在弹出的"转换为位图"对话框中进行设置后单击"确定"按钮。执行"位图"|"模糊"|"高斯式模糊"命令，在弹出的"高斯式模糊"对话框中进行设置后单击"确定"按钮。

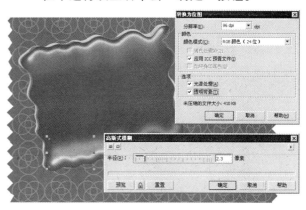

32 使用工具箱中的"挑选工具"，框选这组高斯模糊的图形，按快捷键【Ctrl+G】群组图形。

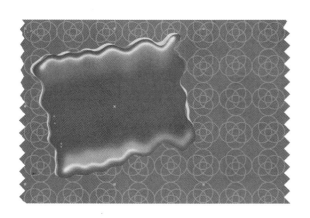

33 执行"效果"|"图框精确剪裁"|"放置在容器中"命令，此时的光标呈"黑箭头"状态➡，将箭头指向矩形选框中单击使图片置入，在置入的图片上单击鼠标右键，从弹出的快捷菜单中选择"编辑内容"命令，调整图像的位置到如图的效果，在图片上单击鼠标右键，从弹出的快捷菜单中选择"结束编辑"命令。

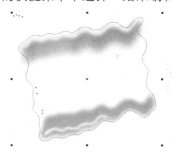

34 使用工具箱中的"文本工具"字，设置适当的字体和字号，在如图的位置输入相关文字，按快捷键【Shift+F11】，打开"均匀填充"对话框，设置颜色参数为（R:255，G:252，B:200）后，单击"确定"按钮。

35 使用工具箱中的"挑选工具"，选择淡黄色文字，旋转文字到如图的效果。

36 使用工具箱中的"挑选工具" ，选中文字，按小键盘上的【+】键以复制文字，然后向右上方适当移动复制的文字，按快捷键【Shift+F11】，打开"均匀填充"对话框，设置颜色参数为（R:219，G:187，B:105）后，单击"确定"按钮。

37 使用工具箱中的"文本工具" ，设置适当的字体和字号，在如图的位置输入相关文字，在调色板的"白色"按钮上单击鼠标左键，为文字填充白色，然后旋转文字到如图的效果。

38 选择工具箱中的"矩形工具" ，在图像上方绘制一个矩形，在属性栏设置矩形的边角圆滑度参数，得到一个带圆角的矩形。在调色板的"白色"按钮上单击鼠标左键，填充白色，在调色板的"透明色"按钮 上单击鼠标右键，取消外框的颜色。

39 使用工具箱中的"挑选工具" ，选择白色圆角矩形，旋转白色圆角矩形到如图的角度，使用鼠标左键向右拖动图像，按住鼠标左键不放同时单击鼠标右键，然后释放鼠标左键，以复制一个白色圆角矩形。

40 使用工具箱中的"文本工具" ，设置适当的字体和字号，在如图的位置输入相关文字。

41 使用工具箱中的"挑选工具" ，选择黑色文字，按【F12】键，打开"轮廓笔"对话框，对参数进行设置后单击"确定"按钮。

42 使用工具箱中的"挑选工具"，选择淡黄色文字，旋转文字到如图的效果

43 使用工具箱中的"挑选工具"，选中文字，按小键盘上的【＋】键以复制文字，按快捷键【Shift+F11】，打开"均匀填充"对话框，设置颜色参数为（R:66，G:32，B:11）后，单击"确定"按钮。在调色板的"透明色"按钮上单击鼠标右键，取消外框的颜色。

44 使用工具箱中的"文本工具"，设置适当的字体和字号，在如图的位置输入相关文字，按快捷键【Shift+F11】，打开"均匀填充"对话框，设置颜色参数为（R221，G:179，B:119）后，单击"确定"按钮。旋转文字到如图的效果。

45 使用工具箱中的"贝塞尔工具"，在图像中绘制叶片图形，按【F11】键，打开"渐变填充"对话框，对颜色参数进行设置后单击"确定"按钮。在调色板的"透明色"按钮上单击鼠标右键，取消外框的颜色。

46 使用工具箱中的"贝塞尔工具"，在图像中绘制图形，按【F11】键，打开"渐变填充"对话框，对颜色参数进行设置后单击"确定"按钮。在调色板的"透明色"按钮上单击鼠标右键，取消外框的颜色。

47 选择工具箱中的"交互式透明工具"，对属性栏进行设置，在图形上从下向上拖动鼠标，得到如图的效果。

48 使用工具箱中的"贝塞尔工具"，在图像中绘制叶脉图形，按【F11】键，打开"渐变填充"对话框，对颜色参数进行设置后单击"确定"按钮。在调色板的"透明色"按钮⊠上单击鼠标右键，取消外框的颜色。

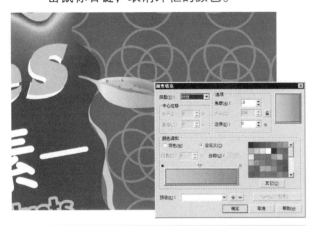

49 选择工具箱中的"交互式透明工具"，对属性栏进行设置，在图形上从右向左拖动鼠标，得到如图的效果。

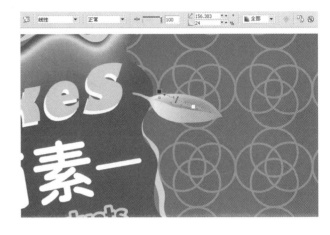

50 使用工具箱中的"贝塞尔工具"，在图像中绘制图形，按【F11】键，打开"渐变填充"对话框，对颜色参数进行设置后单击"确定"按钮。在调色板的"透明色"按钮⊠上单击鼠标右键，取消外框的颜色。

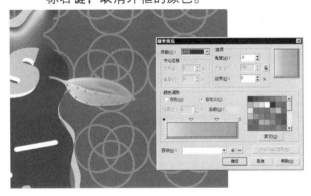

51 选择工具箱中的"交互式透明工具"，对属性栏进行设置，在图形上从右向左上方拖动鼠标，得到如图的效果。

52 使用工具箱中的"贝塞尔工具"，在图像中绘制叶纹图形，按【F11】键，打开"渐变填充"对话框，对颜色参数进行设置后单击"确定"按钮。在调色板的"透明色"按钮⊠上单击鼠标右键，取消外框的颜色。

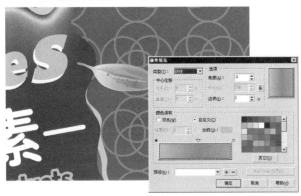

53 选择工具箱中的"交互式透明工具"，对属性栏进行设置，在图形上从上向下拖动鼠标，得到如图的效果。

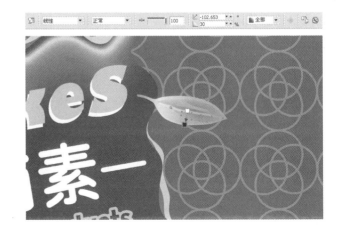

54 使用工具箱中的"挑选工具"，框选这组叶片图案，按快捷键【Ctrl+G】群组图形，使用鼠标左键向右下方拖动叶片图像，按住鼠标左键不放同时单击鼠标右键，然后释放鼠标左键，以复制一个叶片图像，然后缩小旋转图像到如图的效果。

55 使用工具箱中的"挑选工具"，选择叶片图形，使用鼠标左键向右下方拖动叶片图像，按住鼠标左键不放同时单击鼠标右键，然后释放鼠标左键，再复制一个叶片图像，然后缩小旋转图像到如图的效果。

56 使用工具箱中的"挑选工具"，选择叶片图形，使用鼠标左键向左下方拖动叶片图像，按住鼠标左键不放同时单击鼠标右键，然后释放鼠标左键，再复制一个叶片图像，然后旋转图像到如图的效果。

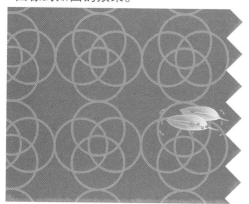

57 使用工具箱中的"挑选工具"，选择叶片图形，使用鼠标左键向上方拖动叶片图像，按住鼠标左键不放同时单击鼠标右键，然后释放鼠标左键，再复制一个叶片图像，然后旋转图像到如图的效果。

58 使用以上复制变换叶片的方法继续一层一层地复制旋转放大叶片，最终得到如图的效果。

59 使用工具箱中的"挑选工具"，框选这组麦穗图案，按快捷键【Ctrl+G】群组麦穗图案。

60 使用工具箱中的"挑选工具"，选中麦穗，按小键盘上的【+】键以复制一个麦穗，按快捷键【Ctrl+Page Down】下移图层，然后旋转缩小麦穗到如图的效果。

61 选择工具箱中的"交互式阴影工具"，为这4个麦穗的图案添加相同效果的阴影。

62 选择工具箱中的"椭圆形工具"，按住【Ctrl】键在图像中绘制一个圆形，按【F11】键，打开"渐变填充"对话框，对颜色参数进行设置后单击"确定"按钮。在调色板的"透明色"按钮上单击鼠标右键，取消外框的颜色。

63 选择工具箱中的"交互式阴影工具"，在图形上从中间向外沿拖动鼠标，对属性栏进行设置，得到如图的效果。

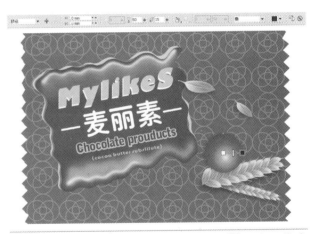

64 使用工具箱中的"挑选工具"，选择麦丽素粒，使用鼠标左键向右拖动图像，按住鼠标左键不放同时单击鼠标右键，然后释放鼠标左键，以复制一个麦丽素粒，用同样的方法移动到画面下方再复制一个。

65 使用工具箱中的"贝塞尔工具"，在图像中绘制图形，按【F11】键，打开"渐变填充"对话框，对颜色参数进行设置后单击"确定"按钮。在调色板的"透明色"按钮上单击鼠标右键，取消外框的颜色。

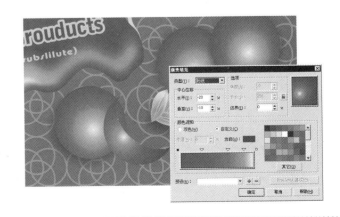

66 使用工具箱中的"贝塞尔工具" , 在半圆图像上绘制椭圆图形, 按【F11】键, 打开"渐变填充"对话框, 对颜色参数进行设置后单击"确定"按钮。在调色板的"透明色"按钮⊠上单击鼠标右键, 取消外框的颜色。

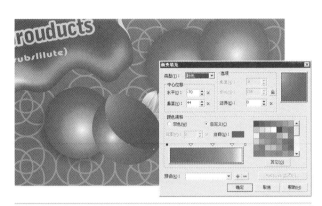

67 使用工具箱中的"挑选工具" , 选择椭圆形渐变图像, 按快捷键【Ctrl+C】复制图形, 再按快捷键【Ctrl+V】粘贴图形, 按住【Shift】键同心缩小图形。

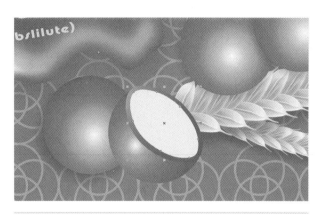

68 选择工具箱中的"椭圆形工具" , 按住【Ctrl】键在图像中绘制一个圆形, 按快捷键【Shift+F11】, 打开"均匀填充"对话框, 设置颜色参数为 (R:212, G:152, B:59) 后, 单击"确定"按钮。在调色板的"透明色"按钮⊠上单击鼠标右键, 取消外框的颜色。

69 使用工具箱中的"挑选工具" , 选择圆点图像, 使用鼠标左键向右拖动图像, 按住鼠标左键不放同时单击鼠标右键, 然后释放鼠标左键, 以复制一个圆点图像。变换圆点的大小, 修改圆点的颜色为黄色系的一种颜色, 这样复制变换数次, 以制作出许多麦粒的效果。

70 使用工具箱中的"挑选工具" , 框选这组半个麦丽素粒的图案, 按快捷键【Ctrl+G】群组图形。

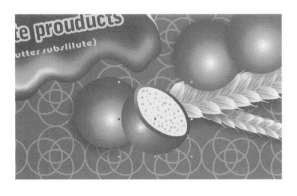

71 选择工具箱中的"交互式阴影工具" , 在图形上从左向右拖动鼠标, 对属性栏进行设置, 得到如图的效果。

72 单击属性栏中的"导入"按钮，打开"导入"对话框，导入配套光盘中的"素材1"图片。

73 选择工具箱中的"挑选工具"，将素材放置到如图的位置，并调整到如图所示的大小，然后按快捷键【Ctrl+Page Down】下移图层。

74 选择工具箱中的"交互式阴影工具"，在图形上从中间向外沿拖动鼠标，对属性栏进行设置，得到如图的效果。

75 使用工具箱中的"文本工具"，设置适当的字体和字号，在如图的位置输入相关文字。

76 使用工具箱中的"挑选工具"，选择麦丽素块图像，再选择工具箱中的"交互式阴影工具"，在图形上从中间向外沿拖动鼠标，对属性栏进行设置，得到如图的效果。

77 经过以上步骤的操作，得到这幅作品的最终效果。

4.4 月饼包装设计

创作思路：一个好的包装设计，可以起到很好的宣传食品的效果。在月饼的包装设计中，突出了月饼这种食品的特点，使人们更容易识别和记忆。

◎ 设计要求

设计内容	○ 月饼包装设计
客户要求	○ 尺寸为 180mm × 185mm。要求突出企业信息内容，画面要有冲击力
最终效果	○ 💿光盘：月饼包装设计

◎ 设计步骤

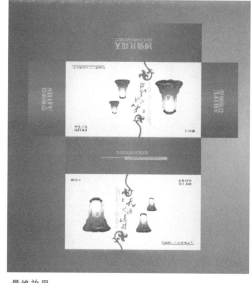

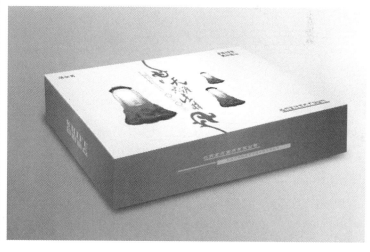

最终效果

◎ 新建文档并重新设置页面大小

01 执行"文件"|"新建"命令（或按快捷键【Ctrl+N】），新建一个空白文档。执行"版面"|"页设置"命令，弹出"选项"对话框，选择"页面"|"大小"命令，设置好文档大小为180mm × 185mm，文档的页面大小包括了出血的区域。

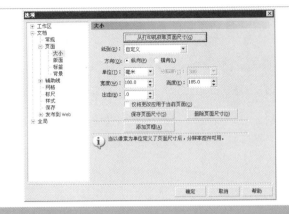

◎ 设置边框轮廓

02 双击工具箱中的"矩形工具"□，这时在页面上会出现一个与页面大小相同的矩形框。按【F11】键，打开"渐变填充"对话框，对颜色参数进行设置，颜色从90% 黑到20% 黑后，单击"确定"按钮。在调色板的"透明色"按钮⊠上单击鼠标右键，取消外框的颜色。

03 选择工具箱中的"矩形工具"□，在图像中绘制一个矩形，按【F11】键，打开"渐变填充"对话框，对颜色参数进行设置后单击"确定"按钮。在调色板的"透明色"按钮⊠上单击鼠标右键，取消外框的颜色。

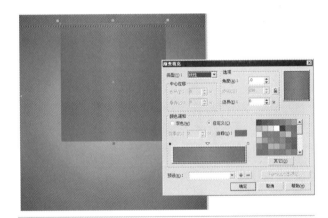

04 使用工具箱中的"挑选工具"▷，选中渐变矩形，按小键盘上的【+】键以复制渐变矩形，按住【Shift】键旋转复制的图形90°，然后调整大小到如图的效果。

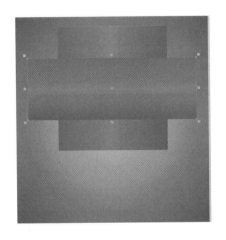

05 选择工具箱中的"矩形工具"□，在图像中绘制一个矩形，按【F11】键，打开"渐变填充"对话框，对颜色参数进行设置后单击"确定"按钮。在调色板的"透明色"按钮⊠上单击鼠标右键，取消外框的颜色。

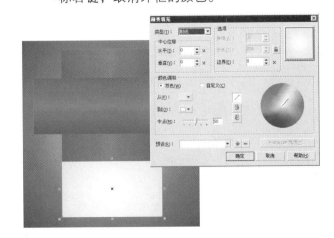

06 使用工具箱中的"贝塞尔工具" ，在图像中绘制叶状花纹图形，按【F11】键，打开"渐变填充"对话框，对颜色参数进行设置后单击"确定"按钮。在调色板的"透明色"按钮⊠上单击鼠标右键，取消外框的颜色。

07 使用工具箱中的"贝塞尔工具" ，在图像底部绘制花纹图形，按【F11】键，打开"渐变填充"对话框，对颜色参数进行设置后单击"确定"按钮。在调色板的"透明色"按钮⊠上单击鼠标右键，取消外框的颜色。

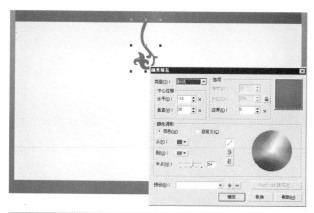
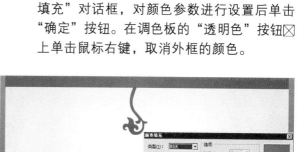
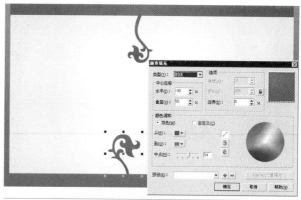

08 使用工具箱中的"文本工具"字，设置适当的字体和字号，在如图的位置输入相关文字。

09 使用工具箱中的"挑选工具" ，选择文字，按快捷键【Ctrl+K】打散文字，依次调整大小和位置到如图的效果。

10 使用工具箱中的"挑选工具" ，框选全部文字，按快捷键【Ctrl+Q】将文字转化为曲线，然后单击属性栏中的"焊接"按钮。

11 按【F11】键，打开"渐变填充"对话框，对颜色参数进行设置，颜色从（R:118，G:41，B:42）到（R:221，G:57，B:44）后，单击"确定"按钮。

12 使用工具箱中的"文本工具"字，设置适当的字体和字号，在如图的位置输入相关文字。

13 选择工具箱中的"椭圆形工具"○，按住【Ctrl】键在图像中绘制一个圆形，按【F12】键，打开"轮廓笔"对话框，对参数进行设置后单击"确定"按钮。

14 使用工具箱中的"挑选工具"，按住【Ctrl】键使用鼠标左键向下拖动圆形，按住鼠标左键不放同时单击鼠标右键，然后释放鼠标左键，以复制一个圆形。

15 使用工具箱中的"文本工具"字，设置适当的字体和字号，在如图的位置输入相关文字。然后单击属性栏的"将文本更改为垂直方向"按钮。

16 使用工具箱中的"贝塞尔工具"，在图像中绘制一个印章的图形，在调色板的"红色"按钮上单击鼠标左键，填充红色。在调色板的"透明色"按钮上单击鼠标右键，取消外框的颜色。

17 使用工具箱中的"文本工具"字，设置适当的字体和字号，在印章的上边输入相关文字。然后单击属性栏的"将文本更改为垂直方向"按钮。

18 单击属性栏中的"导入"按钮 🔌，打开"导入"对话框，导入配套光盘中的"素材1"文件。

19 选择工具箱中的"挑选工具" ▷，将素材放置到如图的位置，并调整到如图所示的大小。

20 使用工具箱中的"挑选工具" ▷，选择灯笼图像，使用鼠标左键向右拖动图像，按住鼠标左键不放同时单击鼠标右键，释放鼠标左键，以复制一个灯笼图像，然后变换图像到如图的大小。

21 使用工具箱中的"挑选工具" ▷，选择灯笼图像，使用鼠标左键向左下方拖动图像，按住鼠标左键不放同时单击鼠标右键，释放鼠标左键，以复制一个灯笼图像，然后变换图像到如图的大小。

22 使用工具箱中的"文本工具" 字，设置适当的字体和字号，在如图的位置输入相关文字。按【F11】键，打开"渐变填充"对话框，对颜色参数进行设置后单击"确定"按钮。

23 使用工具箱中的"文本工具" 字，设置适当的字体和字号，在图像的右边输入相关文字。按【F11】键，打开"渐变填充"对话框，对颜色参数进行设置后单击"确定"按钮。

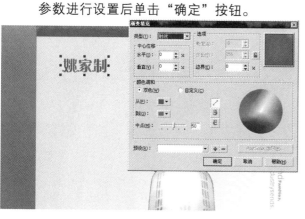

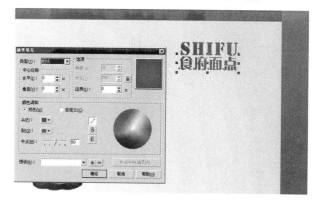

24 使用工具箱中的"文本工具"字，设置适当的字体和字号，在图像的下边输入相关文字。

25 使用工具箱中的"挑选工具"，框选黄色渐变矩形以及其中的所有图像，然后按快捷键【Ctrl+G】群组图形。

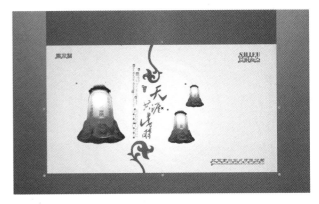

26 使用工具箱中的"挑选工具"，选择"素材2"图像，按快捷键【Ctrl+C】复制图形，再按快捷键【Ctrl+V】粘贴图形，按住【Ctrl】键向上移动复制图像到如图的位置。

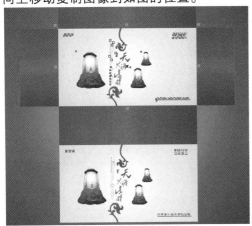

27 单击属性栏中的"水平镜像"按钮，再单击属性栏中的"垂直镜像"按钮，得到如图的效果。

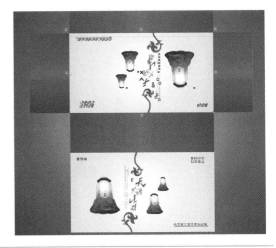

28 选择工具箱中的"矩形工具"，在图像中绘制一个矩形，在调色板的"红色"按钮上单击鼠标左键，填充红色。在调色板的"透明色"按钮上单击鼠标右键，取消外框的颜色。

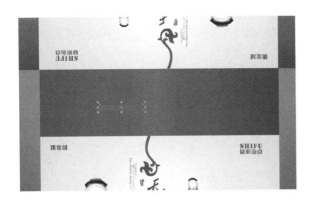

29 选择工具箱中的"矩形工具"，在图像中绘制一个矩形，在调色板的"金色"按钮上单击鼠标左键，填充金色。在调色板的"透明色"按钮上单击鼠标右键，取消外框的颜色。

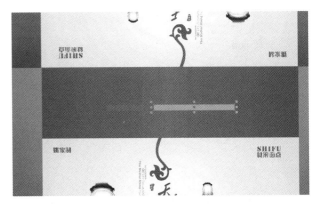

30 使用工具箱中的"文本工具"字，设置适当的字体和字号，在如图的位置输入相关文字。

31 使用工具箱中的"文本工具"字，设置适当的字体和字号，在图像左边输入相关文字，然后按住【Shift】键顺时针旋转 90°。

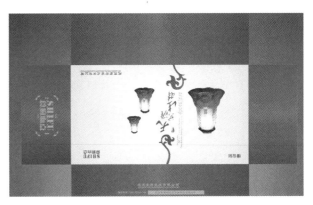

32 使用工具箱中的"挑选工具"，按住【Ctrl】键使用鼠标左键向右拖动文字，按住鼠标左键不放同时单击鼠标右键，然后释放鼠标左键，以复制文字，然后单击属性栏中的"水平镜像"按钮和"垂直镜像"按钮。

33 使用工具箱中的"文本工具"字，设置适当的字体和字号，在图像上方输入相关文字，然后单击属性栏中的"垂直镜像"按钮。

34 经过以上步骤的操作，最终完成了这张月饼盒设计平面展开图。

35 最后利用制作好的包装平面展开图，来制作本例的最终效果图。

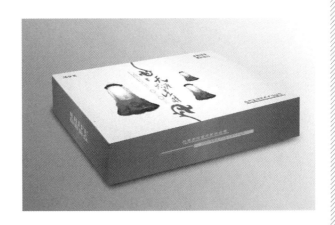

◎ 课后练习

1. 世界杯正在如火如荼地上演，关于啤酒的广告也此起彼伏，但"乐威"啤酒要从包装上给消费者一种全新的感觉。

- 规格：该包装能容纳 550ml 的液体。

- 设计要求：在突出"乐威"啤酒的同时，在一定条件下可与世界杯有所联系，对该包装的设计形态可大胆创新。

2. 试以"茶叶"为主题制作一个包装盒，具体要求如下。

- 规格：210cm × 100cm。

- 设计要求：主题鲜明，设计新颖，能够体现中国古典的茶文化。

企业形象设计

第 5 章

关于企业形象设计 ···

企业形象识别系统（Corporate Identity System，CIS）是针对企业经营理念与精神文化，运用整体形象传达给企业内部与社会大众，并使其对企业产生一致的世界观和价值感，从而形成良好的企业形象和促销产品的设计系统。

CI 分为 MI（Mind Identity，理念识别）、BI（Behavior Identity，行为识别）和 VI（Visual Identity,视觉识别），这三部分是相辅相成的。

◎ CIS 的作用

1. 对内

企业形象设计系统作为企业形象一体化的设计体系，是一种建立和传达企业形象的完整和理想的途径。企业可通过 CIS 对其办公系统、生产系统、管理系统，以及营销、包装、广告等系统形象形成规范化设计和规范化管理，由此来调动企业每个职员的积极性，让其参与企业的发展战略。

2. 对外

企业形象设计系统是以企业定位或企业经营理念为核心的，它包括企业内部管理、对外关系活动、广告宣传以及以视觉和音响为手段的宣传活动在内的各个方面，进行组织化、系统化、统一性的综合和个性化的设计，力求使企业的这些方面以一种统一的形态显现在社会大众面前，产生良好的企业形象。

◎ CIS 的内容

1. MI（理念识别）

MI 是整个 CI 工程的核心与灵魂，如果以一棵树来比喻的话，那么 MI 是树根，企业以后发展的好坏都依靠它。MI 包括经营宗旨、经营方针、经营价值观三个方面的内容。

2. BI（行为识别）

企业理念的行为表现方式是 BI。BI 主要包括市场营销、福利制度、教育培训、礼仪规范、公共关系和公益活动等内容。在 CI 传播的过程中，最重要的是企业中的人。企业中的人是 CI 的执行者与传播者，他们通过自己的行为将企业自身形象展示给社会、同行、市场和目标客户群，从而树立了企业的形象。在一棵树中，BI 属于树干。它将 MI 的精神用 BI 表现出来。BI 正是对企业人的行为进行规范，使其符合整体 CI 形象的要求。

3. VI（视觉识别）

VI 是企业视觉识别系统，它是 CI 工程中形象性最鲜明的一部分，VI 是树叶，企业的整个精神通过它展现出来。VI 是 CI 的静态识别，它借助一切可见的视觉符号在企业内外传递与企业相关的信息。VI 设计的基本要素包括图形标识、中英文字体、标准色彩、企业象征图案及其组合形式。

◎ 企业标志的概念

企业标志是特定企业的象征识别符号，是 CI 设计中的核心部分。企业标志是通过简练的、形象和生动的造型来传达企业的理念，具有表现产品内容、产品特性等信息。标志的设计不仅要具有强烈的视觉冲击力，而且要表达出独特的个性和时代感，必须广泛适应于各种媒体、各种材料和各种用品的制作。

◎ 企业标志的表现形式

企业标志要以固定不变的标准原型在 CI 设计形态中应用，设计时必须绘制出标准的比例图，并表达出标志的轮廓、线条、距离等精密的数值。它的制图可采用方格标示法、比例标示法、多圆弧角度标示法，以便标志在放大或缩小时能精确地描绘和准确地复制。

1. 图形表现

　　再现图形、象征图形和几何图形。

2. 文字表现

　　中外文字和阿拉伯数字的组合。

3. 综合表现

　　图形与文字的结合应用。

◎ 优秀 VI 设计欣赏

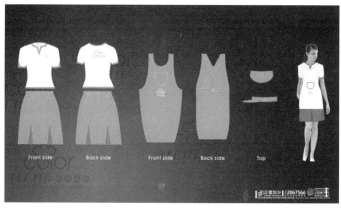

5.1 纯净水标志设计

创作思路：随着生活质量的提高，消费者对饮品的要求也越来越高，为了使包装的画面更具可视性和号召力，在突出纯净水的特点的同时，又加强了设计的感染力，使消费者能够很快地了解产品的特性和品质。

◎ 设计要求

设计内容	○	纯净水标志设计
客户要求	○	尺寸为 225mm × 215mm。要求突出企业信息内容，画面要有冲击力
最终效果	○	💿光盘：纯净水标志设计

◎ 设计步骤

最终效果

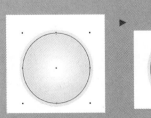 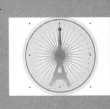 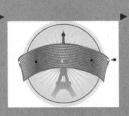  

◎ 新建文档并重新设置页面大小

01 执行"文件"|"新建"命令（或按快捷键【Ctrl+N】），新建一个空白文档。执行"版面"|"页设置"命令，弹出"选项"对话框，选择"页面"|"大小"命令，设置好文档大小为 225mm × 215mm，文档的页面大小包括了出血的区域。

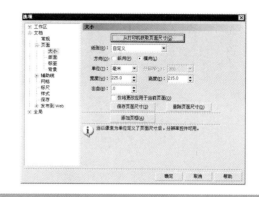

◎ 设置边框轮廓

02 双击工具箱中的"矩形工具"□，这时在页面上会出现一个与页面大小相同的矩形框，按快捷键【Shift+F11】，打开"均匀填充"对话框，设置颜色参数为（R:255，G:7253，B:240）后，单击"确定"按钮。在调色板的"透明色"按钮⊠上单击鼠标右键，取消外框的颜色。

03 选择工具箱中的"椭圆形工具"○，按住【Ctrl】键在图像中绘制一个圆形，在调色板的"10%黑"按钮上单击鼠标左键，填充灰色。在调色板的"透明色"按钮⊠上单击鼠标右键，取消外框的颜色。

04 选择工具箱中的"椭圆形工具"○，按【F12】键，打开"轮廓笔"对话框，对参数进行设置后单击"确定"按钮。在调色板的"透明色"按钮⊠上单击鼠标右键，取消外框的颜色。

05 选择工具箱中的"椭圆形工具"○，按住【Ctrl】键在图像中绘制一个圆形，按【F11】键，打开"渐变填充"对话框，对参数进行设置，颜色从黑色到白色，设置完后单击"确定"按钮。在调色板的"透明色"按钮⊠上单击鼠标右键，取消外框的颜色。

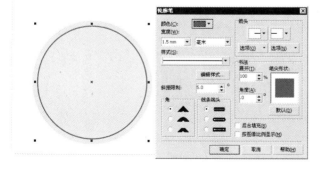

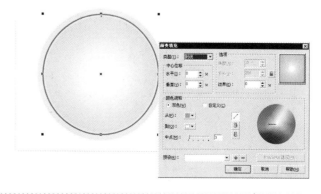

◎ 绘制标志主体物

06 使用工具箱中的"贝塞尔工具"，在图像中绘制一条线，是铁塔左边一半的形状。

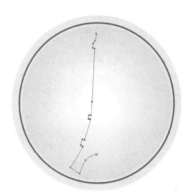

07 使用工具箱中的"挑选工具"，选中线段，按小键盘上的【+】键以复制线段，再按住【Ctrl】键用鼠标左键向右拖动控制框左边中间的控制点，水平镜像图像到如图的效果。

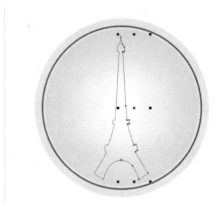

08 使用工具箱中的"挑选工具"，框选两个线段，单击属性栏中的"结合"按钮。

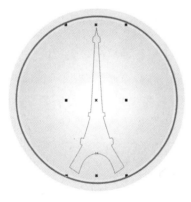

09 使用工具箱中的"形状工具"，框选铁塔底部门中间的两个节点，然后单击属性栏中的"连接两个节点"按钮，使两个节点连在一起。

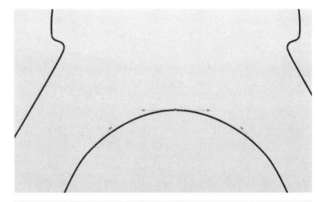

10 使用工具箱中的"形状工具"，框选铁塔顶部塔尖的两个节点，然后单击属性栏中的"连接两个节点"按钮，使两个节点连在一起。

11 使用工具箱中的"贝塞尔工具"，在图像中绘制一个梯形。

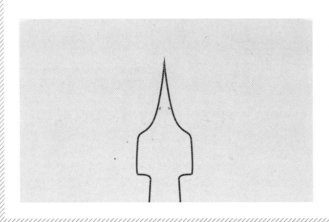

12 使用工具箱中的"挑选工具" ，按住【Shift】键选择铁塔轮廓和梯形，然后单击属性栏中的"移除前面对象"按钮 。选择工具箱中的"交互式透明工具" ，对属性栏进行设置，在图形上从右到左拖动鼠标，得到如图的效果。

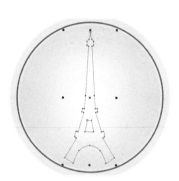

13 按【F11】键，打开"渐变填充"对话框，对颜色参数进行设置，颜色从（R:26 G:88 B:111）到（R:173 G:209 B:220）后，单击"确定"按钮。在调色板的"透明色"按钮 上单击鼠标右键，取消外框的颜色。

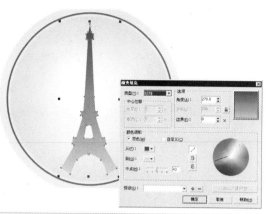

14 使用工具箱中的"椭圆形工具" ，在图像中绘制一个椭圆形，按【F11】键，打开"渐变填充"对话框，对颜色参数进行设置，颜色从10% 黑到40% 黑后，单击"确定"按钮。在调色板的"透明色"按钮 上单击鼠标右键，取消外框的颜色。

15 使用工具箱中的"挑选工具" ，选中椭圆形，按小键盘上的【+】键以复制椭圆形，旋转复制的椭圆形到如图的效果。

16 按数次快捷键【Ctrl+D】执行"再制"操作，以复制并旋转出椭圆形，得到一个放射形的图案。

17 使用工具箱中的"挑选工具" ，框选这些椭圆形，然后按快捷键【Ctrl+G】群组图形。

18 选择工具箱中的"交互式透明工具" ，对属性栏进行如图的设置。

19 使用工具箱中的"贝塞尔工具" ，在圆形图像上边绘制飘带，按快捷键【Shift+F11】，打开"均匀填充"对话框，设置颜色参数为（R:59，G:167，B:199）后，单击"确定"按钮。在调色板的"透明色"按钮 上单击鼠标右键，取消外框的颜色。

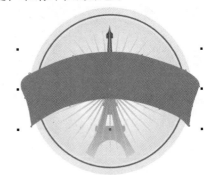

20 使用工具箱中的"贝塞尔工具" ，在蓝色飘带上边绘制一条线段，按【F12】键，打开"轮廓笔"对话框，对参数进行设置后单击"确定"按钮，得到一条白色的线段。

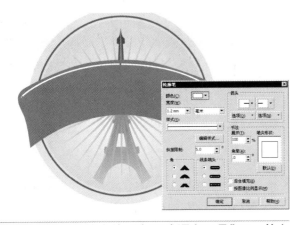

21 使用工具箱中的"贝塞尔工具" ，在蓝色飘带下边绘制一条线段，按【F12】键，打开"轮廓笔"对话框，对参数进行设置后单击"确定"按钮，得到一条白色的线段。

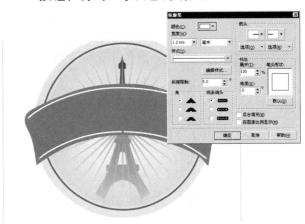

22 选择工具箱中的"交互式调和工具" ，从上边的白色线段向下边的白色线段拖动鼠标，对属性栏进行设置，得到如图的渐变效果。

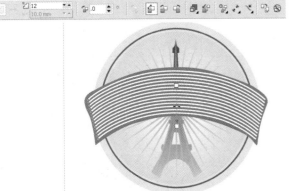

23 选择工具箱中的"交互式透明工具" ，对属性栏进行设置，在图形上从左到右拖动鼠标，得到如图的效果。

24 使用工具箱中的"文本工具"字，设置适当的字体和字号，在如图的位置输入相关文字。

25 使用工具箱中的"贝塞尔工具"，在文字的下方绘制一条曲线。

26 使用工具箱中的"挑选工具"，按住【Shift】键选择文字和曲线，执行"文本"|"使文本适合路径"命令，然后在调色板的"透明色"按钮⊠上单击鼠标右键，取消曲线的颜色。

27 选择工具箱中的"交互式阴影工具"，在图形上从中间向外沿拖动鼠标，对属性栏进行设置，得到如图的效果。

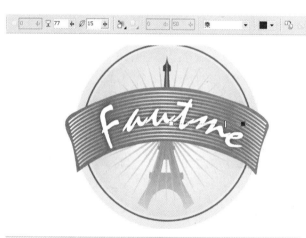

28 使用工具箱中的"贝塞尔工具"，在图像中绘制图形，按【F11】键，打开"渐变填充"对话框，对颜色参数进行设置后单击"确定"按钮。在调色板的"透明色"按钮⊠上单击鼠标右键，取消外框的颜色。

29 使用工具箱中的"挑选工具"，选择渐变图像，按快捷键【Ctrl+Page Down】数次下移图层，按住【Ctrl】键使用鼠标左键向右拖动图形，按住鼠标左键不放同时单击鼠标右键，然后释放鼠标左键，以复制一个图形。单击属性栏中的"水平镜像"按钮，得到如图的效果。

30 使用工具箱中的"贝塞尔工具" ，在图像中绘制飘带尖图形，按【F11】键，打开"渐变填充"对话框，对颜色参数进行设置后单击"确定"按钮。在调色板的"透明色"按钮⊠上单击鼠标右键，取消外框的颜色。

31 使用工具箱中的"贝塞尔工具" ，在蓝色飘带上边绘制一条线段，按【F12】键，打开"轮廓笔"对话框，对参数进行设置后单击"确定"按钮，得到一条黑色的线段。

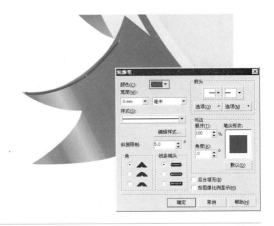

32 使用工具箱中的"贝塞尔工具" ，在蓝色飘带下边绘制一条线段，按【F12】键，打开"轮廓笔"对话框，对参数进行设置后单击"确定"按钮，得到一条黑色的线段。

33 选择工具箱中的"交互式调和工具" ，从上边的黑色线段向下边的黑色线段拖动鼠标，对属性栏进行设置，得到如图的渐变效果。

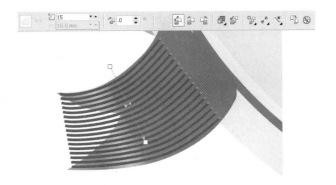

34 选择工具箱中的"交互式透明工具" ，对属性栏进行设置，在图形上从右到左拖动鼠标，得到如图的效果。

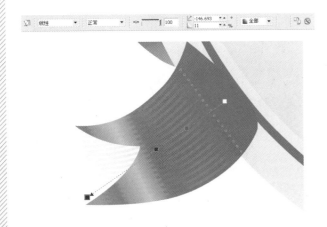

35 执行"效果"|"图框精确剪裁"|"放置在容器中"命令，此时的光标呈"黑箭头"状态 ，将箭头指向飘带选框中单击使竖条纹理置入。在置入的竖条纹理上单击鼠标右键，从弹出的快捷菜单中选择"编辑内容"命令，调整图像的位置到如图的效果，在竖条纹理上单击鼠标右键，从弹出的快捷菜单中选择"结束编辑"命令。

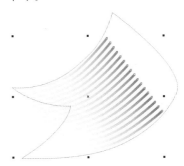

36 使用工具箱中的"挑选工具" ，选择渐变图像，按快捷键【Ctrl+Page Down】数次下移图层，按住【Ctrl】键使用鼠标左键向右拖动图形，按住鼠标左键不放同时单击鼠标右键，然后释放鼠标左键，以复制一个图形。单击属性栏中的"水平镜像"按钮 ，得到如图的效果。

37 使用工具箱中的"贝塞尔工具" ，在圆形图像上边绘制飘带，在调色板的"10% 黑"按钮上单击鼠标左键，填充灰色。在调色板的"透明色"按钮 上单击鼠标右键，取消外框的颜色。

38 使用工具箱中的"贝塞尔工具" ，在图像中绘制图形，按【F11】键，打开"渐变填充"对话框，对颜色参数进行设置后单击"确定"按钮。在调色板的"透明色"按钮 上单击鼠标右键，取消外框的颜色。

39 使用工具箱中的"挑选工具" ，选择渐变图像，按快捷键【Ctrl+Page Down】下移图层。使用工具箱中的"贝塞尔工具" ，在图像中绘制图形，在调色板的"20% 黑"按钮上单击鼠标左键，填充灰色。在调色板的"透明色"按钮 上单击鼠标右键，取消外框的颜色。

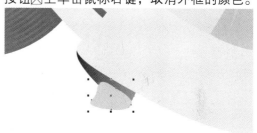

40 使用工具箱中的"挑选工具" ，选择灰色图像，按快捷键【Ctrl+Page Down】下移图层。使用工具箱中的"贝塞尔工具" ，在图像中绘制图形，按【F11】键，打开"渐变填充"对话框，对颜色参数进行设置后单击"确定"按钮。在调色板的"透明色"按钮 上单击鼠标右键，取消外框的颜色。

41 使用工具箱中的"挑选工具" ，选择渐变图像，按快捷键【Ctrl+Page Down】下移图层，然后再框选这三个图形，按快捷键【Ctrl+G】群组图形。

42 使用工具箱中的"挑选工具" ，选择这组渐变图像，按住【Ctrl】键使用鼠标左键向右拖动图形，按住鼠标左键不放同时单击鼠标右键，然后释放鼠标左键，以复制一个图形。单击属性栏中的"水平镜像"按钮 ，得到如图的效果。

43 使用工具箱中的"贝塞尔工具" ，在灰色飘带上边绘制一条曲线，按【F12】键，打开"轮廓笔"对话框，对参数进行设置后单击"确定"按钮，得到一条白色的曲线。

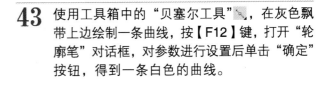

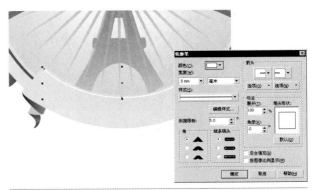

44 使用工具箱中的"贝塞尔工具" ，在灰色飘带下边绘制一条曲线，按【F12】键，打开"轮廓笔"对话框，对参数进行设置后单击"确定"按钮，得到一条白色的曲线。

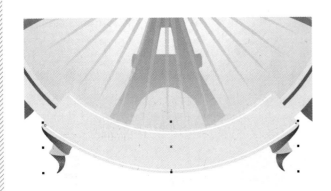

45 选择工具箱中的"交互式调和工具" ，从上边的白色曲线向下边的白色曲线拖动鼠标，对属性栏进行设置，得到如图的渐变效果。

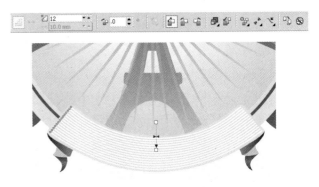

46 选择工具箱中的"交互式透明工具" ，对属性栏进行设置，在图形上从左到右拖动鼠标，得到如图的效果。

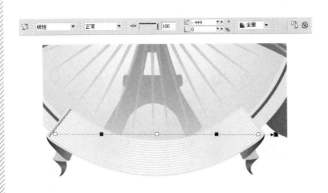

47 使用工具箱中的"文本工具" ，设置适当的字体和字号，在如图的位置输入相关文字。

48 使用工具箱中的"贝塞尔工具" ，在文字的下方绘制一条曲线。

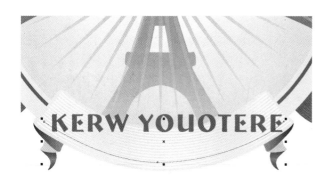

49 使用工具箱中的"挑选工具" ，按住【Shift】键选择文字和曲线，执行"文本"|"使文本适合路径"命令，然后在调色板的"透明色"按钮 上单击鼠标右键，取消曲线的颜色。

◎ 绘制附属图案

50 使用工具箱中的"椭圆形工具" ，按住【Ctrl】键在图像中绘制如图的三个圆形。

51 使用工具箱中的"挑选工具" ，框选三个圆形，单击属性栏中的"焊接"按钮 ，使三个圆焊接在一起。

52 使用工具箱中的"挑选工具" ，选择圆环图像，在调色板的"10% 黑"按钮上单击鼠标左键，填充灰色。按【F12】键，打开"轮廓笔"对话框，对参数进行设置后单击"确定"按钮。

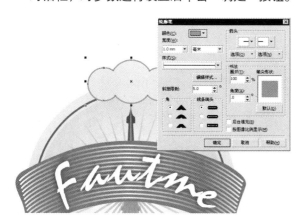

53 使用工具箱中的"文本工具" ，设置适当的字体和字号，在如图的位置输入相关文字。

54 使用工具箱中的"贝塞尔工具" ，在文字的下方绘制一条曲线。

55 使用工具箱中的"挑选工具" ，按住【Shift】键选择文字和曲线，执行"文本"|"使文本适合路径"命令，然后在调色板的"透明色"按钮 上单击鼠标右键，取消曲线的颜色。

56 使用工具箱中的"贝塞尔工具" ，在图像中绘制卷曲花纹图形，在调色板的"30%黑"按钮上单击鼠标左键，填充灰色。在调色板的"透明色"按钮 上单击鼠标右键，取消外框的颜色。

57 使用工具箱中的"贝塞尔工具" ，用同样的方法绘制其他几个花纹图案。

58 使用工具箱中的"椭圆形工具" ，按住【Ctrl】键在图像中绘制一个圆形，在调色板的"30%黑"按钮上单击鼠标左键，填充灰色。在调色板的"透明色"按钮 上单击鼠标右键，取消外框的颜色。

59 使用工具箱中的"挑选工具" ，框选这组灰色花纹图形，按快捷键【Ctrl+G】群组图形。

60 使用工具箱中的"挑选工具" ↳，选择灰色花纹图形，按住【Ctrl】键使用鼠标左键向右拖动图形，按住鼠标左键不放同时单击鼠标右键，然后释放鼠标左键，以复制一个图形。单击属性栏中的"水平镜像"按钮 ⇥ ，得到如图的效果。

61 使用工具箱中的"椭圆形工具" ◯，按住【Ctrl】键在图像中绘制一个圆形，在调色板的"10%黑"按钮上单击鼠标左键，填充灰色。按【F12】键，打开"轮廓笔"对话框，对参数进行设置后单击"确定"按钮。

62 使用工具箱中的"文本工具"字，设置适当的字体和字号，在如图的位置输入相关文字。

63 经过以上步骤的操作，完成了纯净水标志设计作品的最终效果。

64 这是商标在商品中的应用效果图。

5.2 VI 设计

创作思路：企业视觉形象设计作为企业的一个重要组成部分，要求其在众多的同类行业中脱颖而出。设计不但要有感染力，还应该有很好的宣传力度。

◎ 设计要求

设计内容	○	VI 设计
客户要求	○	尺寸为 297mm × 210mm。要求突出企业信息内容，画面要有冲击力
最终效果	○	💿光盘：VI 设计

◎ 设计步骤

最终效果

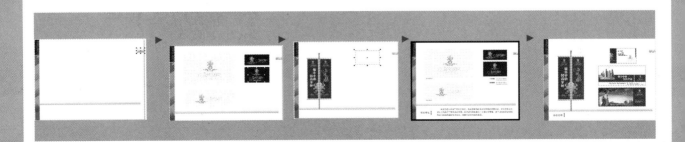

◎ 新建文档并重新设置页面大小

01 执行"文件"|"新建"命令（或按快捷键【Ctrl+N】），新建一个空白文档。执行"版面"|"页设置"命令，弹出"选项"对话框，选择"页面"|"大小"命令，设置好文档大小为297mm × 210mm，文档的页面大小包括了出血的区域。

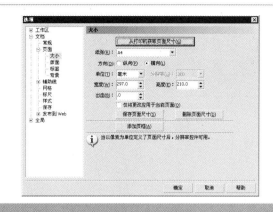

◎ 设置边框轮廓

02 使用工具箱中的"矩形工具" ▢，在画面左上角绘制一个矩形，在调色板的"黑色"按钮上单击鼠标左键，填充黑色。在调色板的"透明色"按钮⊠上单击鼠标右键，取消外框的颜色。

03 使用工具箱中的"矩形工具" ▢，在黑色矩形下边绘制一个矩形，按快捷键【Shift+F11】，打开"均匀填充"对话框，设置颜色参数为（R:0，G:143，B:171）后，单击"确定"按钮。在调色板的"透明色"按钮⊠上单击鼠标右键，取消外框的颜色。

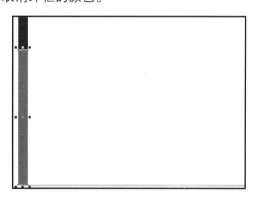

04 使用工具箱中的"贝塞尔工具" ◥，在图像中绘制图形，按快捷键【Shift+F11】，打开"均匀填充"对话框，设置颜色参数为（R:0，G:143，B:171）后，单击"确定"按钮。在调色板的"透明色"按钮⊠上单击鼠标右键，取消外框的颜色。

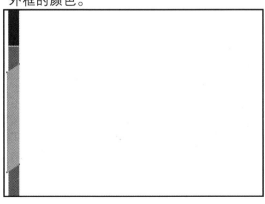

05 使用工具箱中的"贝塞尔工具" ◥，在图像中绘制图形，按【F11】键，打开"渐变填充"对话框，对颜色参数进行设置后单击"确定"按钮。在调色板的"透明色"按钮⊠上单击鼠标右键，取消外框的颜色。

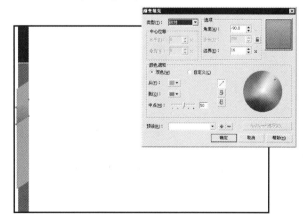

06 使用工具箱中的"贝塞尔工具"，在图像中绘制图形，按【F11】键，打开"渐变填充"对话框，对颜色参数进行设置后单击"确定"按钮。在调色板的"透明色"按钮上单击鼠标右键，取消外框的颜色。

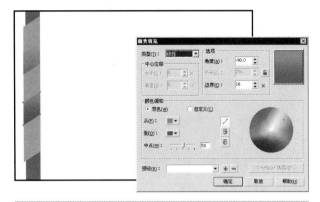

07 使用工具箱中的"贝塞尔工具"，在图像中绘制一个三角形，按【F11】键，打开"渐变填充"对话框，对颜色参数进行设置后单击"确定"按钮。在调色板的"透明色"按钮上单击鼠标右键，取消外框的颜色。

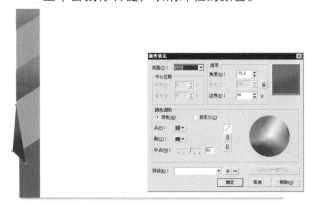

08 使用工具箱中的"贝塞尔工具"，在图像中绘制一个三角形，按【F11】键，打开"渐变填充"对话框，对颜色参数进行设置后单击"确定"按钮。在调色板的"透明色"按钮上单击鼠标右键，取消外框的颜色。

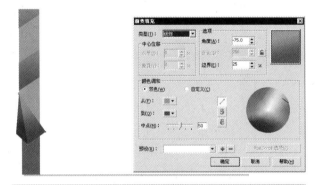

09 使用工具箱中的"挑选工具"，框选这组黄色图形，然后按快捷键【Ctrl+G】群组图形。

10 执行"效果"|"图框精确剪裁"|"放置在容器中"命令，此时的光标呈"黑箭头"状态，将箭头指向蓝色矩形选框中单击使图形置入。在置入的图形上单击鼠标右键，从弹出的快捷菜单中选择"编辑内容"命令，调整图像的位置到如图的效果，在图形上单击鼠标右键，从弹出的快捷菜单中选择"结束编辑"命令。

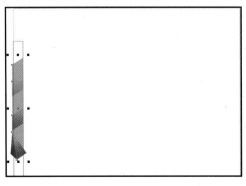

11 使用工具箱中的"文本工具"，设置适当的字体和字号，在如图的位置输入相关文字。按【Ctrl】键顺时针旋转文字到如图的效果。

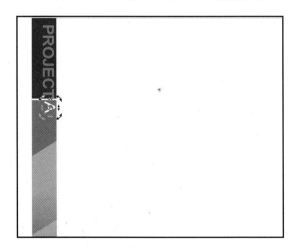

12 选择工具箱中的"矩形工具"□，在图像中绘制一个矩形，在调色板的"30% 黑"按钮上单击鼠标左键，填充灰色。在调色板的"透明色"按钮⊠上单击鼠标右键，取消外框的颜色。

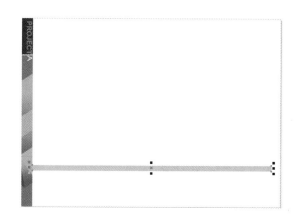

13 选择工具箱中的"交互式透明工具"，对属性栏进行设置，在图形上从下向上拖动鼠标，得到如图的效果。

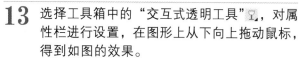

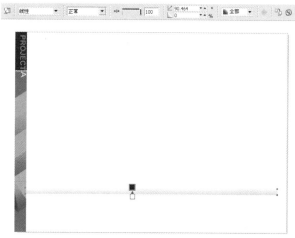

14 选择工具箱中的"矩形工具"□，在图像中绘制一个矩形，在调色板的"40% 黑"按钮上单击鼠标左键，填充灰色。在调色板的"透明色"按钮⊠上单击鼠标右键，取消外框的颜色。

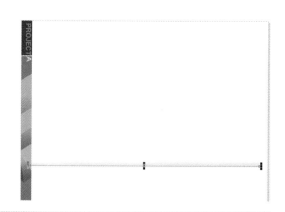

15 选择工具箱中的"矩形工具"□，在图像中绘制一个矩形，按【F11】键，打开"渐变填充"对话框，对颜色参数进行设置后单击"确定"按钮。在调色板的"透明色"按钮⊠上单击鼠标右键，取消外框的颜色。

16 使用工具箱中的"文本工具"字，设置适当的字体和字号，在如图的位置输入相关文字。

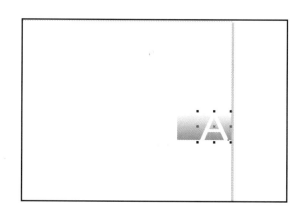

17 使用工具箱中的"表格工具"⊞，对属性栏进行设置，在图像中绘制表格。

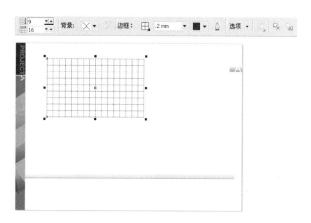

18 按快捷键【Ctrl+Q】转化为曲线，在调色板的"30% 黑"按钮上单击鼠标右键，使表格变成灰色的。

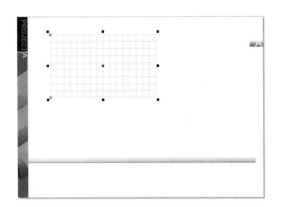

19 使用工具箱中的"表格工具"⊞，对属性栏进行设置，在图像中绘制表格。

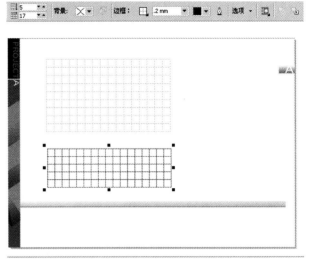

20 按快捷键【Ctrl+Q】转化为曲线，在调色板的"30% 黑"按钮上单击鼠标右键，使表格变成灰色的。

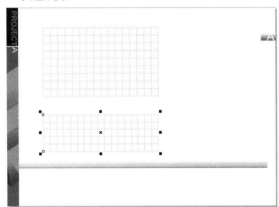

21 使用工具箱中的"贝塞尔工具"，在表格旁边绘制花纹图形。

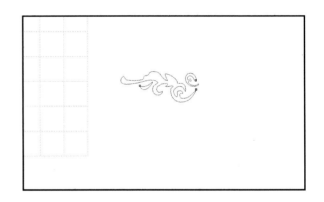

22 使用工具箱中的"挑选工具"，框选这组花纹图形，然后按快捷键【Ctrl+G】群组图形。

按住【Ctrl】键使用鼠标左键向右拖动矩形，按住鼠标左键不放同时单击鼠标右键，然后释放鼠标左键，以复制一个矩形。单击属性栏的"水平镜像"按钮 。

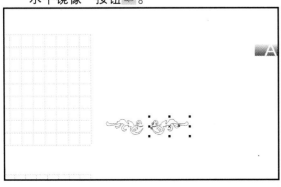

23 使用工具箱中的"椭圆形工具"，在两个花纹中间绘制一个椭圆形。

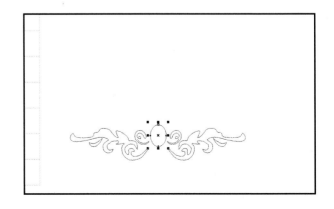

24 使用工具箱中的"贝塞尔工具" ，在椭圆形的下边绘制三个水滴形状的图形。

25 使用工具箱中的"挑选工具" ，框选这组花纹图形，单击属性栏中的"焊接"按钮 ，使它们焊接在一起。

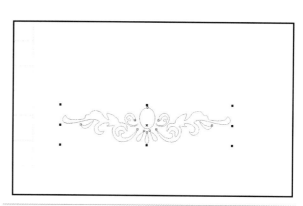

26 按【F11】键，打开"渐变填充"对话框，对颜色参数进行设置后单击"确定"按钮。在调色板的"透明色"按钮 上单击鼠标右键，取消外框的颜色。

27 使用工具箱中的"贝塞尔工具" ，在花纹图形的上边绘制狮子形状的图形。

28 使用工具箱中的"贝塞尔工具" ，在狮子图案里绘制两个如图的形状。

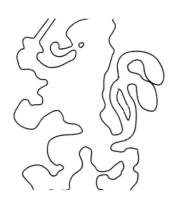

29 使用工具箱中的"挑选工具" ，框选这组狮子图案，单击属性栏中的"结合"按钮 ，使它们结合在一起。

30 按【F11】键，打开"渐变填充"对话框，对颜色参数进行设置后单击"确定"按钮。在调色板的"透明色"按钮⊠上单击鼠标右键，取消外框的颜色。

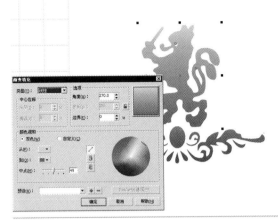

31 使用工具箱中的"文本工具"，设置适当的字体和字号，在如图的位置输入相关文字。

32 使用工具箱中的"挑选工具"，选中文字，按快捷键【Ctrl+K】打散文字，调整文字到如图的效果。

33 使用工具箱中的"挑选工具"，选中"公"字，按快捷键【Ctrl+Q】将文字转化为曲线，使用工具箱中的"形状工具"，选中"公"字第一个笔画的节点，然后按【Delete】键删除。

34 使用工具箱中的"贝塞尔工具"，在图像中绘制图形，按快捷键【Shift+F11】，打开"均匀填充"对话框，设置颜色参数为（R:223，G:206，B:0）后，单击"确定"按钮。在调色板的"透明色"按钮⊠上单击鼠标右键，取消外框的颜色。

35 使用工具箱中的"挑选工具"，选中"公"字和花纹，按快捷键【Ctrl+G】群组图形。使用工具箱中的"挑选工具"，选中"府"字，按快捷键【Ctrl+Q】将文字转化为曲线。

36 使用工具箱中的"贝塞尔工具" ，在图像中绘制图形，按快捷键【Shift+F11】，打开"均匀填充"对话框，设置颜色参数为（R:223，G:206，B:0）后，单击"确定"按钮。在调色板的"透明色"按钮 上单击鼠标右键，取消外框的颜色。

37 使用工具箱中的"挑选工具" ，选中"府"字和花纹，单击属性栏中的"焊接"按钮 ，把它们焊接到一起。

38 使用工具箱中的"贝塞尔工具" ，在图像中绘制云彩花纹图形，按快捷键【Shift+F11】，打开"均匀填充"对话框，设置颜色参数为（R:223，G:206，B:0）后，单击"确定"按钮。在调色板的"透明色"按钮 上单击鼠标右键，取消外框的颜色。

39 使用工具箱中的"文本工具" ，设置适当的字体和字号，在如图的位置输入相关文字。

40 使用工具箱中的"贝塞尔工具" ，按住【Shift】键在图像中绘制一条直线，按【F12】键，打开"轮廓笔"对话框，对参数进行设置后单击"确定"按钮，得到一条黑色的直线。按住【Ctrl】键使用鼠标左键向右拖动直线，按住鼠标左键不放同时单击鼠标右键，然后释放鼠标左键，以复制一个直线。

41 使用工具箱中的"挑选工具" ，框选狮子和花纹图形，然后按快捷键【Ctrl+G】群组图形，按小键盘上的【+】键以复制一个，用鼠标左键拖动到页面的旁边留作备用。

42 使用工具箱中的"挑选工具"，选择狮子渐变图像，执行"位图"|"转换为位图"命令，对弹出的对话框进行设置后单击"确定"按钮。再执行"位图"|"三维效果"|"浮雕"命令，对弹出的对话框进行设置后单击"确定"按钮。

43 使用工具箱中的"挑选工具"，框选标志把它放在表格中，并调整为合适的大小，然后复制一个，摆放着下边的表格中，并调整到合适的大小。

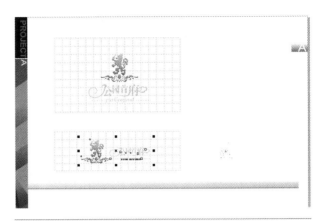

44 使用工具箱中的"矩形工具"，在图像中绘制一个矩形，在调色板的"黑色"按钮上单击鼠标左键，填充黑色。在调色板的"透明色"按钮上单击鼠标右键，取消外框的颜色。按小键盘上的【+】键以复制矩形，再按住【Ctrl】键用鼠标左键向下拖动复制的矩形，并变换大小到如图的效果。

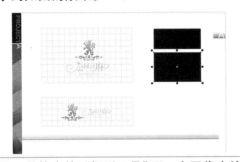

45 复制横排标志和竖排标志，并分别摆放在两个矩形中，调整到合适的大小。

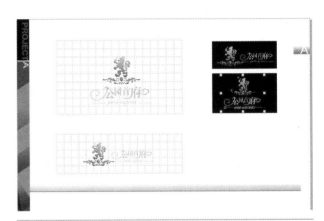

46 使用工具箱中的"矩形工具"，在图像中绘制一个矩形，按【F11】键，打开"渐变填充"对话框，对颜色参数进行设置后单击"确定"按钮。在调色板的"透明色"按钮上单击鼠标右键，取消外框的颜色。

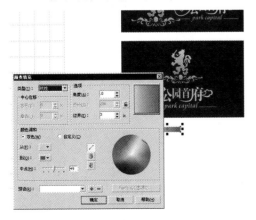

47 使用工具箱中的"矩形工具"，在图像中绘制一个矩形，按【F11】键，打开"渐变填充"对话框，对颜色参数进行设置后单击"确定"按钮。在调色板的"透明色"按钮上单击鼠标右键，取消外框的颜色。

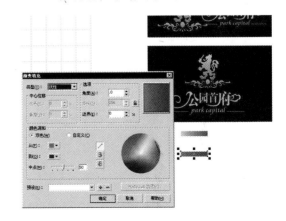

48 使用工具箱中的"文本工具"字，设置适当的字体和字号，在如图的位置输入相关文字。

49 选择工具箱中的"矩形工具"囗，在图像中绘制一个矩形，按快捷键【Shift+F11】，打开"均匀填充"对话框，设置颜色参数为（R:245，G:240，B:175）后，单击"确定"按钮。在调色板的"透明色"按钮⊠上单击鼠标右键，取消外框的颜色。

50 使用工具箱中的"挑选工具"，按住【Shift】键选择页面左边的图形、灰色横道和页面右边的蓝色渐变矩形，按快捷键【Ctrl+C】复制图形。

51 在第一页后插入一页，按快捷键【Ctrl+V】粘贴刚才复制的图形。

52 使用工具箱中的"挑选工具"，框选灰色横道图形，按住【Ctrl】键向下适当移动。

53 使用工具箱中的"矩形工具"囗，在灰色横道上方绘制一个矩形，按【F11】键，打开"渐变填充"对话框，对颜色参数进行设置后单击"确定"按钮。在调色板的"透明色"按钮⊠上单击鼠标右键，取消外框的颜色。

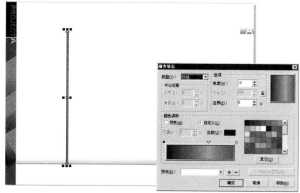

54 使用工具箱中的"椭圆形工具" ，按住【Ctrl】键在图像中绘制一个圆形，按【F11】键，打开"渐变填充"对话框，对参数进行设置后单击"确定"按钮。在调色板的"透明色"按钮⊠上单击鼠标右键，取消外框的颜色。

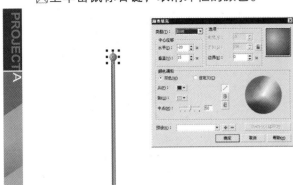

55 使用工具箱中的"矩形工具" ，在图像中绘制一个矩形，按【F11】键，打开"渐变填充"对话框，对颜色参数进行设置后单击"确定"按钮。在调色板的"透明色"按钮⊠上单击鼠标右键，取消外框的颜色。

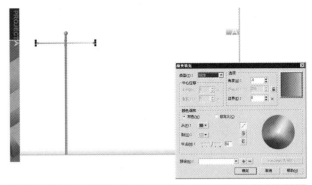

56 使用工具箱中的"挑选工具" ，按住【Ctrl】键使用鼠标左键向下拖动渐变矩形，按住鼠标左键不放同时单击鼠标右键，然后释放鼠标左键，以复制一个渐变矩形。

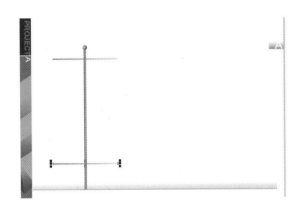

57 使用工具箱中的"矩形工具" ，在图像中绘制一个矩形，按快捷键【Shift+F11】，打开"均匀填充"对话框，设置颜色参数为（R:78，G:39，B:40）后，单击"确定"按钮。在调色板的"透明色"按钮⊠上单击鼠标右键，取消外框的颜色。

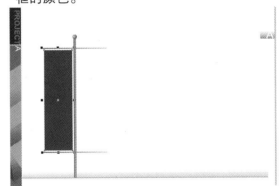

58 使用工具箱中的"挑选工具" ，选择以前备份的那个标志图形。

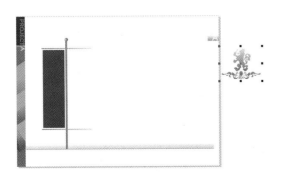

59 执行"效果"|"图框精确剪裁"|"放置在容器中"命令，此时的光标呈"黑箭头"状态➡，将箭头指向矩形选框中单击使标志置入。在置入的标志上单击鼠标右键，从弹出的快捷菜单中选择"编辑内容"命令，调整图像的位置到如图的效果，在标志上单击鼠标右键，从弹出的快捷菜单中选择"结束编辑"命令。

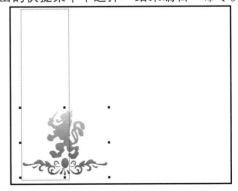

60 使用工具箱中的"挑选工具" ，选中线段，按小键盘上的【+】键以复制线段，再按住【Ctrl】键用鼠标左键向右拖动控制框左边中间的控制点，水平镜像图像并向右再移动距离，得到如图的效果。

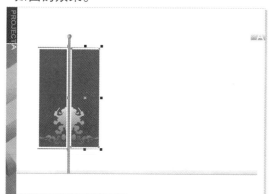

61 选择工具箱中的"挑选工具" ，在第一页中复制一个横排的标志图案，然后粘贴到第二页，放在如图的位置并调整到合适的大小。

62 使用工具箱中的"挑选工具" ，按住【Ctrl】键使用鼠标左键向右拖动竖排标志，按住鼠标左键不放同时单击鼠标右键，然后释放鼠标左键，以复制一个竖排标志。

63 使用工具箱中的"文本工具"字，设置适当的字体和字号，在如图的位置输入相关文字。

64 使用工具箱中的"挑选工具" ，复制一份标志中的文字并粘贴到旗子上，然后重新摆放4个字的位置和大小。

65 使用工具箱中的"文本工具"字，设置适当的字体和字号，在旗子上输入相关文字。

66 选择工具箱中的"矩形工具"□，在页面右边绘制一个矩形。

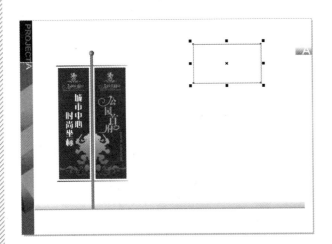

67 选择工具箱中的"矩形工具"□，在图像中绘制一个矩形，按快捷键【Shift+F11】，打开"均匀填充"对话框，设置颜色参数为（R:78，G:39，B:40）后，单击"确定"按钮。在调色板的"透明色"按钮⊠上单击鼠标右键，取消外框的颜色。

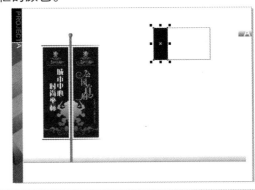

68 执行"效果"|"图框精确剪裁"|"放置在容器中"命令，此时的光标呈"黑箭头"状态➡，将箭头指向矩形选框中单击使标志置入。在置入的标志上单击鼠标右键，从弹出的快捷菜单中选择"编辑内容"命令，调整图像的位置到如图的效果，在标志上单击鼠标右键，从弹出的快捷菜单中选择"结束编辑"命令。

69 选择工具箱中的"矩形工具"□，在图像中绘制一个矩形，按【F11】键，打开"渐变填充"对话框，对颜色参数进行设置后单击"确定"按钮。在调色板的"透明色"按钮⊠上单击鼠标右键，取消外框的颜色。

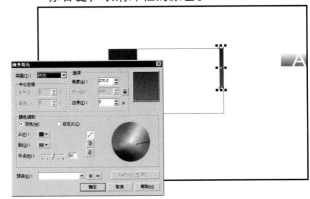

70 使用工具箱中的"文本工具"字，设置适当的字体和字号，在如图的位置输入相关文字。

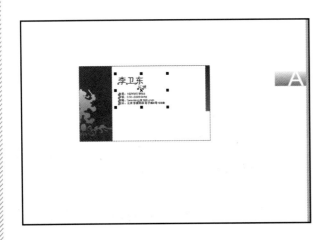

71 选择工具箱中的"挑选工具"⬚，复制一个横排的标志图案，然后粘贴到名片上，放在如图的位置并调整到合适的大小。

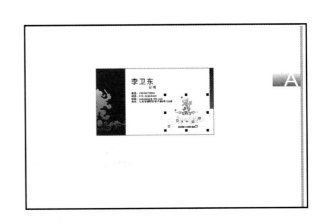

72 使用工具箱中的"矩形工具" □，在页面右边绘制一个矩形。

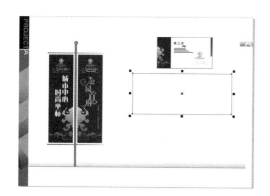

73 使用工具箱中的"矩形工具" □，在图像中绘制一个矩形，按快捷键【Shift+F11】，打开"均匀填充"对话框，设置颜色参数为（R:78，G:39，B:40）后，单击"确定"按钮。在调色板的"透明色"按钮⊠上单击鼠标右键，取消外框的颜色。用同样的方法绘制另外两个矩形。

74 单击属性栏中的"导入"按钮 □，打开"导入"对话框，导入配套光盘中的"素材1"文件。按快捷键【Ctrl+U】取消群组。

75 选择工具箱中的"挑选工具" ▷，将素材分别放置到如图的位置，并调整到如图的大小。

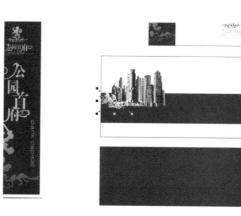

76 使用工具箱中的"矩形工具" □，在图像中绘制一个矩形，按快捷键【Shift+F11】，打开"均匀填充"对话框，设置颜色参数为（R:196，G:191，B:102）后，单击"确定"按钮。在调色板的"透明色"按钮⊠上单击鼠标右键，取消外框的颜色。

77 使用工具箱中的"贝塞尔工具" ▷，按住【Shift】键在图像中绘制一条直线。

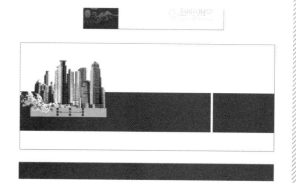

78 使用工具箱中的"贝塞尔工具" ，按住【Shift】键在图像中绘制一条直线，按【F12】键，打开"轮廓笔"对话框，对参数进行设置后单击"确定"按钮，得到一条红色的直线。然后在下方复制一条。

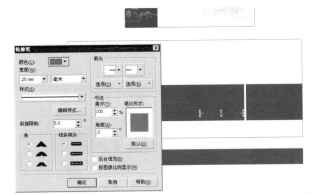

79 使用工具箱中的"文本工具"字，设置适当的字体和字号，在如图的位置输入相关文字。

80 单击属性栏中的"导入"按钮 ，打开"导入"对话框，导入配套光盘中的"素材2"文件。

81 选择工具箱中的"挑选工具" ，将素材放置到如图的位置，并调整到如图所示的大小。

82 选择工具箱中的"挑选工具" ，复制两个横排的标志图案，分别放在如图的位置并调整到合适的大小。

83 使用工具箱中的"文本工具"字，设置适当的字体和字号，在如图的位置输入相关文字。

84 使用工具箱中的"文本工具"字，设置适当的字体和字号，在页面的下方输入相关文字。

85 使用工具箱中的"矩形工具"□，在图像中绘制一个矩形，按快捷键【Shift+F11】，打开"均匀填充"对话框，设置颜色参数为（R:245，G:240，B:175）后，单击"确定"按钮。在调色板的"透明色"按钮⊠上单击鼠标右键，取消外框的颜色。

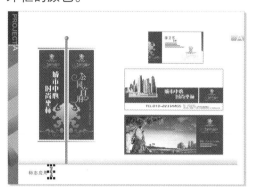

86 经过以上步骤的操作，最终完成了这套房地产的 VI 设计。

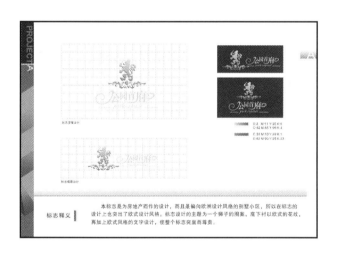

◎ 课后练习

1. 试以"银行"为主题制作关于银行的标志，具体要求如下。

● 规格：100cm × 100cm。

● 设计要求：主题鲜明，能体现银行的主要特征，并使该标志在众多银行标志中让人记忆深刻。

2. 试用上一练习中做的"银行"标志，根据 VI 目录做一本关于银行的 VI 手册，其具体要求如下。

● 规格：210mm × 297mm，共 50 页。

● 设计要求：主题鲜明，能体现银行的主要特征，具有一定的代表性。

◎ VI 手册

- 立地式道路导向牌　　● 立地式道路指示牌
- 立地式标识牌　　　　● 欢迎标语牌
- 户外立地式灯箱　　　● 停车场区域指示牌
- 立地式道路导向牌　　● 车间标识牌与地面导向线
- 生产车间门牌规范　　● 分公司及工厂竖式门牌
- 门牌　　　　　　　　● 生产区平面指示图
- 生产区指示牌　　　　● 接待台和背景板
- 室内企业精神口号标牌
- 玻璃门窗醒示性装饰带
- 车间室内标识牌　　　● 警示标识牌
- 公共区域指示性功能符号
- 公司内部参观指示　　● 各部门工作组别指示
- 内部作业流程指示　　● 各营业处出口／通路规划

5. VI 设计展示系统设计项目

- 标准展台、展板形式
- 特装展位示意规范　　● 标准展位规范
- 样品展台　　● 样品展板　　● 产品说明牌
- 资料架　　　● 会议事务用品

6. VI 设计车体外观设计项目

- 公务车　　　● 面包车　　　● 班车
- 大型运输货车　　　　● 小型运输货车
- 集装箱运输车　　　　● 特殊车型

7. VI 设计服装系统设计项目

- 管理人员男装● 管理人员女装
- 春秋装衬衣　　● 男员工服饰　● 女员工服饰
- 冬季防寒工作服　　　● 运动服外套
- 运动服、运动帽、T 恤（文化衫）
- 外勤人员服装　● 安全盔　　　● 工作帽

8. VI 设计销售店面设计项目

- 小型销售店面　　　　● 大型销售店面
- 店面横、竖、方招牌　● 导购流程图版式规范
- 店内背景板（形象墙）● 店内展台
- 配件柜及货架　● 店面灯箱　　● 立墙灯箱
- 资料架　　　　● 垃圾桶　　　● 室内环境

9. VI 设计包装系统设计项目

- 大件商品运输包装
- 外包装箱（木质、纸质）　　● 商品系列包装
- 礼品盒包装　● 包装纸　　　● 配件包装纸箱
- 合格证　　　● 产品标识卡　● 存放卡
- 保修卡　　　● 质量通知书版式规范

- 说明书版式规范　　● 封箱胶　　● 会议事务用品

10. VI 设计宣传系统设计项目

- 电视广告标志定格
- 报纸广告系列版式规范（整版、半版、通栏）
- 杂志广告规范　　● 海报版式规范
- 系列主题海报　　● 大型路牌版式规范
- 灯箱广告规范　　● 公交车体广告规范
- 双层车体车身广告规范　　　　● T 恤衫广告
- 横竖条幅广告规范　　● 大型氢气球广告规范
- 霓红灯标志表现效果● 直邮 DM 宣传页版式
- 广告促销用纸杯　　● 直邮宣传三折页版式规范
- 企业宣传册封面、版式规范
- 年度报告书封面版式规范
- 宣传折页封面及封底版式规范
- 产品单页说明书规范　● 对折式宣传卡规范
- 网络主页版式规范　　● 分类网页版式规范
- 光盘封面规范　　　　● 擎天柱灯箱广告规范
- 墙体广告　　　　　　● 楼顶灯箱广告规范
- 户外标识夜间效果　　● 展板陈列规范
- 柜台直立式 POP 广告规范
- 立地式 POP 规范　　● 悬挂式 POP 规范
- 产品技术资料说明版式规范　● 路牌广告版式
- 产品说明书

书籍装帧设计

第6章

关于书籍装帧设计

书籍装帧既是立体的，也是平面的，因为这种立体是由多个的平面组成的。从外表上能看到封面、封底和书脊三个面，从外向内，翻动书页，随着人的视觉流动，每一页都是平面的。所有这些平面经过装帧设计后，会给人以美的享受。设计内容包括封面、扉页、封底和两页正文版式。书籍装帧的风格要有一定的连续性。

◎ 书籍装帧的几大部分

1. 封面设计

封面设计包括封面、封底和书脊的设计（精装版本的书还包括护封的设计）。

2. 版式设计

版式设计包括扉页、环衬、字体、开本和装订方式的设计等。

3. 插图设计

插图设计包括题头、尾花和插图创作的设计等。

◎ 封面设计

1. 文字设计

文字设计主要指封面上的文字。主要包括书名（其中书名包括丛书名、副书名）、作者名和出版社名。在设计中这些留在封面上的文字信息起着举足轻重的作用。

为了丰富画面，可重复使用书名，还可以加上拼音、外文书名、目录和适当的广告语。有时因为画面的需要。在封面上也可以不安排作者名和出版社名，而是将其设置在书脊和扉页上，封面设计不可缺少的书名、说明性文学（出版意图、丛书的目录、作者简介）、责任编辑、装帧设计者名、书号、定价等文字可以根据设计需要安排在勒口、封底和内页上。

2. 图形设计

图形设计主要指封面上的图形。除了摄影、插图和图案外，还可以是写实的、抽象的或写意的。

其中具体的写实手法应用在少儿知识读物、通俗读物和某些文艺、科技读物的封面设计中比较多。因为少年儿童和文化程度低的读者对于具体的形象更容易理解。

科技读物和一些建筑、生活用品之类的画册封面则可以运用具体图片，这样就具备了科学性、准确性和较强的说明力。

科技、政治、教育等方面的书籍封面设计，有时很难用具体的形象去表现它。运用抽象的形式表现，能使读者体会到其中的含义，得到精神上的享受。

在文学类作品的封面上可以大量使用"写意"的手法，这会使封面的表现更具象征意义和艺术的趣味性。

3. 封面的整体设计

整个封面是书籍装帧设计过程中的大整体中的一个小整体。封面、封底和书脊的相互关系有着统一的构思和表现，它们的设计影响着书籍装帧设计的整体效果。

◎ 内文版式设计

内文版式设计就是书籍的正文部分的格式设计。它包括前言的设计和内文的版心设计。其分类包括：

● 纯文字版式
● 以文字为主，图为次
● 以图为主
● 图文并重

在进行版式设计构思时，要突出、强化主题形象，多层次、多角度地展示主题。如封面、封底、前后环衬、目录、译者序、题词、护封都要有主题形象出现，每一个形象都要有不同的变化。在变化中求得统一，以便进一步深化主题形象。

版式中的文字排列也要符合人体工程学。太长的字行会给阅读带来疲劳感，降低阅读速度。所以，一般32开书籍都为通栏排版。在16开或更大的开本上，其版心的宽度较大。例如用五号字或小五号字排版，宜缩短过长的字行，排成两栏。"前言"、"编后记"不宜排双栏，应以大号字排列，或缩小版心。辞典、手册、索引、年鉴等，每段文字简短，但副标题多，也需采用双栏、三栏、多栏排列。分栏排列中的每行字数应该相等。栏间隔空一字或两字，也可放线条间隔。

◎ 优秀书籍装帧设计欣赏

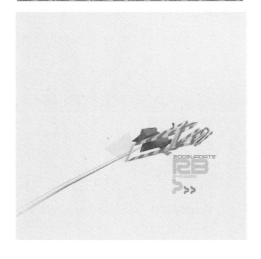

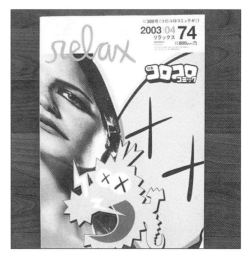

6.1 封面杂志设计

创作思路：当今社会的发展涌现出了无数的时尚元素，杂志封面利用柔和渐变的设计手法，文字为主，图文并茂，画面中的光线明暗柔和，柔和的渐变形成同类色的推移使画面更具有时代感。

◎ 设计要求

设计内容	○	书籍装帧封面杂志设计
客户要求	○	尺寸为210mm × 297mm。要求突出企业信息内容，画面要有冲击力
最终效果	○	光盘：书籍装帧封面杂志设计

◎ 设计步骤

最终效果

◎ 新建文档并重新设置页面大小

01 执行"文件" | "新建"命令（或按 Ctrl+N 快捷键），新建一个空白文档。执行"版面" | "页设置"命令，弹出"选项"对话框，选择"页面" | "大小"命令，设置好文档大小为 210mm × 297mm，左键单击调色板上的"黑色"按钮，填充黑色，如图所示。

◎ 绘制底纹

02 单击工具箱中的"艺术笔工具 ❧"，点击上方属性栏中的"笔刷 🖌"在笔刷列表中选择一组图案在画面中绘制如图显示，按快捷键【Shift+F11】，打开"均匀填充"对话框，设置颜色参数后,单击"确定"按钮,如图所示。

03 选择工具箱中的"挑选工具 🗗"，按住【Ctrl】键在图形上单击鼠标左键向右进行水平拖动，然后单击一下鼠标右键，释放鼠标左键，这时复制了一个相同的图形，重复操作复制一组图形，然后依次调整图形的宽度，如图所示。

04 选择工具箱中的"挑选工具 🗗"，将上一步绘制的一组图形按快捷键【Ctrl+G】群组图形，然后按快捷键【Ctrl+C】复制图形，再按快捷键【Ctrl+V】粘贴图形，重复操作得到如图的效果。

05 选择工具箱中的"挑选工具 🗗"，将上一步绘制的一组图形按快捷键【Ctrl+G】将其全部群组拖动到页面上，如图所示。

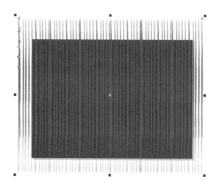

06 双击工具箱中的"矩形工具"□，这时在页面上会出现一个与页面大小相同的矩形框。按快捷键【Ctrl+Page Up】上移图层，在调色板的"蓝色"按钮上单击鼠标左键，将矩形填充为蓝色，如图所示。

07 选择工具箱中的"挑选工具"↖，选中绘制好的图形和蓝色矩形，执行"排列"|"造型"|"相交"命令，如图所示，鼠标左键单击绘制的一组图形得到如图的效果。

08 单击工具箱中的"矩形工具"□，在图像中绘制一个矩形，在调色板的"白色"按钮上单击鼠标左键，填充白色，调色板的"透明色"按钮⊠上单击鼠标右键，取消外框的颜色，如图所示。

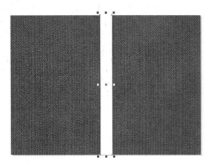

09 选择工具箱中的"挑选工具"↖，鼠标左键单击矩形，将其调整为如图的状态，放置在页面中间，如图所示。

10 单击属性栏的"导入"按钮⇄，打开"导入"对话框，导入配套光盘中的"素材1"文件，如图所示。

11 选择工具箱中的"挑选工具"↖，按快捷键【Ctrl+C】复制图形，再按快捷键【Ctrl+V】粘贴图形，鼠标左键双击图形分别将其旋转按住【Shift】键等比例调整其大小置于如图的位置。

12 双击工具箱中的"矩形工具"□，这时在页面上会出现一个与页面大小相同的矩形框。按快捷键【Ctrl+Page Up】上移图层，在调色板的"蓝色"按钮上单击鼠标左键，将矩形填充为蓝色，然后选择工具箱中的"挑选工具"，选中素材 1 和蓝色矩形，执行"排列"|"造型"|"相交"命令，如图所示。

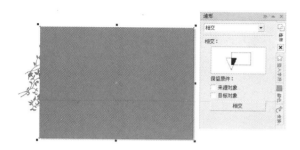

13 当鼠标出现相交光标状态时点击素材 1 图像，素材 1 左边多余的部分就被删除了，得到的效果如图所示。

14 单击工具箱中的"矩形工具"□，在图像中绘制一个矩形，在调色板的"黄色"按钮上单击鼠标左键，然后选择工具箱中的"挑选工具"，选中黄色矩形，执行"排列"|"造型"|"修剪"命令。

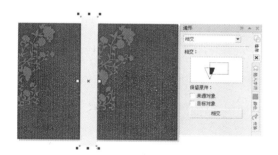

15 当鼠标出现修剪光标状态时点击复制得到的素材图像，素材左边多余的部分就被删除了，得到的效果如图所示。

◎导入花边素材

16 单击属性栏的"导入"按钮，打开"导入"对话框，导入配套光盘中的"素材 2"文件，选择工具箱中的"挑选工具"，如图所示按住【Shift】键等比例调整其大小置于如图的位置。

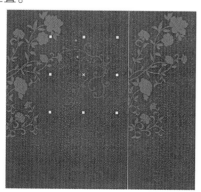

17 单击属性栏的"导入"按钮，打开"导入"对话框，导入配套光盘中的"素材 3"文件，选择工具箱中的"挑选工具"，鼠标左键双击将其旋转再按住【Shift】键等比例调整其大小置于如图的位置。

18 单击属性栏的"导入"按钮，打开"导入"对话框，导入配套光盘中的"素材4"文件，选择工具箱中的"挑选工具"，鼠标左键双击将其旋转然后按住【Shift】键等比例调整其大小置于如图的位置。

19 单击属性栏的"导入"按钮，打开"导入"对话框，导入配套光盘中的"素材5"文件，选择工具箱中的"挑选工具"，鼠标左键单击按住【Shift】键等比例调整其大小置于如图的位置。

20 使用工具箱中的"贝塞尔工具"，在页面中人物如图的位置绘制出一个图形，在调色板的"黄色"按钮上单击鼠标左键，然后选择工具箱中的"挑选工具"，选中黄色图形，执行"排列"|"造型"|"修剪"命令。

21 当鼠标出现修剪光标状态时点击人物素材图像，素材人物图像就被修剪了，得到的效果如图所示。

22 选择工具箱中的"挑选工具"，在图形上单击鼠标左键向右下拖动，然后单击一下鼠标右键，释放鼠标左键，这时复制了一个相同的图像，选择工具箱中的"挑选工具"，选择复制的图形，执行"效果"|"调整"|"亮度/对比度/强度"命令，参数设置如图所示。

23 复制的图形，执行"效果"|"调整"|"亮度/对比度/强度"命令，得到的效果如图所示。

24 选择工具箱中的"挑选工具" ，鼠标左键双击图形将其旋转放置在页面如图所示的位置，如图所示。

25 单击工具箱中的"矩形工具" ，在图像中绘制两个矩形，在调色板的"黄色"按钮上单击鼠标左键，然后选择工具箱中的"挑选工具" ，选中两个矩形，按快捷键【Ctrl+G】群组图形，执行"排列"|"造型"|"修剪"命令。

26 当鼠标出现修剪光标状态时点击人物图像，人物素材就被修剪成如图所示的效果。

27 使用工具箱中的"贝塞尔工具" ，在页面如图的位置绘制出一个图形，按快捷键【Shift+F11】，打开"均匀填充"对话框，设置颜色参数,单击"确定"按钮。在调色板的"透明色"按钮 上单击鼠标右键，取消外框的颜色，效果如图所示。

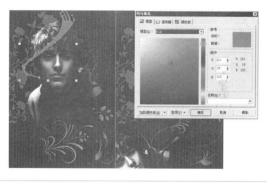

28 选择工具箱中的"交互式透明工具" ，设置好属性栏，然后在调色板上设置黑度值为如图显示的状态，在图形上从左下到右上拖动鼠标，得到如图所示的效果。

29 选择工具箱中的"挑选工具" ，在绘制的图形上单击鼠标左键向右下拖动，然后单击一下鼠标右键，释放鼠标左键，这时复制了一个相同的图像，然后双击复制得到的图形将其旋转得到效果如图所示。

◎ 制作封面字体

30 使用工具箱中的"文本工具"字，设置适当的字体和字号，在如图所示的位置输入相关文字。

31 单击工具箱中的"形状工具"，鼠标左键拖动字体左右两侧的箭头，调整文字的字间距和行间距，如图所示。

32 使用工具箱中的形状工具将其字体调整到如图的状态后，单击工具箱中的"文本工具"字，选中字体按快捷键【Ctrl+R】水平右对齐，效果如图所示。

33 选择工具箱中的"挑选工具"，在调整好的字体图形上单击鼠标左键向右上拖动，然后单击一下鼠标右键，释放鼠标左键，这时复制了一个相同的文本图形，置于如图所示的位置。

34 使用工具箱中的"文本工具"字，设置适当的字体和字号，在页面内输入相关文字。按快捷键【Shift+F11】，打开"均匀填充"对话框，设置颜色参数，单击"确定"按钮，如图所示。

35 选择工具箱中的"挑选工具"，按住【Shift】键将桃红色字等比例调整其大小体置于如图的位置然后在字体上单击鼠标左键向右上拖动，单击一下鼠标右键，释放鼠标左键，这时复制了一个相同的文本图形，放置在页面合适的位置，效果如图所示。

36 使用工具箱中的"贝塞尔工具" ，在页面如图的位置绘制出一个小熊图形，在调色板的白色按钮上单击鼠标左键填充为白色，然后在调色板的"透明色"按钮 上单击鼠标右键，取消外框的颜色，效果如图所示。

37 使用工具箱中的"文本工具"字，设置适当的字体和字号，在如图的位置输入相关文字。如图所示。

38 复制一个做好的小熊图形放置在右侧如图的位置，选择工具箱中的"挑选工具" ，鼠标左键双击小熊图形将其旋转，然后鼠标左键单击图形按住【Shift】键等比例调整大小，得到如图的效果。

39 使用工具箱中的"文本工具"字，设置适当的字体和字号，在页面内输入相关文字。按快捷键【Shift+F11】，打开"均匀填充"对话框，设置颜色参数，单击"确定"按钮，如图所示。

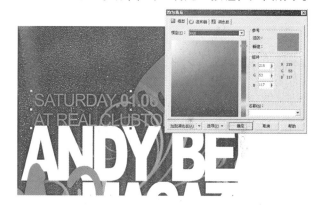

40 使用工具箱中的"文本工具"字，设置适当的字体和字号，在如图的位置输入相关文字。

41 单击工具箱中的"矩形工具"口，在页面左侧绘制一个矩形，在调色板上的"黑色"按钮上单击鼠标左键，使用工具箱中的"椭圆形工具" ，按住【Ctrl】键在黑色矩形图像中绘制两个圆形。选择工具箱中的"挑选工具" ，选中两个圆形在调色板上单击"白色"按钮将其填充为白色，然后在调色板的"透明色"按钮 上单击鼠标右键，取消外框的颜色，如图所示。

42 单击工具箱中的"椭圆形工具"，按住【Ctrl】键在页面中再绘制两个圆形。按快捷键【Shift+F11】，打开"均匀填充"对话框，设置颜色参数,单击"确定"按钮，然后在调色板的"透明色"按钮上单击鼠标右键，取消外框的颜色，如图所示。

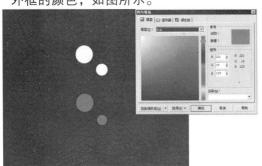

43 使用"挑选工具" 按快捷键【Ctrl+G】群组图形将前面绘制的圆形群组，按快捷键【Ctrl+C】复制图形，再按快捷键【Ctrl+V】粘贴图形，重复操作得到如图所示的效果。

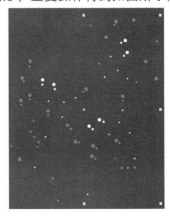

44 使用"挑选工具" 按快捷键【Ctrl+G】群组上一步绘制的一组圆形，按快捷键【Ctrl+C】复制图形，再按快捷键【Ctrl+V】粘贴图形，分别在页面内复制得到如图所示的效果。

45 制作完成后的效果图，如图所示。

6.2 SMOKE 封面杂志设计

创作思路：利用不同的彩色图形拼绘出一组烟雾的形状，不同的时尚元素在画面中有序地排列组成一个整体，凭借想象力创造出的意境使得画面鲜明，形象逼真，生动活泼，给人无限的联想。

◎ 设计要求

设计内容	○ SMOKE 封面杂志设计
客户要求	○ 尺寸为 246mm × 312mm。要求突出企业信息内容，画面要有冲击力
最终效果	○ 💿光盘：SMOKE 封面杂志设计

◎ 设计步骤

最终效果

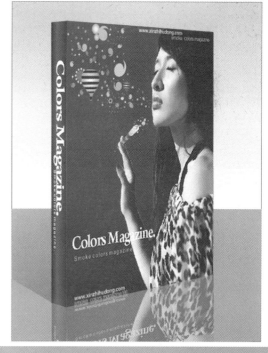

 ▶  ▶  ▶  ▶

◎ 新建文档并重新设置页面大小

01 执行"文件"|"新建"命令（或按快捷键
【Ctrl+N】），新建一个空白文档。执行"版面"
|"页设置"命令，弹出"选项"对话框，选择
"页面"|"大小"命令，设置好文档大小为
246mm × 312mm。

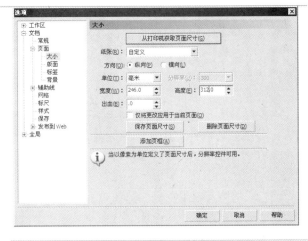

◎ 绘制页面中手夹烟的效果

02 双击工具箱中的"矩形工具"□，这时在页面
上会出现一个与页面大小相同的矩形框。按
【F11】键，打开"渐变填充"对话框，对颜色
参数进行设置，颜色从右下黑色到左上（R:44
G:42 B:53），单击"确定"按钮。在调色板的
"透明色"按钮⊠上单击鼠标右键，取消外框
的颜色。

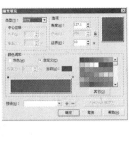

03 单击属性栏中的"导入"按钮，打开"导入"
对话框，导入配套光盘中的"素材1"文件，
是一张绘制好的位图。

04 选择工具箱中的"挑选工具"，按住【Shift】
键等比例调整其大小置于如图的位置。

05 使用工具箱中的"贝塞尔工具"，在页面内
绘制一根烟的形状，在调色板的"白色"按钮
上单击鼠标左键，填充为白色。在调色板的
"透明色"按钮⊠上单击鼠标右键，取消外框
的颜色。

06 按【F11】键，打开"渐变填充"对话框，对
参数进行设置，颜色从右到左分别为（R:35，
G:5，B:31），（R:107，G:60，B:101），（R:35，
G:5，B:31），设置后单击"确定"按钮。

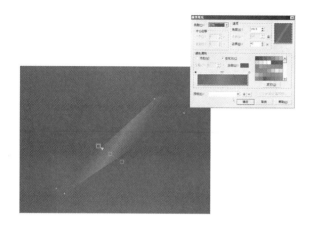

07 使用工具箱中的"贝塞尔工具"，在页面内
绘制一个如图的形状，在调色板的"白色"按
钮上单击鼠标左键，填充为白色。在调色板的
"透明色"按钮⊠上单击鼠标右键，取消外框
的颜色。

08 按【F11】键，打开"渐变填充"对话框，对
参数进行设置，颜色从右下到左上分别为（R:
74，G:9，B:49），（R:222，G:76，B:161），（R:
209，G:24，B:129），（R:74，G:9，B:49），设
置后单击"确定"按钮。

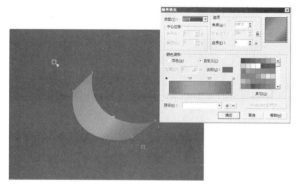

09 选择工具箱中的"挑选工具"，选中绘制好
的图形按快捷键【Ctrl+C】复制图形，再按快
捷键【Ctrl+V】粘贴图形，复制三个排列成如
图的效果。

10 使用工具箱中的"形状工具"，依次选中图
形将其调整变形。

11 选择工具箱中的"挑选工具"，按快捷键
【Ctrl+G】群组调整好的 4 个图形，执行"效
果"|"图框精确剪裁"|"放置在容器中"命
令，此时的光标呈"黑箭头"状态➡，将箭
头指向如图的位置单击鼠标左键。

12 在置入的图形上单击鼠标右键，从弹出的快捷菜单中选择"编辑内容"命令，调整图形的位置到如图的效果，在图形上单击鼠标右键，从弹出的快捷菜单中选择"结束编辑"命令。

13 使用工具箱中的"贝塞尔工具"，在页面内绘制一个如图的形状，在调色板的"白色"按钮上单击鼠标左键，填充为白色。在调色板的"透明色"按钮⊠上单击鼠标右键，取消外框的颜色。

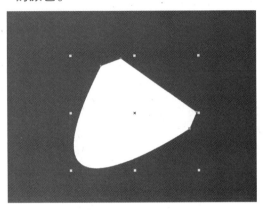

14 按【F11】键，打开"渐变填充"对话框，对参数进行设置，颜色从左下到右上分别为（R: 244，G:140，B:202），白色，设置后单击"确定"按钮。

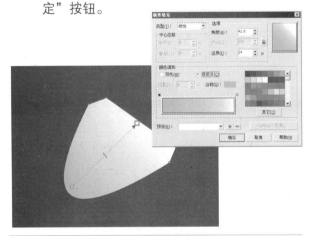

15 选择工具箱中的"挑选工具"，选中图形，执行"效果"|"图框精确剪裁"|"放置在容器中"命令，此时的光标呈"黑箭头"状态➡，将箭头指向如图的位置单击鼠标左键。

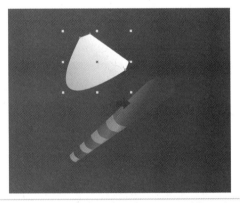

16 在置入的图形上单击鼠标右键，从弹出的快捷菜单中选择"编辑内容"命令，调整图形的位置到如图的效果，在图形上单击鼠标右键，从弹出的快捷菜单中选择"结束编辑"命令。

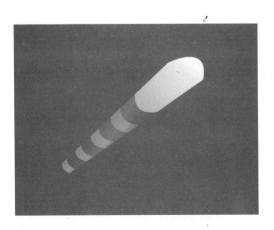

17 使用工具箱中的"椭圆形工具"，在页面内绘制一组椭圆形，双击鼠标左键依次将椭圆旋转。

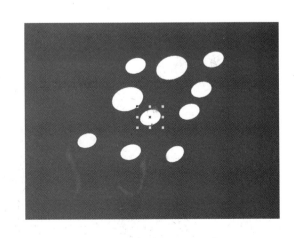

18 选择工具箱中的"交互式透明工具" ，对两个椭圆的属性栏分别进行设置。

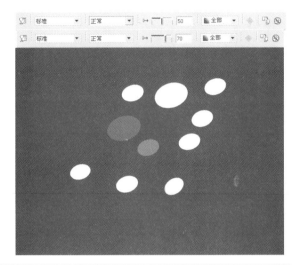

19 选择工具箱中的"交互式透明工具" ，选中椭圆形依次调整到如图的效果。

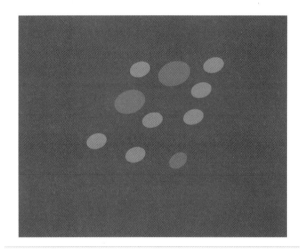

20 使用"挑选工具" ，依次选中图形将其拖动到烟上如图的位置。

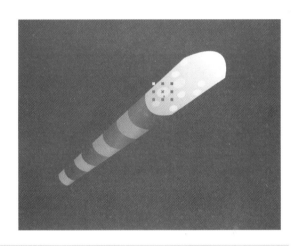

21 选择工具箱中的"椭圆形工具" ，在页面内绘制一个椭圆形，按快捷键【Shift+F11】，打开"均匀填充"对话框，设置颜色参数后，单击"确定"按钮。在调色板的"透明色"按钮 上单击鼠标右键，取消外框的颜色。

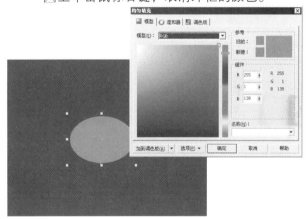

22 使用"挑选工具" ，选中图形将其拖动到如图的位置，然后双击鼠标左键将其旋转。

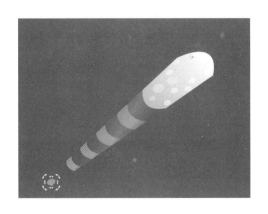

23 选择工具箱中的"挑选工具" ，按快捷键【Ctrl+G】群组绘制好的烟的图形，然后将其拖动到如图的位置。

24 使用工具箱中的"贝塞尔工具" ，在页面内手的位置绘制一个大小相同的食指形状。在调色板的"黄色"按钮上单击鼠标左键，填充为黄色，然后执行"排列"|"造形"|"相交"命令。

◎**绘制彩色烟雾**

26 使用工具箱中的"椭圆形工具" ，按住【Ctrl】键在图像中绘制一个圆形，按快捷键【Shift+F11】，打开"均匀填充"对话框，设置颜色参数后，单击"确定"按钮。在调色板的"透明色"按钮⊠上单击鼠标右键，取消外框的颜色。

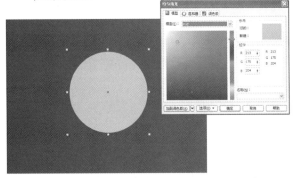

28 当鼠标左键显示修剪状态时，用鼠标左键单击紫色圆形，修剪后得到如图的效果。

25 当鼠标左键显示相交状态时，用鼠标左键单击人物图像，烟的图形就被夹在手上了。

27 使用相同的方法绘制一个圆形将其填充为蓝色，选择工具箱中的"挑选工具" ，选择蓝色圆，执行"排列"|"造形"|"修剪"命令。

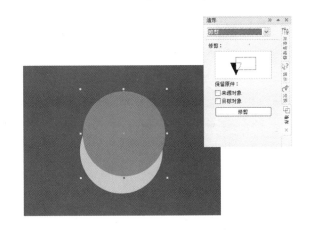

29 使用工具箱中的"椭圆形工具" ，按住【Ctrl】键在图像中绘制一个圆形，将其填充为蓝色（或任意颜色），选择工具箱中的"挑选工具" ，选择蓝色圆，执行"排列"|"造形"|"焊接"命令。

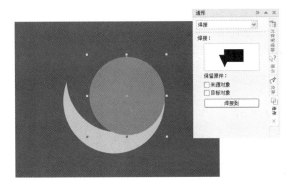

30 当鼠标左键显示焊接状态时，用鼠标左键单击紫色圆形，焊接后得到如图的效果。

31 使用"挑选工具"，选中图形将其拖动到如图的位置，然后双击鼠标左键将其旋转。

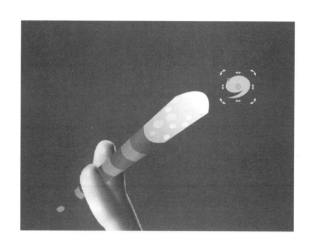

32 选择工具箱中的"挑选工具"，选中绘制好的图形按快捷键【Ctrl+C】复制图形，再按快捷键【Ctrl+V】粘贴图形，按快捷键【Shift+F11】，打开"均匀填充"对话框，设置颜色参数后，单击"确定"按钮。双击鼠标左键将其旋转调整到如图的效果。

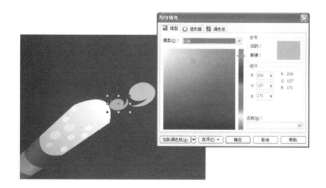

33 复制一个图形，按快捷键【Shift+F11】，打开"均匀填充"对话框，设置颜色参数后，单击"确定"按钮。双击鼠标左键将其旋转调整到如图的效果。

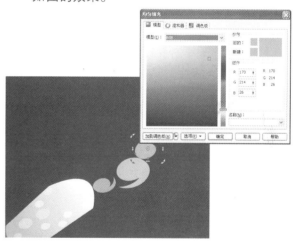

34 复制一个图形，按快捷键【Shift+F11】，打开"均匀填充"对话框，设置颜色参数后，单击"确定"按钮。双击鼠标左键将其旋转调整到如图的效果。

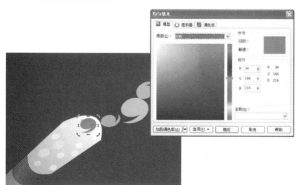

35 复制一个图形，按快捷键【Shift+F11】，打开"均匀填充"对话框，设置颜色参数后，单击"确定"按钮。双击鼠标左键将其旋转调整到如图的效果。

36 复制一个图形，按快捷键【Shift+F11】，打开"均匀填充"对话框，设置颜色参数后，单击"确定"按钮。双击鼠标左键将其旋转调整到如图的效果。

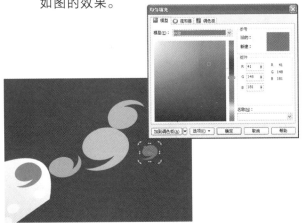

37 复制一个图形，按快捷键【Shift+F11】，打开"均匀填充"对话框，设置颜色参数后，单击"确定"按钮。双击鼠标左键将其旋转调整到如图的效果。

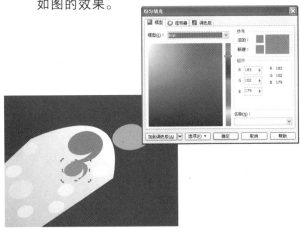

38 复制一个图形，按快捷键【Shift+F11】，打开"均匀填充"对话框，设置颜色参数后，单击"确定"按钮。双击鼠标左键将其旋转调整到如图的效果。

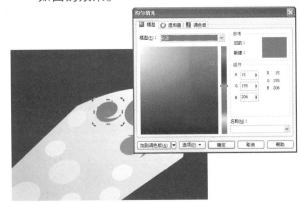

39 复制一个图形，按快捷键【Shift+F11】，打开"均匀填充"对话框，设置颜色参数后，单击"确定"按钮。双击鼠标左键将其旋转调整到如图的效果。

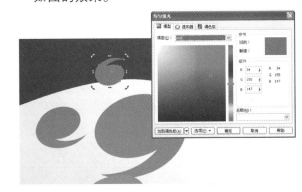

40 复制一个图形，按快捷键【Shift+F11】，打开"均匀填充"对话框，设置颜色参数后，单击"确定"按钮。双击鼠标左键将其旋转调整到如图的效果。

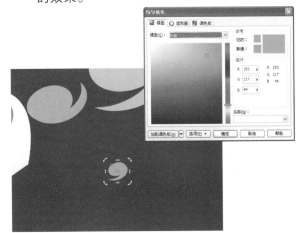

41 复制一个图形，按快捷键【Shift+F11】，打开"均匀填充"对话框，设置颜色参数后，单击"确定"按钮。双击鼠标左键将其旋转调整到如图的效果。

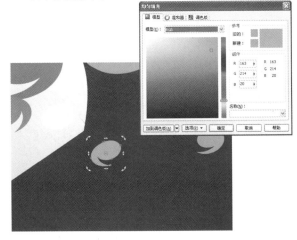

42 选择工具箱中的"星形工具" ，按住【Ctrl】键在图像中绘制一个星形，在属性栏上设置好参数，在调色板的"透明色"按钮上单击鼠标右键，取消外框的颜色。

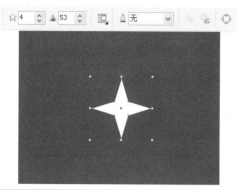

43 使用"挑选工具" ，选中图形将其拖动到如图的位置，然后双击鼠标左键将其旋转。按快捷键【Ctrl+C】复制图形，再按快捷键【Ctrl+V】粘贴图形，复制两个星形调整其大小如图所示。

44 选择工具箱中的"星形工具" ，按住【Ctrl】键在图像中绘制一个星形，在属性栏上设置好参数，按【F12】键，打开"轮廓笔"对话框，对参数进行设置后单击"确定"按钮。

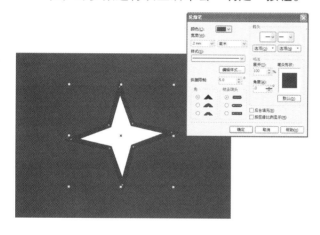

45 选择工具箱中的"挑选工具" ，按快捷键【Ctrl+C】复制图形，再按快捷键【Ctrl+V】粘贴图形，按住【Shift】键将复制的图形等比例放大到如图的效果。

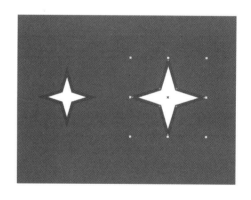

46 选择工具箱中的"交互式透明工具" ，对两个星形的属性栏分别进行设置，得到如图的效果。

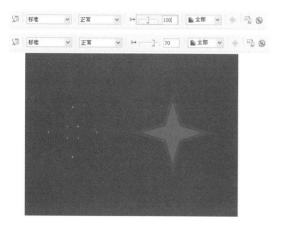

47 选择工具箱中的"交互式调和工具" ，在图形上从左向右拖动鼠标，然后对属性栏参数进行设置，得到如图的效果。

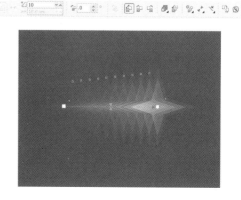

48 选择工具箱中的"挑选工具"，用鼠标左键单击最右侧的星形，然后按住鼠标左键将其拖动至左边的星形上中心对齐，按快捷键【Ctrl+G】群组图形，得到如图的效果。

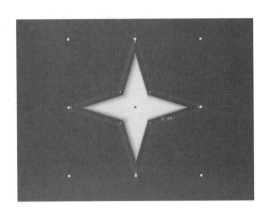

49 使用"挑选工具"，选中图形将其拖动到如图的位置，然后双击鼠标左键将其旋转，得到如图的效果。

50 使用工具箱中的"椭圆形工具"，在页面内绘制一个椭圆形，按快捷键【Shift+F11】，打开"均匀填充"对话框，设置颜色参数后，单击"确定"按钮。在调色板的"透明色"按钮上单击鼠标右键，取消外框的颜色。

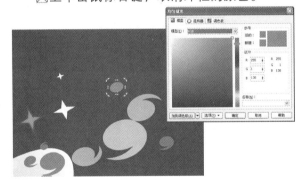

51 使用工具箱中的"椭圆形工具"，在页面内绘制一个椭圆形，按快捷键【Shift+F11】，打开"均匀填充"对话框，设置颜色参数后，单击"确定"按钮。在调色板的"透明色"按钮上单击鼠标右键，取消外框的颜色。

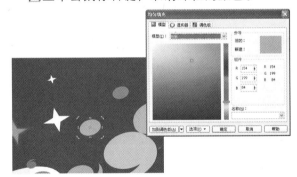

52 使用工具箱中的"椭圆形工具"，在页面内绘制一个椭圆形，在调色板的"白色"按钮上单击鼠标左键，填充为白色。在调色板的"透明色"按钮上单击鼠标右键，取消外框的颜色。

53 使用工具箱中的"椭圆形工具"，在页面内绘制一个椭圆形，按快捷键【Shift+F11】，打开"均匀填充"对话框，设置颜色参数后，单击"确定"按钮。在调色板的"透明色"按钮上单击鼠标右键，取消外框的颜色。

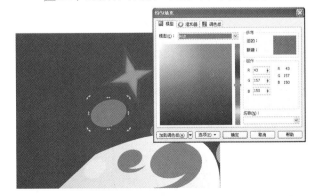

54 使用工具箱中的"椭圆形工具" ◯，在如图的位置绘制一个椭圆形，按快捷键【Shift+F11】，打开"均匀填充"对话框，设置颜色参数后，单击"确定"按钮。在调色板的"透明色"按钮⊠上单击鼠标右键，取消外框的颜色。

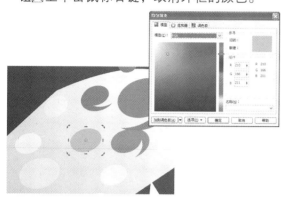

55 一组烟的彩色图形就绘制好了，选择工具箱中的"挑选工具" ▸，适当调整位置，得到如图的效果。

◎绘制花、气球、足球图案

57 使用工具箱中的"椭圆形工具" ◯，按住【Ctrl】键在图像中绘制一个圆形，按快捷键【Shift+F11】，打开"均匀填充"对话框，设置颜色参数为后，单击"确定"按钮。在调色板的"透明色"按钮⊠上单击鼠标右键，取消外框的颜色。

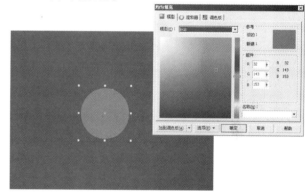

56 采用相同的方法绘制出不同颜色的图形，制作出人物吐烟的效果。

58 使用工具箱中的"椭圆形工具" ◯，按住【Ctrl】键在如图的位置绘制一个圆形，按快捷键【Shift+F11】，打开"均匀填充"对话框，设置颜色参数为后，单击"确定"按钮。在调色板的"透明色"按钮⊠上单击鼠标右键，取消外框的颜色。

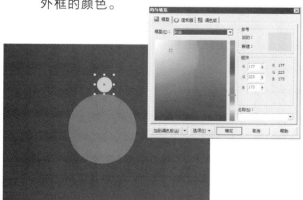

59 选择工具箱中的"挑选工具" ▸，鼠标左键双击小圆图形，将图像的中心点拖动到圆心的位置。

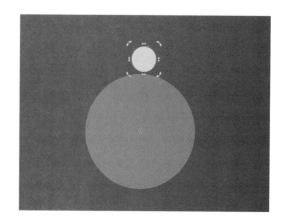

60 选择工具箱中的"挑选工具"，选择图像，执行"排列"|"变换"|"旋转"命令，设置好参数，重复单击"应用到再制"按钮，得到如图的效果。

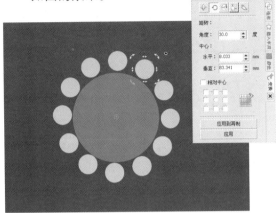

61 使用"挑选工具"，选中绘制好的一组图形，按快捷键【Ctrl+G】群组图形，然后将其拖动到如图的位置，按住【Shift】键等比例调整其大小。

62 使用工具箱中的"贝塞尔工具"，在页面内绘制一个气球图形，在调色板的"白色"按钮上单击鼠标左键，填充为白色。在调色板的"透明色"按钮上单击鼠标右键，取消外框的颜色。

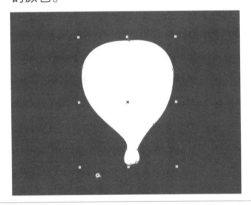

63 按【F11】键，打开"渐变填充"对话框，对参数进行设置，颜色由内到外为白色，(R:0，G:147，B:221)，设置后单击"确定"按钮。

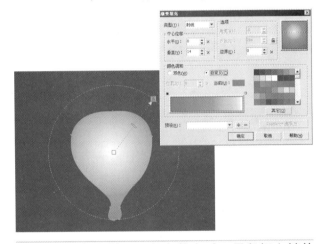

64 使用工具箱中的"矩形工具"，在图像中绘制一组矩形，按快捷键【Ctrl+G】群组图形。在调色板的"黑色"按钮上单击鼠标左键，填充为黑色。单击气球图形，执行"排列"|"造形"|"相交"命令。

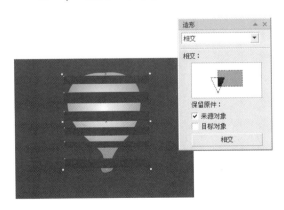

65 当鼠标左键显示相交状态时，用鼠标左键单击矩形，相交得到如图的效果。

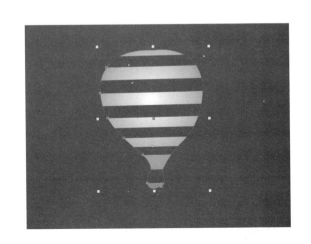

66 使用"挑选工具" ，选中绘制好的气球图形，按快捷键【Ctrl+G】群组图形，然后将其拖动到如图的位置，按住【Shift】键等比例调整其大小。

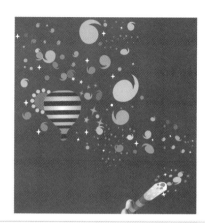

67 使用相同的方法再绘制出一个气球，将其填充为不同的渐变颜色，置于如图的位置。

68 使用工具箱中的"椭圆形工具" ，按住【Ctrl】键在图像中绘制一个圆形，按快捷键【Shift+F11】，打开"均匀填充"对话框，设置颜色参数，单击"确定"按钮。在调色板的"透明色"按钮 上单击鼠标右键，取消外框的颜色。

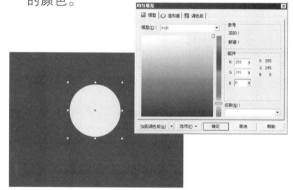

69 选择工具箱中的"交互式轮廓图工具" ，对属性栏中的颜色参数进行设置，在图形上从内到外拖动鼠标，得到如图的效果。

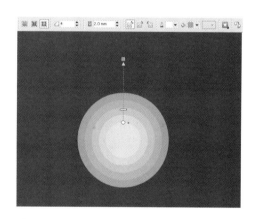

70 使用"挑选工具" ，选中绘制好的图形拖动到如图的位置，按快捷键【Ctrl+C】复制图形，再按快捷键【Ctrl+V】粘贴图形，复制一个图形，按住【Shift】键等比例调整其大小。

71 使用工具箱中的"多边形工具" ，按住【Ctrl】键在图像中绘制一个多边形，按快捷键【Shift+F11】，打开"均匀填充"对话框，设置颜色参数后，单击"确定"按钮。按【F12】键，打开"轮廓笔"对话框，对参数进行设置后单击"确定"按钮。

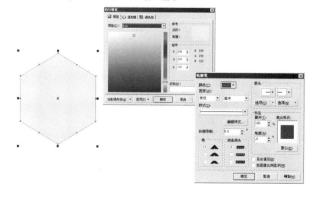

72 使用"挑选工具" ，选中图形，按快捷键
【Ctrl+C】复制图形，再按快捷键【Ctrl+V】
粘贴图形，复制一组图形将其排列成如图的
效果。

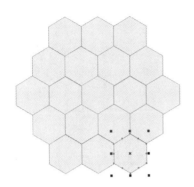

73 使用"挑选工具" ，选中如图显示的图形位
置，在调色板的"黑色"按钮上单击鼠标左键，
将其依次填充为黑色。

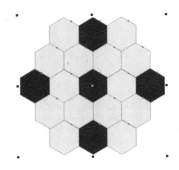

74 使用工具箱中的"椭圆形工具" ，按住【Ctrl】
键在图像中绘制一个圆形，执行"效果"|"透
镜"命令，在弹出的"透镜"泊坞窗口的下拉
列表中选择鱼眼透镜，设置参数如图所示，然
后单击"应用"按钮。

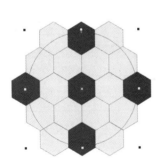

75 这时就会创建出一个足球对象，将原来的一
组多边形删除。

76 使用"挑选工具" ，选中绘制好的足球图形，
按快捷键【Ctrl+G】群组图形，然后将其拖动
到如图的位置，按住【Shift】键等比例调整其
大小。

77 使用工具箱中的"文本工具" 字，设置适当的
字体和字号，在如图的位置输入相关文字。这
样封面就全部绘制完成了。

78 制作完成后的效果图，如图所示。

◎ 课后练习

1. 试以"少儿故事图书系列"为主题制作一系列的图书封面设计，具体要求如下。

● 规格：486cm × 216cm，其中勒口占200cm。

● 设计要求：主题鲜明、活泼，体现少儿读物的特色，能吸引读者。

2. 设计上一练习中以"少儿故事图书系列"为主题制作的一系列图书的内文版式，具体要求如下。

● 规格：286cm × 216cm。

● 设计要求：主题鲜明，活泼，体现少儿读物的特色，能吸引儿童，主要以图片为主，文字为辅。同时，还要注意文字形象不要过于死板，带些卡通意味的最好。

插画设计

第7章

关于商业插画 ·

插画最早来源于招贴海报。早期，商业插画属于平面设计的专业，随之慢慢发展为一个独立的绘画体系。插画已经广泛应用在出版物、海报、动画、游戏和影视等各个方面，当然，它也和平面设计有着不可分割的关系。

◎ 插画在商业上的应用

为企业或产品绘制插图，获得与之相关的报酬，作者放弃对作品的所有权，只保留署名权的商业买卖行为，即为商业插画。它运用图案表现的形式，本着审美与实用相统一的原则，尽量使线条和形态清晰明快，制作方便，是世界通用的语言。其设计在商业应用上通常分为人物、动物和商品形象等类型。

1. 人物形象

插画以人物为题材，容易与消费者相投合，因为人物形象最能表现出可爱感与亲切感，人物形象的想象性创造空间是非常大的。首先，塑造的比例是重点，生活中成年人的头身比为1∶7或1∶7.5，儿童的比例为1∶4左右，而卡通人常以1∶2或1∶1的大头形态出现，这样的比例可以充分利用头部面积来再现形象神态。人物的脸部表情是整体的焦点，因此描绘眼睛非常重要。其次，运用夸张变形的手法不会给人不自然或不舒服的感觉，反而能够使人发笑，让人产生好感，整体形象更明朗，给人留下的印象更深。

2. 动物形象

动物作为卡通形象历史已相当久远，在现实生活中，有不少动物已成为人们的宠物，这些动物作为卡通形象更受到公众的欢迎。在创作动物形象时，必须十分重视创造性，注重于形象的拟人化手法。例如，动物与人类的差别之一，就是表情上不显露笑容。但是，卡通形象可以通过拟人化手法赋予动物具有如人类一样的笑容，使动物形象具有人情味。运用人们生活中所熟知的、喜爱的动物较容易被人们接受。

3. 商品形象

商品形象是动物拟人化在商品领域中的扩展，是通过拟人化的商品给人以亲切感。个性化的造形，给人耳目一新的感觉，从而加深人们对商品的直接印象。以商品拟人化的构思来说，大致分为两类：

第一类为完全拟人化，即夸张商品，运用商品本身的特征和造形结构作为拟人化的表现。

第二类为半拟人化，即在商品上另加与商品无关的手、足、头等作为拟人化的特征元素。

以上两种拟人化塑造手法，使商品富有人情味和个性化。通过动画形式强调商品特征，其动作、语言与商品直接联系起来，宣传效果更为明显。

◎ 插画的用途

1．商业用途

简单地说，就是把插画变成商品来买卖，插画本来就是一种实用美术而不是纯艺术。大部分的插画作者为了生活，都需要把插画当做商品来进行买卖。所以，在做商业类的插画时，一定要按照客户要求和市场的需要来做。

2．比赛用途

参加比赛的目的是让大家肯定自己的能力或提高知名度，所以，这类作品在确定主题以后一定要充分表现出自己最拿手的风格和特点，画面一定要有视觉冲击力，这样才能引起大家的注意。

3．自由用途

自由用途是插图不作商业用途，而是用于满足自己的个人需要。作者可以挑战一下新的技术，可以尝试新的风格，可以画一些纯艺术的、放开思维的画，可以最后不成稿，但是会得到足够的锻炼。

◎ 插画技法

无论是传统画笔，还是电脑绘制，插画的绘制都是一个相对比较独立的创作过程，有很强烈的个人情感依归。有关插画的工作很多种，像儿童的、服装的、书籍的、报纸副刊的、广告的、电脑游戏的，不同性质的工作需要不同性质的插画人员，所需风格和技能也有所差异。就算是专业的杂志插画，每家出版社所喜好的风格也不一定相同。所以，现在的插画也越来越商业化，要求也越来越高，走向了专业化的水平。它再也不同于以前，有可能只为表达个人某时某刻的那份想法。

画插画，最好是先把基本功练好，比如素描、速写。素描是训练对光影、构图的了解。而速写则是训练记忆，用简单的笔调快速地绘出影像感觉，让手和脑更灵活。然后就可多尝试用不同颜料作画，比如水彩、油画、色铅笔、粉彩等，找到适合自己的上色方式。

当然，现在也可以使用电脑绘图，像 Illustrator、Photoshop、Painter 等绘图软件。简单来说，Illustrator 是矢量式的绘图软件，Photoshop 是点阵式的，而 Painter 则是可以模仿手绘笔调的。

插画的创作表现可以具体，亦可抽象，创作的自由度极高。当摄影无法拍摄到实体影像时，借助于插画的表现则为最佳时机。插画依照用途可以分为书刊插画、广告插画和科学插画等。

◎ 优秀插画欣赏

7.1 | 故事类书籍插画

创作思路：矢量图形在图书中作为插画的应用非常广泛，因为插画能表达一些文字所不能表示的意思。插画设计以绘画为主，但不同于一般的绘画，插画是具有装饰风格的绘画。

◎ 设计要求

设计内容	○ 故事类书籍插画
客户要求	○ 尺寸为175mm × 245mm。要求符合书中的故事情节发展，能给读者留下想象的空间
最终效果	○ 光盘：插画 / 故事类书籍插画

◎设计步骤

最终效果

◎ 新建文档并设置大小

01 新建空白文件。执行"文件"|"新建"命令（或按快捷键【Ctrl+N】），新建一个 A4 大小的空白文档。然后在其属性栏上更改文档大小为 175mm × 245mm。

02 选择工具箱中的"矩形工具"，在页面拖动以绘制矩形，然后在属性栏中将其更改为 175mm × 245mm 大小选择工具箱中"轮廓工具"组中的"轮廓笔"。在弹出的对话框中将轮廓"宽度"设置为 2.5，然后单击"确定"按钮。

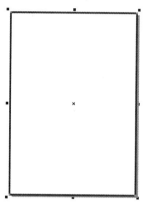

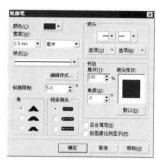

◎ 绘制人物脸部

03 执行"排列"|"锁定对象"命令将绘制的矩形锁定。由于此处要完成的是一幅商业插画，所以，意境一定要到位，而且主题要鲜明，应先绘制主体即人物部分。

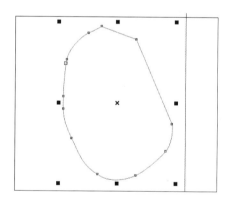

04 先绘制人物的基本脸型，选择工具箱中的"贝塞尔工具"。然后选择工具箱中"填充"工具组中的"渐变填充工具"，在弹出的对话框中设置由白色至（C：5，M：16，Y：43），角度为 70° 的线性渐变。

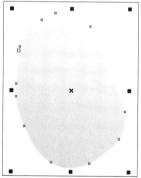

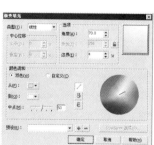

专业小知识

—— 关于渐变填充知识 ——

在 CorelDRAW 中，可以随意设置对象的填充颜色，其中渐变填充的使用频率是很高的，下面就介绍这方面的知识。

渐变填充是填充色由一种颜色过渡到另一种颜色，可以预置过渡方式和方向。单击"填充"工具组中的"渐变填充"工具，弹出"渐变填充"对话框，如图 7-1 所示。

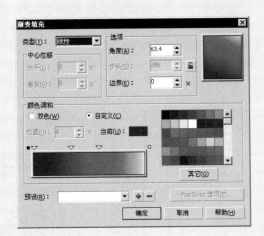

图 7-1

在"类型"列表框中，可以选择填充方式，如线性、射线、圆锥、方角等几种填充方式的效果。

当选择射线、圆锥或者方角填充时，可以设置填充的中心位移值。值为正时，渐变式填充将向上移动；值为负时，渐变式填充的中心将向左或向下移动。这种位移在"渐变填充"对话框的预览框中可以看到。

在"渐变填充"对话框中还可以进行其他设置。

1."双色"选项

选择"双色"选项，可以设置两个颜色的渐变，并且中心的值不同，效果也不同。

◢：单击该按钮，根据色调与饱和度沿直线的变化来确定中间的填充颜色。

◴：单击该按钮，围绕色轮按照逆时针路径变化的色相与饱和度来确定中间的填充颜色。

◵：单击该按钮，渐变式填充将由起始颜色沿色盘按顺时针方向变化到结束颜色。

2."自定义"选项

选择"自定义"可以设置多个颜色之间的渐变，这时只需双击颜色编辑条上方虚框内的任意位置，就可以增加一个调节点，即增加一个向下的三角形，这个三角形可以用滑动的方式调节渐变状态。双击三角形可删除节点。单击这个三角形，在右边的颜色选项内可以设置渐变的颜色。

3."预设"选项

在预设列表框中，有一些预设的渐变样式可供选择，其中包括自己编辑的渐变样式。编辑渐变样式的方法是：

设置渐变颜色。在"预设"文本框内给样式命名。然后单击 按钮，新建的渐变样式就显示在样式列表中了。如果要删除渐变样式，单击 按钮即可。

渐变样式下拉列表框中还包括一些直接能用的样式，如图 7-2 所示是选择"粉红霓虹"的效果。

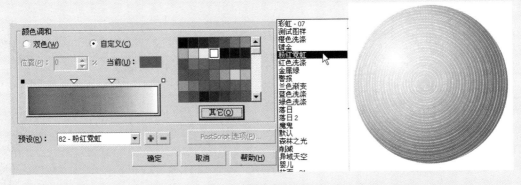

图 7-2

◎ 绘制人物的头发

05 为了体现时尚,这里的头发需要绘制的颜色丰富一些。先绘制刘海的头发,再将其填充为由(C:66,M:85,Y:84,K:42)至(M:60,Y:100)的渐变。

06 添加头发部分,将其填充为由(C:48,M:61,Y:91,K:5)至白色的线性渐变。

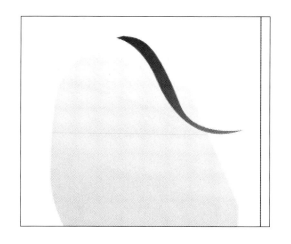

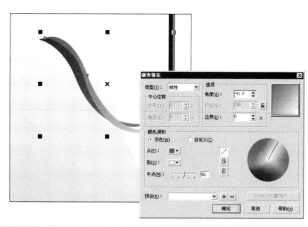

07 绘制飘逸的头发,也将其填充为渐变颜色。然后添加左边的一缕头发,并将其填充为(M:20,Y:20,K:40)的颜色。

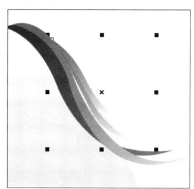

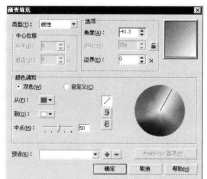

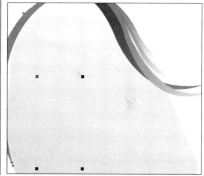

08 绘制头顶最亮的头发,将其填充为由(Y:100)至白色,角度为54°的渐变,再绘制最暗的部分并填充为黑色。

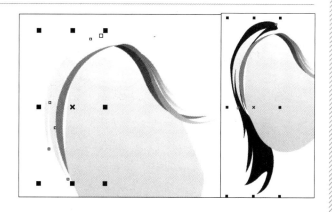

09 选择工具箱中的"贝塞尔工具" 绘制头发轮廓，填充（C：68，M：87，Y：92，K：34）的颜色和由（M：60，Y：80）至（M：20，Y：40），角度为-116.6°的渐变颜色。

10 选择工具箱中的"矩形工具" ，绘制和页面一样大小的颜色矩形，然后将其填充为（C：49，M：73，Y：99，K：8），一直按快捷键【Ctrl+Page Down】将矩形置于底部。

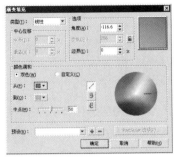
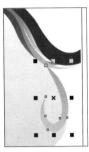

11 补充一些头发的基本轮廓并填充颜色为黑色和（C：68，M：87，Y：92，K：34）颜色。

◎ **绘制人物的眉毛**

12 眉毛在一定程度上可以体现出整个人物的神态，选择工具箱中的"贝塞尔工具" 绘制轮廓。

13 按快捷键【Shift+F11】，在弹出的"均匀填充"对话框中设置颜色值为（C：37，M：55，Y：85），去掉轮廓色并将右边的眉毛置于头发下面。

◎ **绘制眼睛**

14 眼睛包括眼眶、眼白、眼球、眼睫毛几个部分。先绘制眼睛的基本轮廓并将其填充为黑色，方法和前面的一样，然后绘制眼白部分。

15 由于光线的原因，不可能所有的眼白部分都是纯白，而是有一部分为浅灰色。

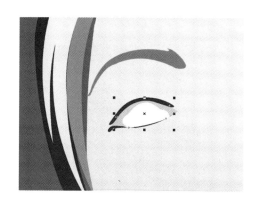

16 为了更有色彩感，将眼球绘制成多种颜色。先绘制一部分并将其填充为（C：60，Y：20，K:20）和（C：100，M：80，Y：40，K：10）颜色。

17 绘制内眼珠并将其填充为（C：60，M：95，Y：95，K：20）和黑色，在调色板的"透明色"按钮☒上单击鼠标右键以去掉轮廓色，然后按快捷键【Ctrl+Page Down】将其置于后面。

18 为了让眼睛更有神，为眼睛添加一点反光，即绘制轮廓后填充为白色，然后选中下眼睑并按快捷键【Ctrl + Page Up】将其置于前面。

19 为人物添加眼睫毛。按一般的审美观来讲，眼睫毛要卷曲上翘比较漂亮，所以，绘制的时候要从美观的角度出发，错落有致，然后将其填充为黑色。

20 用相同的方法为右边的眼睛也添加眼球。注意，两只眼睛的透视、大小、比例和颜色填充方面应一样。

21 为眼睛上妆——涂眼影。先绘制好轮廓色，接着将其填充为由白色至（M：40，Y：60，K：20），角度为－173.3°，以及由（M：60，Y：80，K：20）至白色的渐变色。

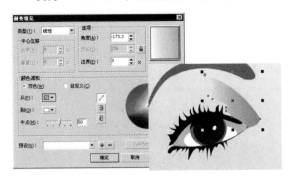
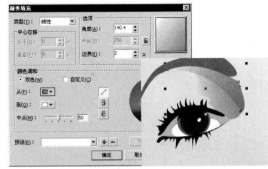

22 将右边眼睛也涂眼影，填充颜色和左边保持一致，这样更协调。

◎ 绘制鼻子

23 先画鼻子的基本轮廓，然后将其填充为由（C：4，M：9，Y：25）至白色的渐变。按快捷键【Ctrl+Page Down】将其置于眉毛的下面。

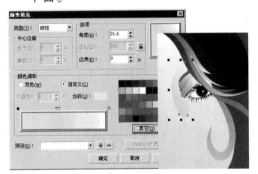

24 绘制鼻头部分并填充（C：11，M：24，Y：45）颜色，然后加上鼻孔并填充由黑色至（C：54，M：73，Y：84，K：12）的渐变色。

25 添加鼻翼部分。先绘制一个对象并将其填充为（C：11，M：24，Y：45）颜色。

26 执行"窗口"|"泊坞窗"|"透镜"命令，在其窗口中单击 ▾ 按钮并选择列表中的"透明度"，然后将"比率"值设置为50%。

专业小知识

—— 关于透镜的知识 ——

透镜效果可以改变位于透镜下面的对象的视觉效果，其作用和滤光镜类似。透镜效果可以应用于任何封闭的形状，以及可以延伸的直线、曲线和美术文本等。

执行"窗口"|"泊坞窗"|"透镜"命令，在其窗口中单击▓按钮，可以弹出列表。其中包括"使明亮"透镜、"颜色添加"透镜、"自定义彩色图"透镜、"色彩限度"透镜、"鱼眼"透镜、"灰度浓淡"透镜、"透明度"透镜和"线框"透镜等几种效果。如图7-3所示。

上面例子中用到的"透明度"透镜可以产生透过胶片或者有色玻璃观察对象的效果，创建"透明度"透镜效果后，可以在"比率"框中设置透镜的透明度值，值越大透镜越透明，在"颜色"列表框中可以选择透镜的颜色。

图7-3

◎ 绘制人物的嘴

27 嘴唇部位的绘制成功与否，很大程度上决定了人物插画的整体效果，所以一定要仔细。勾勒外形不准确时可以配合工具箱中的"形状工具"▟进行微调。

28 选择勾勒的嘴唇外形，按快捷键【Shift+F11】在弹出的"均匀填充"对话框中将颜色值设置为（M：100，Y：100），再单击"确定"按钮，接着去掉其轮廓。

29 为了让嘴唇看起来有立体感，再绘制亮一些的地方，完成后将其填充为（M：60，Y：100）的颜色。

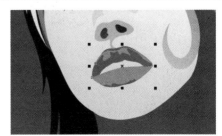

30 绘制反光部位的暗部。选用"贝塞尔工具"绘制轮廓并填充20%的黑色，然后打开"透镜"泊坞窗，在列表中选择"色彩限度"，将"比率"值设置为50%，单击"应用"按钮。

 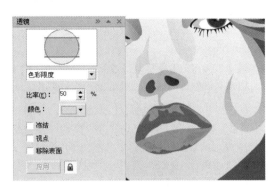

31 确定了基本色调后，再添加高光部分。绘制好轮廓后将其填充为白色。

32 绘制上、下嘴唇中的阴影对象，将其分别填充为（C：45，M：100，Y：100，K：10）和（M：20，Y：40，K：40）的颜色，接着将其均添加"色彩限度"透镜。

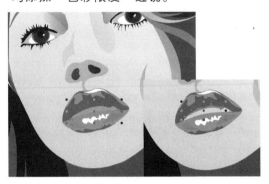

33 绘制对象并添加牙齿部分。填充为白色即可，注意牙齿对象要放置在下面。

34 由于光线的原因，嘴唇下方应该有一块暗部。将其填充为20%黑色并添加"色彩限度"透镜。

◎ 调整脸部各个部分

35 这时发现鼻子缺少最亮的地方，而且眼部也要细致调整。给下眼皮加一些阴影，并对齐填充颜色为（M：40，Y：60，K：20）。

◎ 调整背景部分

36 绘制一些如水草状的对象并填充白色，再绘制一些轮廓宽度为 1.5 的黑色线。

37 这样头发的颜色强度就显得略灰了。再添加一缕头发并填充由红色至黄色的线性渐变。

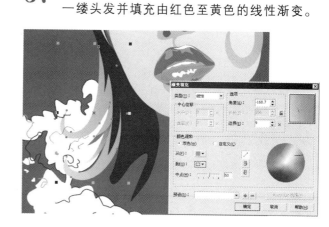

38 添加头发的层次，依次填充 50% 黑色，（M：20，Y：40，K：40，C：52）、（M：53，Y：87，K：5）以及由红色至黄色的渐变。

39 修饰下巴部分，各个对象的填充颜色可自行决定，此处均添加了"色彩限度"透镜。

40 绘制人物的脖子，填充颜色为由（C：40，M：67，Y：95，K:2）至（C：7，M：24，Y：60）的渐变颜色，接着将其放置在下面。

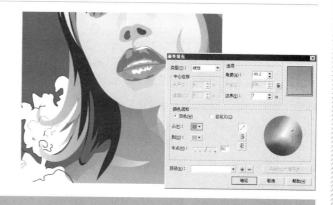

◎ 制作其他背景

41 选择工具箱中的"贝塞尔工具" 绘制轮廓，将轮廓色设置为（C：64，M：94，Y：94，K：26）。再绘制三条曲线，设置和前一条曲线相同。

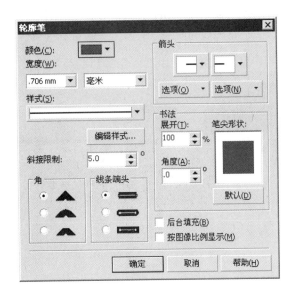

42 选择绘制的几条曲线，按快捷键【Ctrl+G】将其群组，然后再复制一个复制对象，并将其放置在旁边。单击属性栏上的"水平镜像"按钮 将对象折到右边。

43 复制几个对象调整大小后，再将其放置在合适的位置。

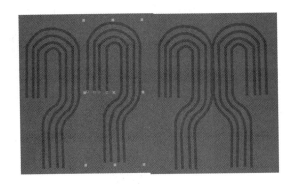

44 为了烘托气氛，再添加一只蝴蝶。绘制好轮廓后将其填充为（Y：60，M：100）的颜色。

45 再绘制一只不同种类的蝴蝶并将其填充为白色，然后调整至画面适当的位置。

46 绘制一个曲线对象并将其填充为（Y：60，M：100）的颜色。

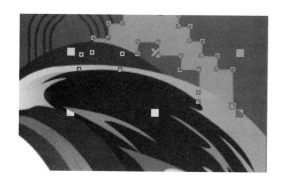

47 选择工具箱中的"椭圆形工具"，按住【Ctrl】键以绘制正圆并填充白色，然后复制圆并分别调整大小再放置在合适的位置。

48 复制圆形并调整为更小的圆，再调整位置。

49 整体调整一下，插画就基本完成了。可能有些地方还不够细致，读者在学习的过程中可以发挥自己的潜力细做下去。

7.2 插画少女心灵

创作思路：本幅插画使用图案装饰的设计手法，利用各种花纹的造形美、色彩美排列组合使得画面丰富多彩，制作出具有装饰性的插画，使得画面表达更加生动鲜明、主题突出。

◎ 设计要求

设计内容	○ 插画少女心灵
客户要求	○ 尺寸为 247mm × 286mm。要求突出主体人物，符合少女的色调和美感
最终效果	○ 💿光盘：插画/插画少女心灵

◎ 设计步骤

最终效果

◎ 新建文档并重新设置页面大小

01 执行"文件"|"新建"命令（或按快捷键
【Ctrl+N】），新建一个空白文档。执行"版面"
|"页设置"命令，弹出"选项"对话框，选择
"页面"|"大小"命令，设置好文档大小为
247mm × 286mm，左键单击调色板上的"黑
色"按钮，填充黑色。

◎ 绘制边框

02 使用工具箱中的"贝塞尔工具" ，在页面左
上角绘制出一个边框角的形状，按【F12】键，
打开"轮廓笔"对话框，对参数进行设置后单
击"确定"按钮。

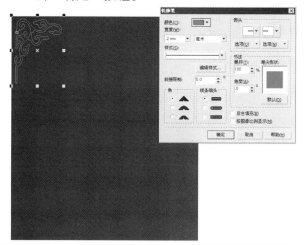

03 按【F11】键，打开"渐变填充"对话框，对
颜色参数进行设置，填充颜色从左上到右下
为（R:147，G:40，B:43）、（R:218，G:37，B:
29）和（R:228，G:128，B:98），单击"确定"
按钮。

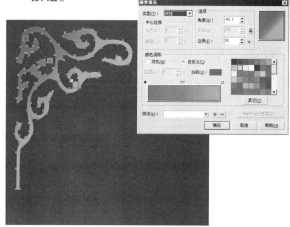

04 选择工具箱中的"挑选工具" ，选择图像，
执行"排列"|"变换"|"比例"命令，设置
好参数，单击"应用到再制"按钮，得到如图
的效果。

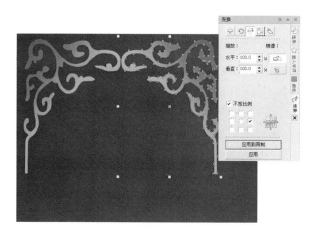

05 选择工具箱中的"挑选工具" ，将得到的图
形移动到右上角，然后选中两个图形按快捷
键【E】水平居中对齐。

06 选择工具箱中的"挑选工具"，将上一步绘制好的两个图形选中，按快捷键【Ctrl+G】将其群组，然后选择图像，执行"排列"|"变换"|"比例"命令，设置好参数，单击"应用到再制"按钮，得到如图的效果。

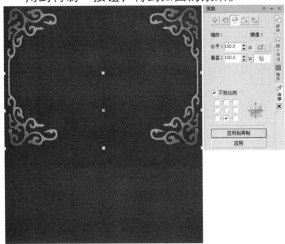

07 选择工具箱中的"挑选工具"，将得到的一组边框移动到如图的位置。

08 使用工具箱中的"矩形工具"，在图像中绘制一个矩形，按快捷键【Shift+F11】，打开"均匀填充"对话框，设置颜色参数后，单击"确定"按钮。在调色板的"透明色"按钮上单击鼠标右键，取消外框的颜色。

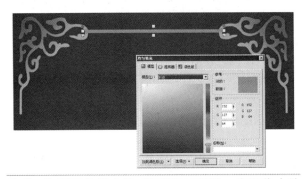

09 使用工具箱中的"贝塞尔工具"，在如图的位置绘制出一个边框的形状，在调色板的"透明色"按钮上单击鼠标右键，取消外框的颜色。按【F11】键，打开"渐变填充"对话框，对颜色参数进行设置，颜色填充从左到右（R:147，G:40，B:43）、（R:218，G:37，B:29）和（R:255，G:255，B:255），单击"确定"按钮。

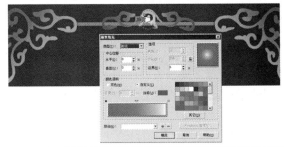

10 使用工具箱中的"矩形工具"，在图像中绘制一个矩形，按快捷键【Shift+F11】，打开"均匀填充"对话框，设置颜色参数后，单击"确定"按钮。在调色板的"透明色"按钮上单击鼠标右键，取消外框的颜色。

11 使用工具箱中的"贝塞尔工具"，在如图的位置绘制出一个边框的形状，在调色板的"透明色"按钮上单击鼠标右键，取消外框的颜色。按【F11】键，打开"渐变填充"对话框，对颜色参数进行设置，颜色填充从外到内（R:168，G:121，B:44）、（R:255，G:251，B:156）和（R:241，G:184，B:85）。

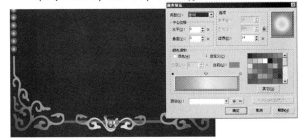

12 使用工具箱中的"椭圆形工具"○，按住【Ctrl】键在页面中绘制一个圆形，在调色板的"透明色"按钮⊠上单击鼠标右键，取消外框的颜色。按【F11】键，打开"渐变填充"对话框，对颜色参数进行设置，颜色填充从外到内（R:146，G:45，B:42）、（R:218，G:37，B:29）和（R:255，G:255，B:255）。

13 选择工具箱中的"挑选工具"，按住【Ctrl】键在圆形上单击鼠标左键向右进行水平拖动，然后单击一下鼠标右键，释放鼠标左键，这时复制了一个相同的圆。

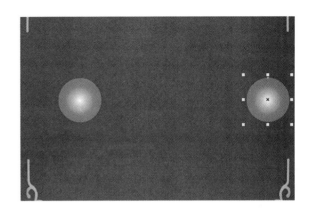

14 选择工具箱中的"交互式调和工具"，从左向右拖动鼠标，对属性栏中的参数进行设置，得到如图的调和效果。

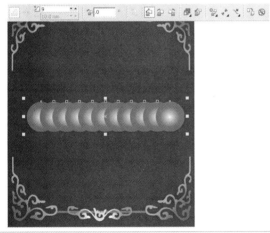

15 选择工具箱中的"挑选工具"，鼠标左键单击图形再按住【Shift】键选中图形的一个角，按住鼠标左键向内拖动鼠标将其等比例缩小，效果如图所示。

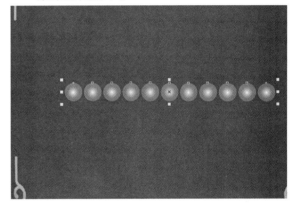

16 选择工具箱中的"挑选工具"，鼠标左键双击图形将其旋转，然后移动到如图的位置。

17 选择工具箱中的"挑选工具"，按住【Ctrl】键在图形上单击鼠标左键向右进行水平拖动，然后单击一下鼠标右键，释放鼠标左键，这时复制了一组相同的图形。

18 使用工具箱中的"矩形工具"□，在页面内绘制一个矩形，在属性栏设置矩形的边角圆滑度参数如图所示。在调色板的"透明色"按钮⊠上单击鼠标右键，取消外框的颜色。按【F11】键，打开"渐变填充"对话框，对颜色参数进行设置，颜色填充从外到内（R:173，G:41，B:41）、（R:219，G:79，B:49）和（R:255，G:255，B:255）。

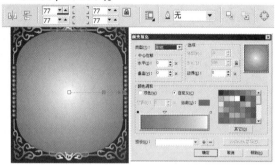

20 使用工具箱中的"椭圆形工具"○，按住【Ctrl】键在页面中绘制一个圆形，在调色板的"透明色"按钮⊠上单击鼠标右键，取消外框的颜色。按【F11】键，打开"渐变填充"对话框，对颜色参数进行设置，颜色填充从内到外（R:255，G:245，B:0）、（R:242，G:229，B:32）和（R:198，G:147，B:41）。

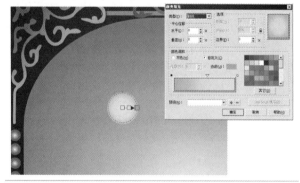

22 选择工具箱中的"挑选工具"▷，选中绘制出的圆形依次拖动到边框如图的位置。

19 选择工具箱中的"交互式透明工具"☲，对属性栏进行设置，在图形上从上到下拖动鼠标，在调色板上设置百分比黑度值如图显示的效果。

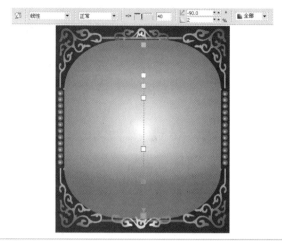

21 选择工具箱中的"挑选工具"▷，按快捷键【Ctrl+C】复制图形，再按快捷键【Ctrl+V】粘贴图形，复制一组圆形，按住【Shift】键将其中几个圆形等比例缩小。

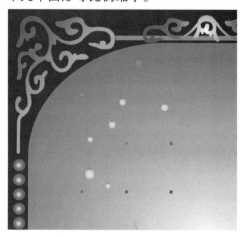

23 利用相同的方法，分别绘制出边框4个角的圆点。

24 使用工具箱中的"贝塞尔工具" ，在如图的位置绘制出一个心形，在调色板的"透明色"按钮⊠上单击鼠标右键，取消外框的颜色。按【F11】键，打开"渐变填充"对话框，对颜色参数进行设置，颜色填充从内到外（R:255，G:255，B:255）和（R:218，G:37，B:29）。

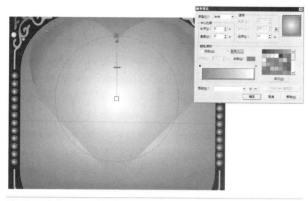

25 单击属性栏中的"导入"按钮 ，打开"导入"对话框，导入配套光盘中的"素材1"文件。

26 选择工具箱中的"挑选工具" ，选择图像，执行"排列"|"变换"|"比例"命令，设置好参数，单击"应用到再制"按钮，得到如图的效果。

27 选择工具箱中的"挑选工具" ，将两组花边移动重叠并按快捷键【Ctrl+G】将其群组，放置在如图的位置。

28 选择工具箱中的"椭圆形工具" ，按住【Ctrl】键在图像中绘制一个圆形，按快捷键【Shift+F11】，打开"均匀填充"对话框，设置颜色参数，单击"确定"按钮。在调色板的"透明色"按钮⊠上单击鼠标右键，取消外框的颜色。

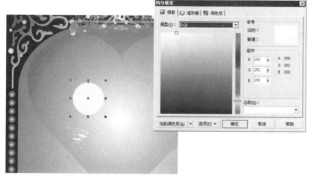

29 选择工具箱中的"多边形工具" ，在属性栏上设置好参数，在图像中绘制一个三角形，按快捷键【Shift+F11】，打开"均匀填充"对话框，设置颜色参数，单击"确定"按钮。在调色板的"透明色"按钮⊠上单击鼠标右键，取消外框的颜色。

30 选择工具箱中的"挑选工具"，选中绘制好的两个图形，执行"排列"|"造形"|"焊接"命令。

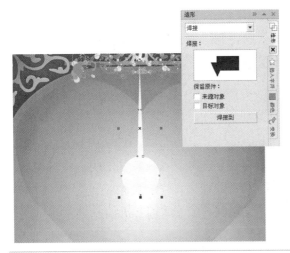

31 选择工具箱中的"挑选工具"，鼠标左键双击图形，然后将图形的中心点移动到如图的位置。

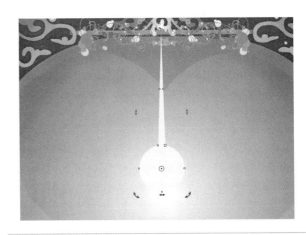

32 选择工具箱中的"挑选工具"，选择图像，执行"排列"|"变换"|"旋转"命令，设置好参数，重复单击"应用到再制"按钮，得到如图的效果。

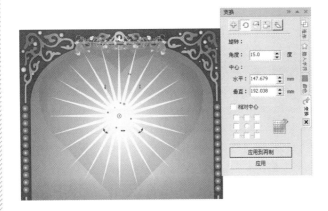

33 选择工具箱中的"挑选工具"，将得到的一组图形全部选中，按快捷键【Ctrl+G】群组图形，然后按住【Shift】键等比例调整其大小，置于页面中合适的位置。

34 使用工具箱中的"矩形工具"，在页面旁边空白区域绘制一个矩形，在调色板的"黑色"按钮上单击鼠标左键，填充黑色。选择工具箱中的"贝塞尔工具"，绘制出一个如图的形状，按【F12】键，打开"轮廓笔"对话框，对参数进行设置后单击"确定"按钮。

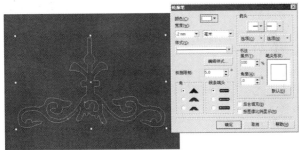

35 选择工具箱中的"挑选工具"，在调色板的"白色"按钮上单击鼠标左键，将图形填充为白色。

36 选择工具箱中的"挑选工具" ，鼠标左键双击图形，然后将图形的中心点移动到如图的位置。

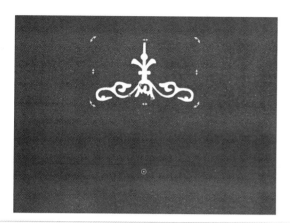

37 选择工具箱中的"挑选工具" ，选择图像，执行"排列"|"变换"|"旋转"命令，设置好参数，单击 7 次"应用到再制"按钮，得到如图的效果。

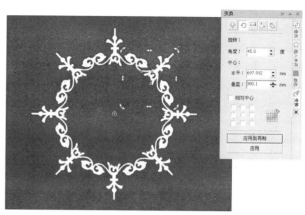

38 选择工具箱中的"挑选工具" ，将得到的一组图形全部选中，按快捷键【Ctrl+G】群组图形，然后按住【Shift】键等比例调整其大小，置于如图的位置。

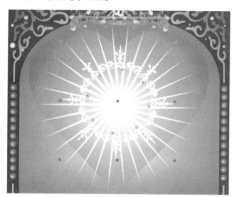

◎ 导入花纹素材

39 单击属性栏中的"导入"按钮 ，打开"导入"对话框，导入配套光盘中的"素材 2"文件。

40 选择工具箱中的"挑选工具" ，将素材 2 移动到页面的左上角，鼠标左键双击图形，然后将图形进行旋转。按住【Shift】键等比例调整其大小，置于如图的位置。

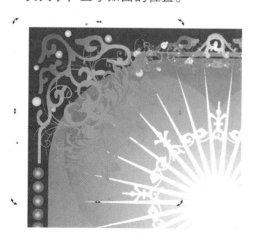

41 选择工具箱中的"挑选工具" ，按住【Ctrl】键在图形上单击鼠标左键向右进行水平拖动，然后单击鼠标右键，释放鼠标左键，这时复制了一个相同的图形。鼠标左键双击复制得到的图形，将其旋转得到如图的效果。

42 使用相同的方法复制出两组花边，将其放置在页面的左下角和右下角。

43 单击属性栏中的"导入"按钮，打开"导入"对话框，导入配套光盘中的"素材3"文件。

44 选择工具箱中的"挑选工具"，鼠标左键双击图形将其旋转移动到如图的位置。然后鼠标左键单击图形，按住【Shift】键等比例调整其大小。

45 选择工具箱中的"挑选工具"，选择图像，执行"排列"|"变换"|"比例"命令，设置好参数，单击"应用到再制"按钮，得到如图的效果。

46 选择工具箱中的"挑选工具"，按【Ctrl】键将复制得到的一组花边水平移动到页面右侧位置。

47 使用工具箱中的"贝塞尔工具"，在如图的位置绘制出一个心形，在调色板的"透明色"按钮上单击鼠标右键，取消外框的颜色。按【F11】键，打开"渐变填充"对话框，对颜色参数进行设置，颜色填充从上到下（R:198，G:147，B:41）、（R:255，G:252，B:200）和（R:193，G:143，B:40）。

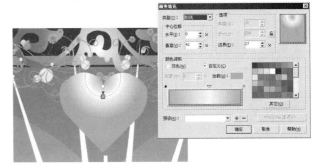

48 选择工具箱中的"挑选工具"，按住【Ctrl】键在心形上单击鼠标左键向下进行垂直拖动，然后单击鼠标右键，释放鼠标左键，这时复制了一组相同的心形。鼠标左键单击复制的心形，按住【Shift】键等比例调整其大小。

49 单击属性栏中的"导入"按钮，打开"导入"对话框，导入配套光盘中的"素材4"文件。

50 选择工具箱中的"挑选工具"，选中导入的素材4，在属性栏上单击"水平镜像"按钮，然后鼠标左键双击图像将其旋转置于如图的位置。

51 选择工具箱中的"挑选工具"，选择红花图像，执行"排列"|"变换"|"比例"命令，设置好参数，单击"应用到再制"按钮，得到如图的效果。

52 选择工具箱中的"挑选工具"，将得到的图形移动到页面右侧，然后选中两个图形按快捷键【E】水平居中对齐。

53 单击属性栏中的"导入"按钮，打开"导入"对话框，导入配套光盘中的"素材5"文件。

54 选择工具箱中的"挑选工具" ，选中导入的素材4，在属性栏上单击"水平镜像"按钮 ，然后鼠标左键双击图像，将其旋转置于如图的位置。

56 选择工具箱中的"挑选工具" ，将复制得到的图形移动到页面右侧，然后选中两个图形按快捷键【E】水平居中对齐。

58 选择工具箱中的"挑选工具" ，鼠标左键双击素材6图像，将其旋转置于如图的位置。

55 选择工具箱中的"挑选工具" ，选中素材5图像，执行"排列"|"变换"|"比例"命令，设置好参数，单击"应用到再制"按钮，得到如图的效果。

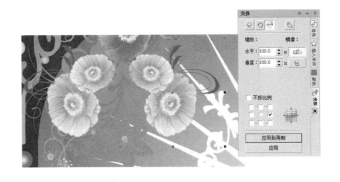

57 单击属性栏中的"导入"按钮 ，打开"导入"对话框，导入配套光盘中的"素材6"文件。

59 选择工具箱中的"挑选工具" ，在小白花上单击鼠标左键向右进行拖动，然后单击鼠标右键，释放鼠标左键，这时复制了一组相同的图像。鼠标左键双击复制的图像将其旋转，按住【Shift】键等比例调整其大小，放置到如图的位置。

60 单击属性栏中的"导入"按钮，打开"导入"对话框，导入配套光盘中的"素材7"图像，按住【Shift】键等比例调整其大小，放置到如图的位置。

61 单击属性栏中的"导入"按钮，打开"导入"对话框，导入配套光盘中的"素材8"文件。

62 选择工具箱中的"挑选工具"，选中素材8紫色花边，按快捷键【Ctrl+Page Down】下移图层，置于如图的位置。

63 选择工具箱中的"挑选工具"，选中素材8图像，执行"排列"|"变换"|"比例"命令，设置好参数，单击"应用到再制"按钮，得到一个镜像的图像，按【Ctrl】键将其移动到如图的位置。

64 单击属性栏中的"导入"按钮，打开"导入"对话框，导入配套光盘中的"素材9"图像，按住【Shift】键等比例调整其大小，放置到如图的位置。

65 适当调整页面中各个图像的位置，这幅插画就全部制作完成了，效果如图所示。

7.3 故事类少女插画设计

创作思路：本幅插画为装饰性插画，以绘画为主，配合图案化装饰，注意掌握整体画面的明暗，冷暖及色调的关系，画面内容丰富并且使人物和背景形成对比，给人以平静沉着的感觉。

◎ 设计要求

设计内容	○ 故事类少女插画设计
客户要求	○ 尺寸为 295mm × 220mm。要求突出企业信息内容，画面要有冲击力
最终效果	○ 光盘：故事类少女插画设计

◎ 设计步骤

最终效果

 ▶  ▶  ▶  ▶

◎ 新建文档并重新设置页面大小

01 执行"文件"|"新建"命令（或按 **Ctrl+N** 快捷键），新建一个空白文档。执行"版面"|"页设置"命令，弹出"选项"对话框，选择"页面"|"大小"命令，设置好文档大小为 **295mm** **× 220mm**，文档的页面大小包括了出血的区域。按快捷键【Shift+F11】，打开"均匀填充"对话框，设置好颜色参数后，单击"确定"按钮将页面填充颜色，如图所示。

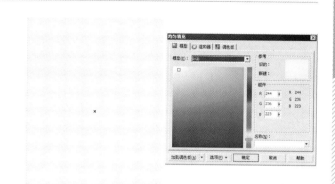

◎ 设置图像并绘制插画场景

02 单击工具箱中的"矩形工具"□，在图像上方绘制一个矩形，将矩形和页面左右对齐，置于页面上方，如图所示。

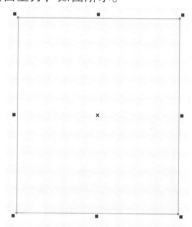

03 在属性栏设置矩形的边角圆滑度的参数如图所示，得到一个带圆角的矩形。

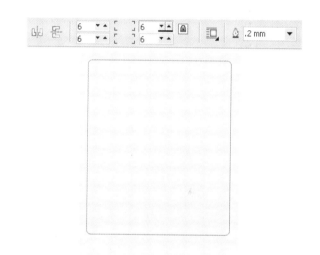

04 按【F11】键，打开"渐变填充"对话框，对颜色参数进行设置，左上（R：52 G：52 B：2）右下（R：153 G：174 B：106），单击"确定"按钮对矩形进行渐变填充，如图所示。

05 单击工具箱中的"矩形工具"□，在页面下方绘制一个矩形，在属性栏设置矩形的边角圆滑度的参数如图所示，得到一个带圆角的矩形。按【F12】快捷键，打开"轮廓笔"对话框，对颜色参数进行设置后单击"确定"按钮，如图所示。

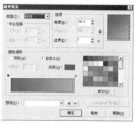

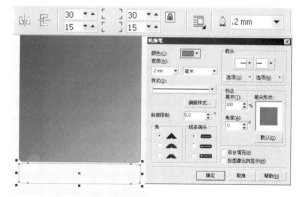

06 单击属性栏的"导入"按钮，打开"导入"对话框，导入配套光盘中的"素材1"文件，执行"位图"｜"模式"｜"双色"命令，在弹出的对话框中调节曲线点及参数，如图所示。

07 选择工具箱中的"挑选工具"，选择调整好的素材1图像，执行"效果"｜"图框精确剪裁"｜"放置在容器中"命令，此时的光标成"黑箭头"状态，将箭头指向矩形选框中单击使图片置入，如图所示。

08 在置入的图片上单击鼠标右键，从弹出的菜单中选择"编辑内容"命令，调整图像的位置到如图所示的状态。

09 调整好图像的位置后，在图片上单击鼠标右键从弹出的菜单中选择"结束编辑"。得到效果如图所示。

10 单击属性栏的"导入"按钮，打开"导入"对话框，导入配套光盘中的"素材2"文件，选择工具箱中的"挑选工具"，鼠标左键单击图像并按住【Shift】键将其等比例缩小放置在如图的位置。

11 使用工具箱中的"贝塞尔工具"，按住【Shift】键在页面中绘制一个弯曲图形，按【F12】快捷键，打开"轮廓笔"对话框，对参数进行设置，然后单击"确定"按钮，如图所

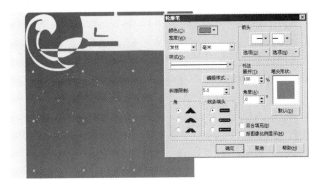

12 示。选择工具箱中的"挑选工具" ，按快捷键【Shift+F11】，打开"均匀填充"对话框，设置颜色参数后,单击"确定"按钮将图形进行填充，如图所示。

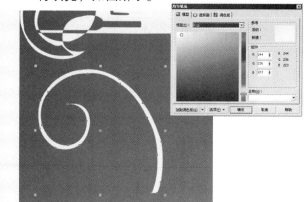

13 选择工具箱中的"挑选工具" ，选择绘制好的图像在菜单栏中执行"排列"|"变换"|"比例"命令，设置参数如图，点击应用到再制，调整得到如图的效果。

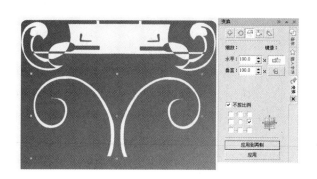

14 将上步绘制好的图形按【Ctrl+G】进行群组，按快捷键【Ctrl+Page Down】下移图层，使用工具箱中的"文本工具" ，设置适当的字体和字号，在如图的位置输入相关文字。

15 选择工具箱中的"挑选工具" ，选择文字图形，按快捷键【Shift+F11】，打开"均匀填充"对话框，设置颜色参数为文字进行填充，效果如图所示。

16 选择工具箱中的"交互式轮廓图工具" ，对属性栏颜色参数进行设置，在图形上从下到上拖动鼠标，得到如图所示的效果。

17 选择工具箱中的"交互式轮廓图工具" ，对属性栏颜色参数进行设置，在图形上从下到上拖动鼠标，得到如图的效果。

18 单击工具箱中的"椭圆形工具"，按住【Ctrl】键在图像中分别绘制两个圆形，大圆填充为黑色，小圆填充白色，按【F12】快捷键，打开"轮廓笔"对话框，对参数进行设置后得到效果如图所示。

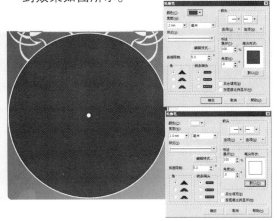

19 选择工具箱中的"交互式轮廓图工具"，对属性栏颜色参数进行设置，在图形上从左到右拖动鼠标，得到如图的效果。

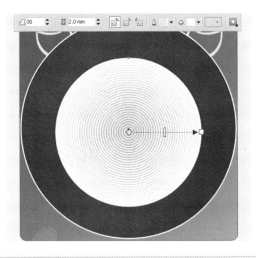

20 将两个圆形全部选中，按快捷键【C】和【E】垂直居中对齐和水平居中对齐，得到图形如图所示。

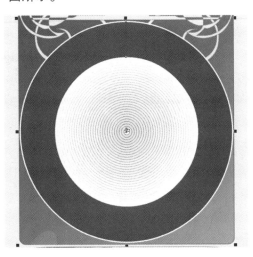

21 单击属性栏的"导入"按钮，打开"导入"对话框，导入配套光盘中的"素材3"文件，选择素材3，按住【Shift】键等比例缩小图像调整合适大小奥后放置在如图所示的位置。

22 选择工具箱中的"挑选工具"，鼠标左键双击图像，将图像的中心点拖动到圆心的位置，如图所示。

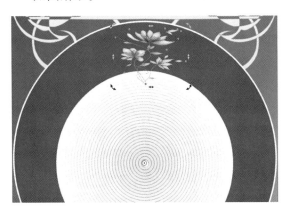

23 选择工具箱中的"挑选工具"，选择图像在菜单栏中执行"排列"|"变换"|"旋转"命令，设置好参数，重复单击"应用到再制"按钮，得到如图的效果。

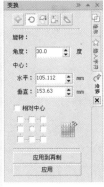

24 单击属性栏的"导入"按钮 ，打开"导入"对话框，导入配套光盘中的"素材4"文件，选择素材3，按住【Shift】键等比例缩小图像调整合适大小奥后放置在如图的位置。

25 选择工具箱中的"挑选工具" ，鼠标左键双击图像，将图像的中心点拖动到圆心的位置，如图所示。

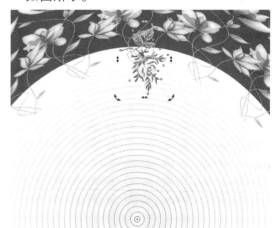

26 选择工具箱中的"挑选工具" ，选择图像在菜单栏中执行"排列"|"变换"|"旋转"命令，设置好参数，重复单击"应用到再制"按钮，得到如图的效果。

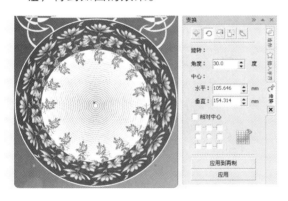

27 使用工具箱中的"贝塞尔工具" ，在图像旁边空白区域绘制一个弯曲图形，按【F12】快捷键，打开"轮廓笔"对话框，对参数进行设置后单击"确定"按钮，得到图形如图所示。

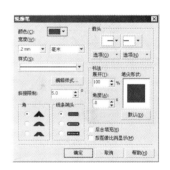

28 按快捷键【Shift+F11】，打开"均匀填充"对话框，设置参数对图形进行填充，然后按住【Ctrl】键在矩形上单击鼠标左键向右进行拖动，然后单击一下鼠标右键，释放鼠标左键，这时复制了一个相同的图形如图所示。

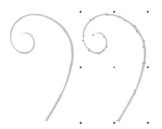
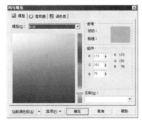

29 选择工具箱中的"挑选工具" ，鼠标左键双击复制的图形，将图形进行旋转，如图所示。

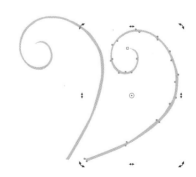

30 使用工具箱中的"形状工具" ，选中复制的图形，选择节点对图形拉长，得到效果如图所示。

31 选择工具箱中的"挑选工具" ，按快捷键【Ctrl+G】群组绘制好的两个图形，拖动置于页面合适的位置，得到效果如图所示。

32 单击属性栏的"导入"按钮 ，打开"导入"对话框，导入配套光盘中的"素材5"文件，如图所示。

33 选择工具箱中的"挑选工具" ，按住【Shift】键等比例缩小图形，然后按快捷键【Ctrl+C】，再按快捷键【Ctrl+V】复制一个图形，按住【Shift】等比例调整其大小，得到如图的效果。

34 使用上一步相同的方法，按快捷键【Ctrl+C】，再按快捷键【Ctrl+V】，再复制得到两个图形，按住【Shift】键鼠标左键单击复制的图形将其变形然后等比例调整其大小，得到效果如图所示。

35 相同的方法，按快捷键【Ctrl+C】，再按快捷键【Ctrl+V】，再复制得到两个图形，按住【Shift】键鼠标左键单击复制的图形将等比例调整其大小，得到效果如图所示。

36 选择工具箱中的"挑选工具"，按快捷键【Ctrl+G】群组绘制好的六个黄花，然后将其选中按住鼠标左键向右拖动鼠标，单击一下鼠标右键，释放鼠标左键，复制一组花，将其置于页面合适的位置，得到效果如图所示。

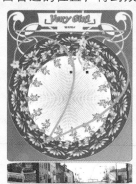

◎ 绘制插画中的摩托车和少女

37 使用工具箱中的"贝塞尔工具"，在图像旁边空白区域绘制一个摩托车图形，按【F12】快捷键，打开"轮廓笔"对话框，对参数进行设置后单击"确定"按钮，得到图形如图所示。

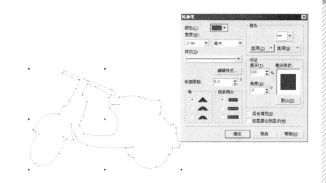

38 按快捷键【Shift+F11】，打开"均匀填充"对话框，设置好参数然后对图形进行填充，如图所示。

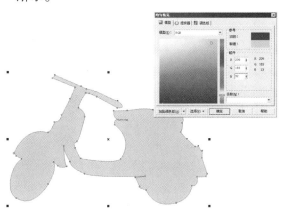

39 使用工具箱中的"贝塞尔工具"，勾绘出摩托车的前轮形状，按【F12】快捷键，打开"轮廓笔"对话框，对参数进行设置后单击"确定"按钮，在调色板的"黑色"按钮上单击鼠标左键，填充黑色，如图所示。

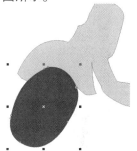

40 使用工具箱中的"贝塞尔工具"，勾绘出摩托车的后轮形状，按【F12】快捷键，打开"轮廓笔"对话框，对参数进行设置后单击"确定"按钮，在调色板的"黑色"按钮上单击鼠标左键，填充黑色，如图所示。

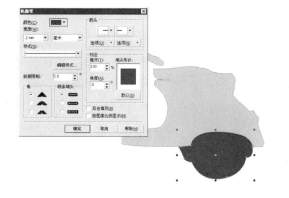

41 单击工具箱中的"矩形工具"，在页面旁边空白区域绘制一个矩形，在调色板的"黑色"按钮上单击鼠标左键，填充黑色，然后选择工具箱中的"椭圆形工具"，绘制两个椭圆，在调色板的"白色"按钮上单击鼠标左键，填充白色，如图所示。

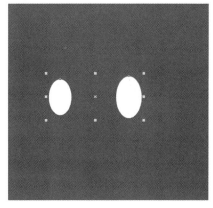

42 选择工具箱中的"交互式透明工具" ，对两个椭圆的属性栏分别进行设置，得到效果如图所示。

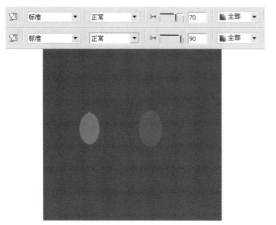

44 选择工具箱中的"挑选工具" ，鼠标左键单击最右侧的椭圆，然后按住鼠标左键将其拖动至左边的椭圆上中心对齐，按快捷键【Ctrl+G】群组图形，得到如图的效果。

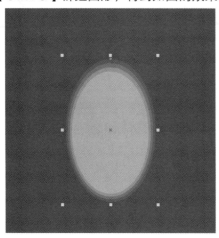

46 选择工具箱中的"挑选工具" ，按快捷键【Ctrl+C】复制图形，再按快捷键【Ctrl+V】粘贴图形，复制一组椭圆，利用上步的方法将其调整置于摩托车后轮的位置，效果如图所示。

43 选择工具箱中的"交互式轮廓图工具" ，在图形上从左向右拖动鼠标，然后对属性栏参数进行设置，得到如图的效果。

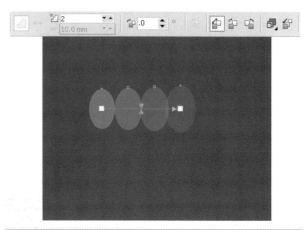

45 选择工具箱中的"挑选工具" ，将绘制好的椭圆拖动置摩托车前轮出，鼠标左键单击椭圆按【Shift】键等比例调整其大小，然后鼠标左键双击将椭圆旋转置于合适位置，如图所示。

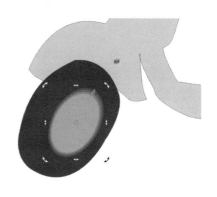

47 使用工具箱中的"贝塞尔工具" ，在空白处勾绘出摩托车的车座形状，按【F12】快捷键，打开"轮廓笔"对话框，对参数进行设置后单击"确定"按钮，在调色板的"黑色"按钮上单击鼠标左键，填充黑色，如图所示。

 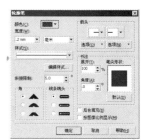

48 使用工具箱中的"贝塞尔工具" ，绘制出一组图形，在调色板上选择好填充颜色单击鼠标左键，分别填充为30%的黑和白色，然后选择白色图形在调色板的"透明色"按钮⊠上单击鼠标右键，取消外框的颜色，按【F12】快捷键，打开"轮廓笔"对话框，对灰色图形参数进行设置后单击"确定"按钮，效果如图所示。

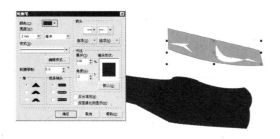

49 选择工具箱中的"挑选工具" ，按快捷键【Ctrl+G】群组上步绘制好的图形，执行"效果"|"图框精确剪裁"|"放置在容器中"命令，此时的光标成"黑箭头"状态➡，将箭头指向车座选框中单击鼠标左键如图所示。

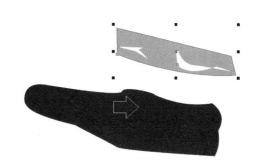

50 在置入的图形上单击鼠标右键，从弹出的菜单中选择"编辑内容"命令，调整图形的位置到如图的状态，在图形上单击鼠标右键从弹出的菜单中选择"结束编辑"，如图所示。

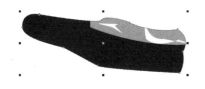

51 使用工具箱中的"贝塞尔工具" ，在车座下方绘制出一组图形，在调色板上选择70%的黑单击鼠标左键将其填充，然后在调色板的"透明色"按钮⊠上单击鼠标右键，取消外框的颜色，如图所示。

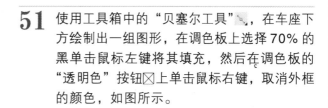

52 选择工具箱中的"挑选工具" ，按快捷键【Ctrl+G】群组上步绘制好的图形，执行"效果"|"图框精确剪裁"|"放置在容器中"命令，此时的光标成"黑箭头"状态➡，将箭头指向车座选框中单击鼠标左键如图所示。

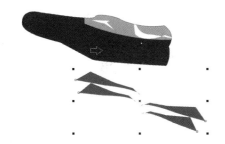

53 在置入的图形上单击鼠标右键，从弹出的菜单中选择"编辑内容"命令，调整图形的位置到如图的状态，在图形上单击鼠标右键从弹出的菜单中选择"结束编辑"，如图所示。

54 选择工具箱中的"挑选工具"，将绘制好的车座拖动到摩托车上，鼠标左键单击车座按【Shift】键等比例调整其大小，置于合适位置，如图所示。

55 使用工具箱中的"贝塞尔工具"，在摩托车上绘制一个人物的外轮廓形状，按【F12】快捷键，打开"轮廓笔"对话框，对参数进行设置后单击"确定"按钮，得到图形如图所示。

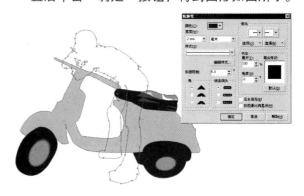

56 选择工具箱中的"挑选工具"，按快捷键【Shift+F11】，打开"均匀填充"对话框，设置颜色参数后，单击"确定"按钮将图形进行填充，如图所示。

57 使用工具箱中的"贝塞尔工具"，在人物上方绘制一个条形状，按快捷键【Shift+F11】，打开"均匀填充"对话框，设置参数对图形进行填充然后在调色板的"透明色"按钮上单击鼠标右键，取消外框的颜色，如图所示。

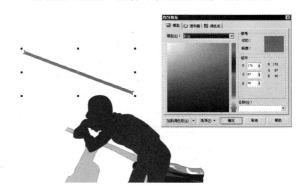

58 选择工具箱中的"挑选工具"，选择条状图形，执行"效果"|"图框精确剪裁"|"放置在容器中"命令，此时的光标成"黑箭头"状态，将箭头指向车把手选框中单击鼠标左键如图所示。

59 在置入的图形上单击鼠标右键，从弹出的菜单中选择"编辑内容"命令，调整图形的位置到如图的状态，在图形上单击鼠标右键从弹出的菜单中选择"结束编辑"，如图所示。

60 使用工具箱中的"贝塞尔工具" ✎，在页面左侧绘制两个图形，在调色板上选择好填充颜色单击鼠标左键将图形填充，分别填充为30% 的黑和60% 的黑，然后在调色板的"透明色"按钮⊠上单击鼠标右键分别取消两个图形外框的颜色，如图所示。

61 选择工具箱中的"挑选工具" ▷，按快捷键【Ctrl+G】群组绘制好的两个图形，执行"效果"|"图框精确剪裁"|"放置在容器中"命令，此时的光标成"黑箭头"状态➡，将箭头指向车把手选框中单击鼠标左键如图所示。

62 在置入的图形上单击鼠标右键，从弹出的菜单中选择"编辑内容"命令，调整图形的位置到如图的状态，在图形上单击鼠标右键从弹出的菜单中选择"结束编辑"，如图所示。

63 使用工具箱中的"贝塞尔工具" ✎，在摩托车前轮处勾绘出一个如图的形状，按快捷键【Shift+F11】，打开"均匀填充"对话框，设置参数对图形进行填充，然后按【F12】快捷键，打开"轮廓笔"对话框，对参数进行设置后单击"确定"按钮，如图所示。

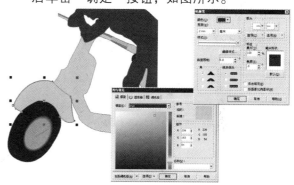

64 使用工具箱中的"贝塞尔工具" ✎，在页面内绘制出一组图形，按快捷键【Shift+F11】，打开"均匀填充"对话框对图形依次进行填充，设置四种颜色由浅至深分别为（R：255 G：255 B：255），（R:242 G:229 B:0），（R：231 G：159 B：57），（R:205 G:129 B:45），然后在调色板的"透明色"按钮⊠上单击鼠标右键分别取消图形外框的颜色，如图所示。

65 选择工具箱中的"挑选工具" ▷，按快捷键【Ctrl+G】群组绘制好的图形，执行"效果"|"图框精确剪裁"|"放置在容器中"命令，此时的光标成"黑箭头"状态➡，将箭头指向如图的位置单击鼠标左键如图所示。

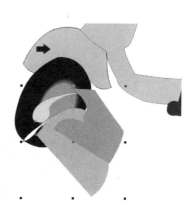

66 在置入的图形上单击鼠标右键，从弹出的菜单中选择"编辑内容"命令，调整图形的位置到如图的状态，在图形上单击鼠标右键从弹出的菜单中选择"结束编辑"，如图所示。

67 使用工具箱中的"贝塞尔工具" ，在摩托车后轮上方勾绘出一个如图的形状，按快捷键【Shift+F11】，打开"均匀填充"对话框，设置参数对图形进行填充,然后按【F12】快捷键，打开"轮廓笔"对话框，对参数进行设置后单击"确定"按钮，如图所示。

68 使用工具箱中的"贝塞尔工具" ，在页面内绘制出一组图形，按快捷键【Shift+F11】，打开"均匀填充"对话框对图形依次进行填充，设置四种颜色参数由浅至深分别为（R:242 G:229 B:0），（R：213 G：60 B：40），（R：231 G：159 B：57）(R:176 G:87 B:40），然后在调色板的"透明色"按钮⊠上单击鼠标右键分别取消图形外框的颜色，如图所示。

69 选择工具箱中的"挑选工具" ，按快捷键【Ctrl+G】群组绘制好的图形，执行"效果"|"图框精确剪裁"|"放置在容器中"命令，此时的光标成"黑箭头"状态➡，将箭头指向如图的位置单击鼠标左键如图所示。

70 在置入的图形上单击鼠标右键，从弹出的菜单中选择"编辑内容"命令，调整图形的位置到如图的状态，在图形上单击鼠标右键从弹出的菜单中选择"结束编辑"，如图所示。

71 使用工具箱中的"贝塞尔工具" ，在页面内绘制出一组图形，按快捷键【Shift+F11】，打开"均匀填充"对话框对图形依次进行填充，设置颜色由浅至深分别为白色（R：255 G：255 B：255），黄色（R:242 G:229 B:0），深黄（R:176 G:87 B:40），深黄（R:176 G:87 B:40），然后在调色板的"透明色"按钮⊠上单击鼠标右键分别取消图形外框的颜色，如图所示。

72 选择工具箱中的"挑选工具" ，按快捷键【Ctrl+G】群组绘制好的图形，执行"效果"|"图框精确剪裁"|"放置在容器中"命令，此时的光标成"黑箭头"状态 ，将箭头指向如图的位置单击鼠标左键如图所示。

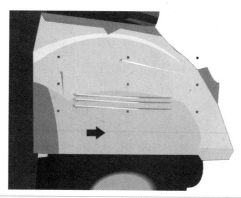

73 在置入的图形上单击鼠标右键，从弹出的菜单中选择"编辑内容"命令，调整图形的位置到如图的状态，在图形上单击鼠标右键从弹出的菜单中选择"结束编辑"，如图所示。

74 使用工具箱中的"贝塞尔工具" ，在页面内绘制出一组图形，按快捷键【Shift+F11】，打开"均匀填充"对话框对图形依次进行填充，设置四种颜色参数由浅至深分别为（R:242 G:229 B:0），（R：231 G：159 B：57），（R:205 G:129 B:45），（R:176 G:87 B:40）然后在调色板的"透明色"按钮 上单击鼠标右键分别取消图形外框的颜色，如图所示。

75 选择工具箱中的"挑选工具" ，按快捷键【Ctrl+G】群组绘制好的图形，执行"效果"|"图框精确剪裁"|"放置在容器中"命令，此时的光标成"黑箭头"状态 ，将箭头指向如图的位置单击鼠标左键如图所示。

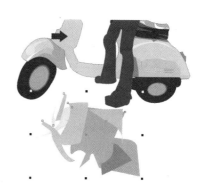

76 在置入的图形上单击鼠标右键，从弹出的菜单中选择"编辑内容"命令，调整图形的位置到如图的状态，在图形上单击鼠标右键从弹出的菜单中选择"结束编辑"，如图所示。

77 使用工具箱中的"贝塞尔工具" ，在人物腿部勾绘出一个如图的形状，按快捷键【Shift+F11】，打开"均匀填充"对话框，设置参数对图形进行填充，然后按【F12】快捷键，打开"轮廓笔"对话框，对参数进行设置后单击"确定"按钮，如图所示。

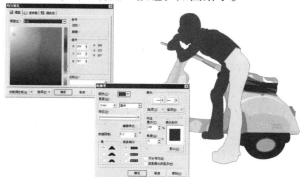

78 使用工具箱中的"贝塞尔工具" ，在页面内勾绘出一个如图的形状，按快捷键【Shift+F11】，打开"均匀填充"对话框，设置参数对图形进行填充，然后在调色板的"透明色"按钮⊠上单击鼠标右键取消图形外框的颜色，如图所示。

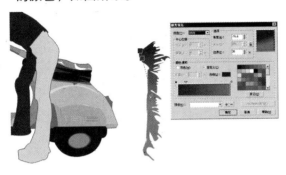

79 选择工具箱中的"挑选工具" ，选择绘制好的图形，执行"效果"|"图框精确剪裁"|"放置在容器中"命令，此时的光标成"黑箭头"状态➡，将箭头指向裤腿选框中单击鼠标左键如图所示。

80 在置入的图形上单击鼠标右键，从弹出的菜单中选择"编辑内容"命令，调整图形的位置到如图的状态，在图形上单击鼠标右键从弹出的菜单中选择"结束编辑"，如图所示。

81 使用工具箱中的"贝塞尔工具" ，在人物图形上勾绘出一个如图的形状，按快捷键【Shift+F11】，打开"均匀填充"对话框，设置参数对图形进行填充，然后按【F12】快捷键，打开"轮廓笔"对话框，对参数进行设置后单击"确定"按钮，如图所示。

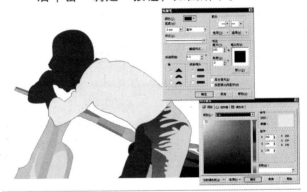

82 使用工具箱中的"贝塞尔工具" ，在页面内勾绘出一个如图的形状，按快捷键【Shift+F11】，打开"均匀填充"对话框，设置参数对图形进行填充，后在调色板的"透明色"按钮⊠上单击鼠标右键取消图形外框的颜色，如图所示。

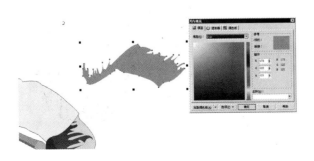

83 选择工具箱中的"挑选工具" ，选择绘制好的图形，执行"效果"|"图框精确剪裁"|"放置在容器中"命令，此时的光标成"黑箭头"状态➡，将箭头指向如图所示的选框中单击鼠标左键如图所示。

84 在置入的图形上单击鼠标右键，从弹出的菜单中选择"编辑内容"命令，调整图形的位置到如图的状态，在图形上单击鼠标右键从弹出的菜单中选择"结束编辑"，然后选择工具箱中的"挑选工具" 选中整体人物图形，按快捷键【Shift+Page Down】将其置于最底层，得到效果如图所示。

85 使用工具箱中的"贝塞尔工具" ，在人物右脚处勾绘出两个图形，在调色板上选择好填充颜色单击鼠标左键将图形填充，分别填充为 70% 的黑和 20% 的黑，然后按【F12】快捷键，打开"轮廓笔"对话框，对参数进行设置后单击"确定"按钮，如图所示。

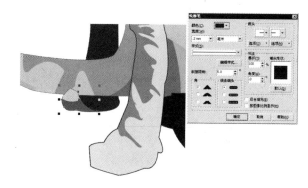

86 选择工具箱中的"挑选工具" ，按快捷键【Ctrl+Page Gown】将上一步绘制好的图形下移到如图的状态，使用工具箱中的"贝塞尔工具" ，在人物图形左脚上勾绘出一个如图的形状，按快捷键【Shift+F11】，打开"均匀填充"对话框，设置参数对图形进行填充，然后按【F12】快捷键，打开"轮廓笔"对话框，对参数设置后单击"确定"按钮，如图所示。

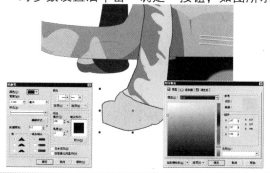

87 使用工具箱中的"贝塞尔工具" ，在页面中绘制一组图形，依次选择图形在调色板上单击鼠标左键依次进行填充，颜色由浅至深依次填充为白色和 30% 的黑，然后按【F12】快捷键，在调色板的"透明色"按钮 上单击鼠标右键取消图形外框的颜色，如图所示。

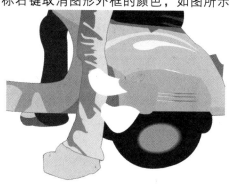

88 选择工具箱中的"挑选工具" ，选择绘制好的图形，执行"效果"|"图框精确剪裁"|"放置在容器中"命令，此时的光标成"黑箭头"状态 ，将箭头指向如图所示的选框中单击鼠标左键如图所示。

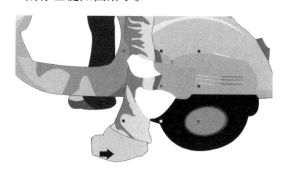

89 在置入的图形上单击鼠标右键，从弹出的菜单中选择"编辑内容"命令，调整图形的位置到如图的状态，在图形上单击鼠标右键从弹出的菜单中选择"结束编辑"，如图所示。

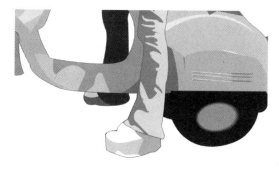

90 使用工具箱中的"贝塞尔工具" ，在人物图形上勾绘出一个面部和手部的形状，按快捷键【Shift+F11】，打开"均匀填充"对话框，设置参数对图形进行填充,然后按【F12】快捷键，打开"轮廓笔"对话框，对参数进行设置后单击"确定"按钮，如图所示。

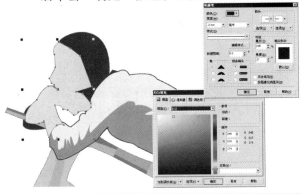

91 按快捷键【Ctrl+Page Down】将上一步绘制好的图形下移图层，使用工具箱中的"贝塞尔工具" ，，在头部绘制绘制出头发图形，按【F11】键，打开"渐变填充"对话框，对颜色参数进行设置，颜色从左下到右上依次填充为（R:218 G:37 B:29）（R:227 G:119 B:43）（R:231 G:193 B:44），然后按【F12】快捷键，打开"轮廓笔"对话框，对参数进行设置后单击"确定"按钮，如图所示。

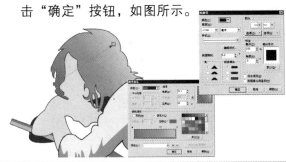

92 使用工具箱中的"贝塞尔工具" ，在人物图形上勾绘出一个如图的形状，按快捷键【Shift+F11】，打开"均匀填充"对话框，设置参数对图形进行填充,然后按【F12】快捷键，打开"轮廓笔"对话框，对参数进行设置后单击"确定"按钮，如图所示。

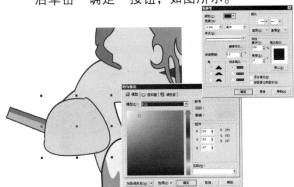

93 按快捷键【Ctrl+Page Down】将上一步绘制好的图形下移图层，单击工具箱中的"矩形工具" ，在图像中绘制一个矩形，按快捷键【Shift+F11】，打开"均匀填充"对话框，设置参数对图形进行填充然后在调色板的"透明色"按钮⊠上单击鼠标右键，取消外框的颜色，如图所示。

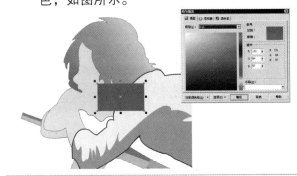

94 选择工具箱中的"挑选工具" ，按快捷键【Ctrl+Page Gown】将上一步绘制好的图形下移到如图的状态作为女孩的毛衣，使用工具箱中的"贝塞尔工具" ，在摩托车尾部勾绘出一个如图的形状，按快捷键【Shift+F11】，打开"均匀填充"对话框，设置参数对图形进行填充，然后在调色板的"透明色"按钮⊠上单击鼠标右键，取消外框的颜色，如图所示。

95 到这一步摩托车就绘制绘制完成了，图像的整体效果如图所示。

◎绘制图像中人物的眼睛

96 使用工具箱中的"贝塞尔工具"，在页面空白处勾绘出一个眼睛的形状，然后按【F12】快捷键，打开"轮廓笔"对话框，对参数进行设置后单击"确定"按钮，如图所示。

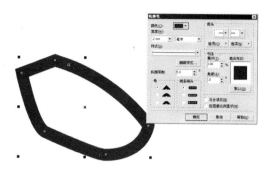

97 单击工具箱中的"椭圆形工具"，在图像中绘制一个椭圆形，按快捷键【Shift+F11】，打开"均匀填充"对话框，设置好颜色参数后，单击"确定"按钮。在调色板的"透明色"按钮上单击鼠标右键，取消外框的颜色，效果如图所示。

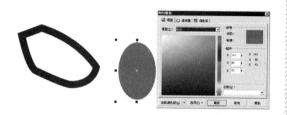

98 选择工具箱中的"挑选工具"，鼠标左键单击椭圆图形，再按住【Shift】键选中椭圆控制框的一个角按住鼠标左键向内拖动鼠标，单击鼠标右键，释放鼠标左键，复制一个同心圆，将其填充为黑色，在调色板的"透明色按钮"上单击鼠标右键，取消椭圆外框的颜色得到效果如图所示。

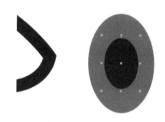

99 选择工具箱中的"挑选工具"，按快捷键【Ctrl+G】群组绘制好的两个椭圆图形，执行"效果"|"图框精确剪裁"|"放置在容器中"命令，此时的光标成"黑箭头"状态➡，将箭头指向如图的位置单击鼠标左键如图所示。

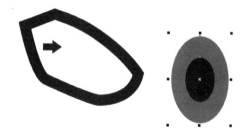

100 在置入的图形上单击鼠标右键，从弹出的菜单中选择"编辑内容"命令，调整图形的位置到如图的状态，在图形上单击鼠标右键从弹出的菜单中选择"结束编辑"，如图所示。

101 使用工具箱中的"贝塞尔工具"，在图像中绘制一个上眼睑的形状，在调色板上选择"黑色"按钮单击鼠标左键进行填充，然后在调色板的"透明色"按钮上单击鼠标右键，取消外框的颜色，效果如图所示。

102 使用"挑选工具" 将上步绘制好的上眼睑拖动到眼睛合适的位置，然后鼠标左键单击眼睛，选中眼睛后在调色板的"透明色按钮⊠"上单击鼠标右键，取消眼睛外框的颜色得到效果如图所示。

103 使用工具箱中的"贝塞尔工具" ，在图像中绘制出上眼皮和下眼皮，按快捷键【Shift+F11】，打开"均匀填充"对话框，设置参数对图形进行填充然后在调色板的"透明色"按钮⊠上单击鼠标右键，取消外框的颜色，如图所示。

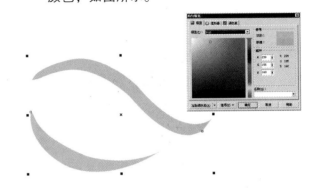

104 使用"挑选工具" 选择上眼皮，然后使用工具箱中的"交互式透明工具" ，设置属性为如图显示，在图形上从左上到右下拖动鼠标，得到如图的效果。

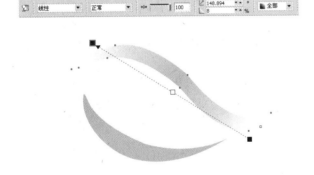

105 使用"挑选工具" 选择下眼皮，然后使用工具箱中的"交互式透明工具" ，设置属性为如图显示，在图形上从左上到右下拖动鼠标，得到如图的效果。

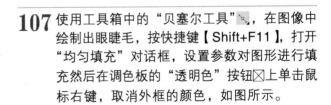

106 使用"挑选工具" 将上步绘制好的眼皮移动到眼睛合适的位置，然后选中上眼皮按快捷键【Ctrl+Page Down】将上眼皮置于上眼睑下面，如图所示。

107 使用工具箱中的"贝塞尔工具" ，在图像中绘制出眼睫毛，按快捷键【Shift+F11】，打开"均匀填充"对话框，设置参数对图形进行填充然后在调色板的"透明色"按钮⊠上单击鼠标右键，取消外框的颜色，如图所示。

108 使用"挑选工具" 将上步绘制好的眼睫毛移动到眼睛合适的位置，然后选中眼睫毛按快捷键【Ctrl+Page Down】将其置于上眼睑下面，如图所示。

109 使用工具箱中的"贝塞尔工具" ，在图像中绘制出一个眼眉形状，按快捷键【Shift+F11】，打开"均匀填充"对话框，设置参数对图形进行填充然后在调色板的"透明色"按钮 上单击鼠标右键，取消外框的颜色，如图所示。

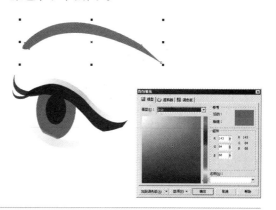

110 使用"挑选工具" 选择上眼皮，然后使用工具箱中的"交互式透明工具" ，设置属性为如图显示，在图形上从左上到右下拖动鼠标，使用"挑选工具" 选中眼睛的所有图形，按快捷键【Ctrl+G】群组图形，如图所示。

111 使用"挑选工具" 将绘制好的眼睛移动到头像中合适的位置，然后鼠标左键单击选中眼睛，按【Shift】键等比例调整其大小，效果如图所示。

112 到这一步，骑摩托车的少女就绘制完成了，选中人物和摩托车按快捷键【Ctrl+G】，将其全部群组，如图所示。

113 使用"挑选工具" 将骑摩托车的少女移动到整个页面中合适的位置，然后鼠标左键单击选中骑车少女，按【Shift】键等比例调整其大小，这样一副插画就全部绘制完成了，效果如图所示。

7.4 | 静谧的夜

创作思路：光点的表现与色彩及格调的关系密切，在利用冷暖对比、补色对比、明暗对比中掌握好对比关系的细微变化，体现出画面的意境。

◎ 设计要求

设计内容	○ 散文类图书插画——静谧的夜
客户要求	○ 报纸半通栏，即尺寸为200mm×150mm。要求形式活泼、有动感，能与文章所描述的内容相吻合
最终效果	○ 💿光盘：插画／报纸广告

◎设计步骤

最终效果

◎ 新建文档并设置大小

01 新建空白文件。执行"文件"|"新建"命令（或按快捷键【Ctrl+N】），新建一个 A4 大小的空白文档。然后在其属性栏上更改文档大小为 200mm × 150mm。

◎ 绘制背景矩形并填充颜色

02 选择工具箱中的"矩形工具" □，在页面拖动绘制矩形，然后将其更改为 200mm × 150mm 大小。

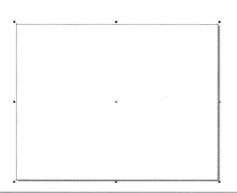

03 按快捷键【Shift+F11】，在弹出的"均匀填充"对话框中将颜色设置为（M：26，Y：100，K：26），然后单击"确定"按钮。

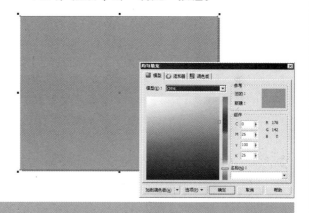

◎ 绘制吊灯

04 选择工具箱中的"矩形工具" □，在页面拖动绘制矩形，将其填充为黑色作为吊灯的绳子。

05 绘制灯罩。选择工具箱中的"椭圆形工具" ○，按住【Ctrl】键并在页面中拖动绘制正圆。

06 绘制一个矩形并放在圆形的半圆处。执行"窗口"|"泊坞窗"|"造形"命令，打开"造形"泊坞窗。

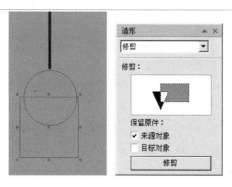

07 在选中矩形时，单击"造形"泊坞窗上面的"修剪"按钮，这时将鼠标移至圆形处单击，圆形就被剪下一半，而且剩下的半圆处于选中状态。

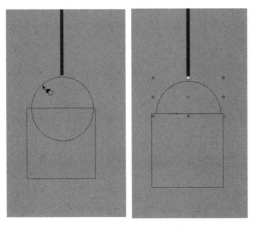

08 这时选中下面的矩形并按【Delete】键删掉即可，只剩下半圆部分。

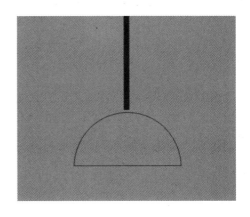

09 单击调色板上的"黑色"按钮，在调色板的"透明色"按钮☒上单击鼠标右键，取消外框的颜色。

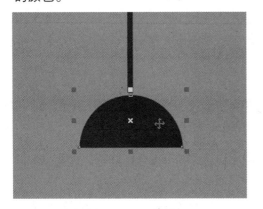

10 选中半圆，按住对象下面中间的控制点并向上拖动以压扁对象。

专业小知识
关于透镜的知识

1．打开"修剪"透镜的方法

"修剪"透镜可以将两个或两个以上对象重叠的部分裁切掉，修剪后的对象保留目标对象的填充和轮廓属性。

打开"修剪"透镜有三种方法：①选择"排列"|"造形"|"修剪"命令；②选择"窗口"|"泊坞窗"|"造形"|"修剪"命令；③单击属性栏中的🔲"修剪"按钮。

2．"修剪"透镜的使用

绘制两个要修建的对象，然后设置好"修剪"透镜中的属性。单击"修剪"按钮，鼠标指针变成形状，在参考对象上单击，则产生修剪效果。

绘制两个对象并填充不同的颜色。

在"造形"泊坞窗中选中"来源对象"复选框，则修剪后会保留一个来源对象的副本。

选中"目标对象"复选框，修剪结果将保留一个参考对象的副本，而若选中两个复选框，则两个对象都会保留副本。

单击"造形"泊坞窗中的下三角按钮则弹出菜单列表，可以看到对于两个对象中间的操作不仅可以修剪，还可以进行焊接、相交、简化、前减后／后减前的操作。

3. 焊接对象

焊接对象可以将选中的图形对象结合为一个图形对象，新的图形由被焊接的图形相加而成。选中两个或两个以上的图形对象，单击属性栏中的"焊接"按钮或者"造形"泊坞窗中的"焊接到"按钮，选中对象将会焊接在一起，焊接后的图形填充颜色与最下面的图形颜色相同。

4. 相交对象

相交对象是将两个或两个以上对象相交的部分裁

切出来，获得一个新的图形，并且原对象都会被保留。选中多个重叠对象，单击属性栏中的"相交"按钮或者单击泊坞窗中的"相交"按钮，即可完成相交对象，相交后的对象会保留最底层对象的填充和轮廓属性。

5. 简化对象

简化对象是将两个或两个以上对象重叠的部分裁切掉的操作。单击属性栏中的"简化"按钮，或者单击泊坞窗中的"应用"按钮，即可完成对象的简化操作。

6. 前减后、后减前

"前减后"或"后减前"命令可以将选中图形下方的图形同时对最上方的图形进行修剪，或将选中图形上方的图形同时对最下方的图形进行修剪，前提是必须同时选中两个以上的图形。

◎ **绘制电灯**

11 选择工具箱中的"椭圆形工具"，在页面拖动绘制正圆，然后将其填充为白色。

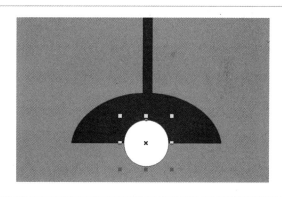

12 选择工具箱中的"轮廓工具"组中的"轮廓笔工具"，在弹出的对话框中将"宽度"设置为1.5mm，"颜色"设置为（M：40，Y：100）。

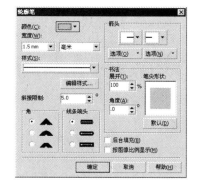

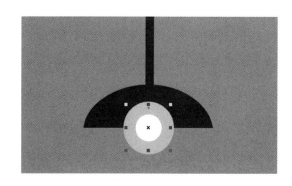

13 按快捷键【Ctrl+Page Down】将黄色的圈放在灯罩下面。

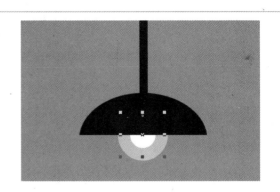

◎ **绘制背景**

14 绘制一个椭圆，按快捷键【Shift+F11】，打开"均匀填充"对话框，设置颜色参数（Y：30）即米黄色，单击"确定"按钮。

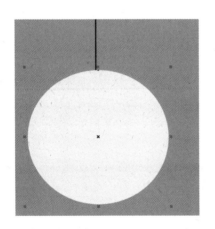

15 在调色板的"透明色"按钮☒上单击鼠标右键，取消外框的颜色。

◎ **烘托画面的气氛——绘制地面部分**

16 选择工具箱中"手绘工具"组中的"贝塞尔工具"绘制一个对象作为地面。

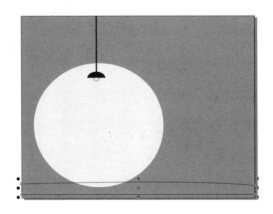

17 按快捷键【Shift+F11】，打开"均匀填充"对话框，将填充设置为（M：4，Y：100，K：12），单击"确定"按钮。

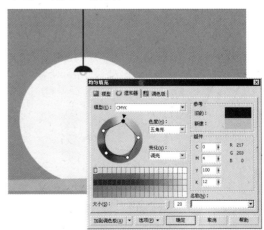

18 绘制一个对象作为地面的亮部，然后将其填充颜色设置为（C：2，M：6，Y：18）。

19 为了让地面具有立体感，再绘制对象作为阴面，填充颜色为（M：50，Y：100，K：50）。

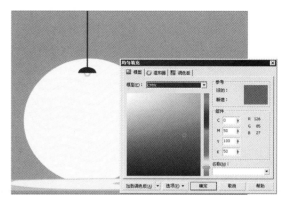

◎ 绘制板凳

20 选择工具箱中的"矩形工具"拖动得到矩形，然后重复操作绘制三个矩形。

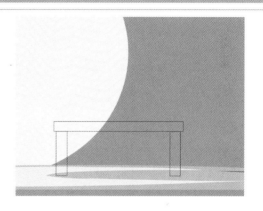

21 按住【Shift】键同时选中三个矩形并填充（M：50，Y：100，K：50）颜色。将板凳的背光面绘制出来并填充（M：100，Y：100，K：50）的颜色。

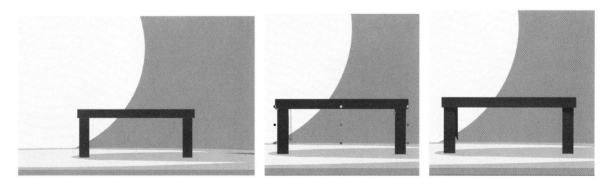

◎ 绘制茶壶

22 茶壶分为茶壶体、茶壶盖两大部分。首先绘制茶壶体和茶壶嘴，并填充黑色。

23 绘制茶壶盖。注意，要和茶壶整体的造形相协调，绘制好后也将其填充为黑色。

24 绘制提手的部分。方法和前面相同，为了保持整体的风格，将提手部分也填充为黑色。

25 绘制茶壶盖处的反光部位。用工具箱中的"贝塞尔工具"绘制一条曲线，然后用鼠标右键单击调色板中的 30% 黑色。

26 为了使整体更和谐，在桌子上添加一个茶杯。绘制完整体造形后也将其填充为黑色。

27 选择工具箱中的"贝塞尔工具"，然后在茶壶嘴的地方绘制曲线以作为壶里面水冒出的热气。注意曲线一定要自然。

28 将曲线依次填充为（M：10，Y：100）和白色。

◎ **绘制桌布**

29 绘制垂下来的桌布时要注意，桌布和地面接触的地方会有一部分是堆着的，所以，会有一些曲度。配合"贝塞尔工具"的选项栏细致调整，调整好后将其填充为（C：100，M：50）的颜色。

30 为桌布添加图案，此处绘制一些传统的纹样，所以曲线比较多。绘制好后将其填充为（C：40）的颜色。读者在练习的过程中可以添加自己喜欢的纹样。

31 执行"窗口"|"泊坞窗"|"变换/比例"命令或者按快捷键【Alt+F9】打开"变换"泊坞窗。

32 将绘制的图案复制一份并且放置在图案的右边并且翻转。单击"水平镜像"按钮，再选中下面的"不按比例"中右边的方框，单击"应用到再制"按钮。

33 绘制其他图案轮廓，填充颜色为（C：100）。然后按照前面的方法复制一个。

34 选择工具箱中的"矩形工具"，在页面中拖动绘制矩形，再复制三个矩形并调整，然后将其填充为（M：100，Y：100）。

35 绘制桌布下面堆着的部分，然后将其填充为（M：100，Y：100，K：50）的颜色。

36 调整画布的暗部即背光部分。同样是先绘制轮廓再将其填充为（C：100，M：100）的颜色。

37 为桌布添加一点亮色的纹样使其更温馨，绘制好轮廓后填充为白色。

◎ **为画面添加生命力——一只猫**

38 为了让这组静物有一些生命力，这里为其添加一只躺着的小猫以活跃画面。先绘制猫的脑袋和身子并填充为白色。

39 添加由于光线引起的灰度部分，绘制好轮廓后填充 10% 黑色。

40 添加更重的阴影部分并填充为 20% 黑色。

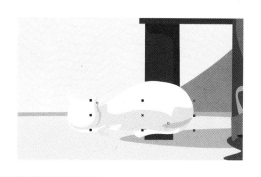

41 添上眼睛。注意，猫的眼睛是细长形，而且是上扬的，这里也可以使用"贝塞尔工具"来完成，填充颜色为 100% 黑色。

42 用前面介绍的利用"变换"泊坞窗的方法再制一个眼睛。

43 为猫添上鼻子，填充颜色为 60% 黑色。

44 这样，整个画面就基本完成了。

◎ **制作鸟和鸟笼**

45 先做鸟笼的顶部，制作一个拱形的图形，填充颜色为（M：100，Y：100，K：50）。

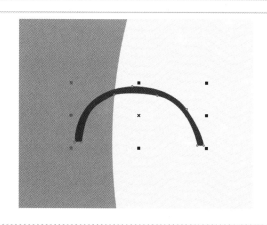

46 选择工具箱中的"贝塞尔工具" 绘制鸟笼中间的框。

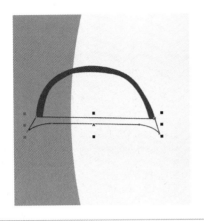

47 选择工具箱中"填充工具" 组中的"渐变工具" ，在弹出的"渐变填充"对话框中，设置好渐变的角度和两个渐变的颜色后单击"确定"按钮。

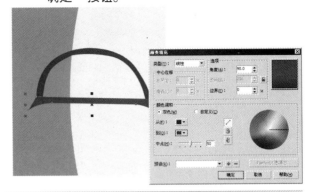

48 制作鸟笼下面的部分，框的填充颜色为（M：100，Y：100，K：50）。

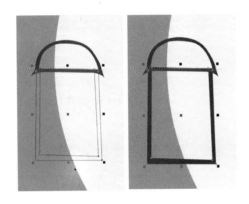

49 一般来说，鸟笼内都会有鸟用来站立的支架。先制作好框架再将其填充颜色，具体颜色值和边框一样，可以复制多个这样的框。

50 美化鸟笼上面部分。因为上面是拱形的，所以其内部也是弯曲的，填充颜色为（M：100，Y：100，K：50）。

51 为其顶部添加修饰。在鸟笼上边绘制一个矩形和一个椭圆形，椭圆形的填充颜色为红色，矩形的填充颜色为红色至黑色的径向渐变。

52 为鸟笼添加一个支架。选择工具箱中的"矩形工具"拖出两个形状，然后将其填充为（M：100，Y：100，K：80）。

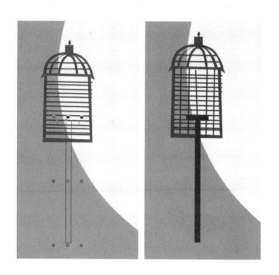

53 制作与地面接触的地方。和前面的方法一样，也是用"贝塞尔工具"绘制，填充颜色为（M：100，Y：100，K：80）。

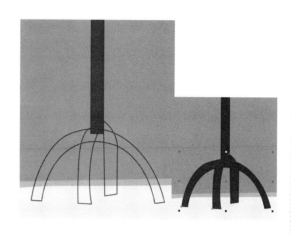

54 由于前面的支架有受光部分，所以不能填充为一个颜色。选择工具箱中的"交互式网状填充"工具，在其选项栏中将"水平"和"垂直"的方向值均设置为2，再选中右边的任意节点，单击调色板中的"白色"按钮。

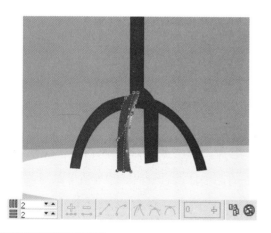

55 整体调整鸟笼并为其添加阴影。

56 制作两只小鸟，填充颜色为（Y：100）。

57 为小鸟添加眼睛、嘴和爪子。

◎ **添加文字**

58 选择工具箱中的"文本工具" ，在画面中单击后输入美术文字"白色灯光下……"

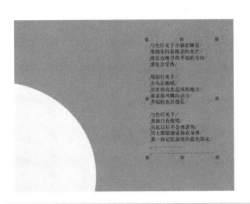

59 输入文字后，在其属性栏上将字体设置为"汉仪中宋简"，字号为8。

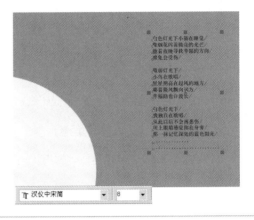

60 拖动一个正方形，填充颜色为（M：100，Y：100，K：50）。输入编写者的名字，填充颜色为白色，字体为 AvantGarde BkBT，字号为10。

61 在绘制过程中难免会有一些疏漏或者不满意的地方。这时可根据整体的效果，进行一些调整。

◎ **课后练习**

1. 新的白雪公主图书上市了，这是一本给少年儿童阅读的图书，请对书中的故事情节做一些插图。具体要求如下。

● 规格：这是一本32开的图书，所以，书中的插图应小于开本页面的大小。

● 设计要求：插画中的情节、画面要与书中的文字相呼应，而且应让小朋友一看插画，就能知道该图在讲述一个什么样的故事。书中的人物形象应与以往同类书中的形象有所区别，但也能让小朋友一看就知道是谁的形象。

2. 试用"迪士尼"中的卡通形象，做一个关于迪斯尼中卡通故事的插画。

● 规格不限。

● 设计要求：活泼、大胆，插画表达的故事情节要生动，此类插画的用途是参加比赛，因此，要注意表现自己的独特风格和特点。

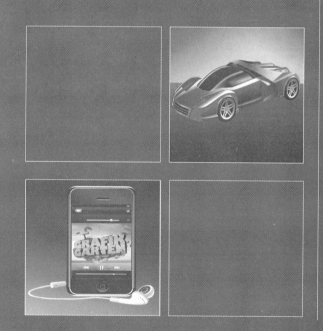

产品造型设计

第 8 章

关于产品造型

产品造型作为传递产品信息的第一要素，它能使产品内在的组织、结构和内涵等本质因素上升为外在表象因素，使人产生一种生理和心理过程。它与感觉、结构、材质、色彩、空间和功能等密切相联系。产品造型指产品的外形。产品造型设计是凭借训练、技术知识、经验和视觉感受而赋予产品材料、结构、色彩、表面加工和装饰等新的品质与资格，使产品时代化、多样化、个性化。

◎ 造型设计的历史

现代造型艺术体系始于德国的包豪斯运动，它是以在科学而非个人感情基础上培养起来的视觉经验，将形式、色彩、肌理、材质等方面的训练和研究分离出来。这类造型训练作为包豪斯的重要基础课程，一直为后来的设计专业教育所采用，并不断取得突破。一方面更加紧密地与色彩、素描、构成等教学紧密衔接；另一方面更深入产品设计的各个角落，成为工业设计专业教学的一条内在主线，是产品造型设计的核心课程。越来越多国内外的专家、学者认为，应该把基础造型训练和相关理论在工业设计专业教学领域进行整合，并列为"形态学"课程予以讲授，以利于学生更系统全面地掌握造型艺术的相关理论和手法。

◎产品造型设计原理

产品造型设计的美与一般造型艺术的美在有着共性的基础上亦有其特异性。一般造型艺术的美是一种纯自然的美，它可以是自然形成的，也可以由艺术家的灵感产生，只要被少数知音所了解便可以视为成功。但是产品造型设计的美必须满足某一特定人群的大多数需要。

因此，造型设计不能以个人美学好恶来取舍，它应以满足大多数消费对象为前提。基本的美学原则为大多数人接受，只有根据这些基本原则去延伸和扩张，才能取得比较满意的设计效果。一个好的产品设计必须满足造型美观、方便使用、节约材料、便于加工、满足功能需求、符合市场流行趋势等要求。

产品的形态美是产品造型设计的核心，它的基本美学特点和规律，主要包括统一与变化、对称平衡与非对称平衡、分割与比例（包括数学上的等差级数、等比级数、调和级数、黄金比例等强调与调和、错视觉的应用等）。

设计师应在变化与统一中求得产品形态的对比和协调，在对称的均衡中求得安定和轻巧，在比例与尺度中求得节奏和韵律，在主次和同异中求得层次和整体。通过对比表现产品的形态差异性，突出产品造型重点，从而获得强烈的视觉效果；通过协调使产品形态间呈现相互渗透的和谐艺术特征；通过均衡使形态各部分之间在距离长短、分量轻重、体量大小上都不完全相同，产品形态的局部变化给人以视觉上的平衡感；通过节奏和韵律则表现产品形态的连续交错和有规律的排列组合特点。

◎产品造型表现特征

1. 体量感

包括体积感和量感（物理量感和心理量感）。

2. 产品的动感

具有生命力的东西就蕴涵着动。

3. 秩序

从产品形态变化的各种因素中寻找一种规律和统一。

4. 稳定感

包括产品在物理上和视觉上的稳定。

5. 产品形态的独创性

在科学合理的基础上通过创造性思维，进行大胆的探索和实践，包括产品形态的新颖感、结构材料的新颖性和产品主题内容的新颖性。它更多地融入了使用者在人文科学、自然科学、社会科学等方面的精神需求使产品变得人性化，与自然更加和谐。

◎ 优秀产品造型欣赏

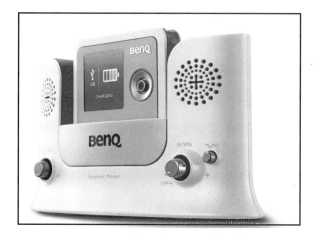

8.1 赛车模型设计

创作思路：赛车模型设计不仅要线条流畅，还要经济、实用。不能光考虑到外表的美观，做出来之后却不太实用。也就是产品造型与其他设计的区别所在。

◎ 设计要求

设计内容	○ 赛车模型设计
客户要求	○ 尺寸为220mm × 170mm。要求突出企业信息内容，画面要有冲击力
最终效果	○ 💿光盘：赛车模型设计

◎ 设计步骤

最终效果

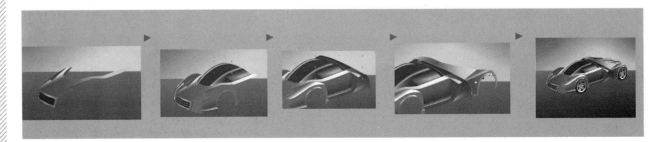

◎ 新建文档并重新设置页面大小

01 执行"文件"|"新建"命令（或按 Ctrl+N 快捷键），新建一个空白文档。执行"版面"|"页设置"命令，弹出"选项"对话框，选择"页面"|"大小"命令，设置好文档大小为 220mm × 170mm，文档的页面大小包括了出血的区域。

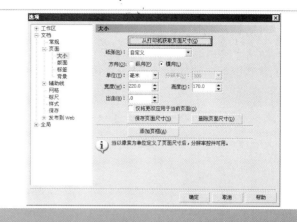

◎ 设置边框轮廓

02 双击工具箱中的"矩形工具" □，这时在页面上会出现一个与页面大小相同的矩形框，按【F11】键，打开"渐变填充"对话框，对颜色参数进行设置后单击"确定"按钮。在调色板的"透明色"按钮 ⊠ 上单击鼠标右键，取消外框的颜色，

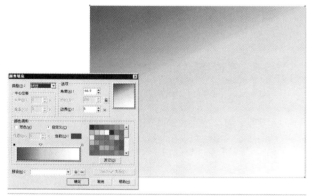

03 选择工具箱中的"交互式透明工具" ♀，对属性栏进行设置，在图形上从左上到右下角拖动鼠标，得到如图的效果。

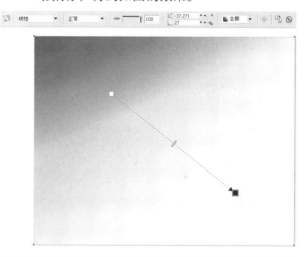

04 使用工具箱中的"挑选工具" ▷ 选中渐变矩形，按小键盘上的【+】键以复制渐变矩形，选择工具箱中的"交互式透明工具" ♀，对渐变的轴向进行修改，然后按【F11】键，打开"渐变填充"对话框，对颜色参数进行设置后单击"确定"按钮。

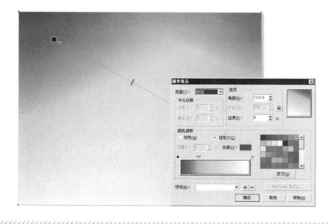

05 单击工具箱中的"矩形工具" □，在图像中绘制一个矩形，按【F11】键，打开"渐变填充"对话框，对颜色参数进行设置后单击"确定"按钮。在调色板的"透明色"按钮 ⊠ 上单击鼠标右键，取消外框的颜色。

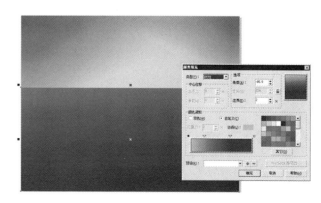

06 使用工具箱中的"贝塞尔工具"，，，在图像中绘制图形，按【F11】键，打开"渐变填充"对话框，对颜色参数进行设置后单击"确定"按钮。在调色板的"透明色"按钮☒上单击鼠标右键，取消外框的颜色。

07 继续使用工具箱中的"贝塞尔工具"，，，在图像中绘制图形，按【F11】键，打开"渐变填充"对话框，对颜色参数进行设置后单击"确定"按钮。按【F12】快捷键，打开"轮廓笔"对话框，对参数进行设置后单击"确定"按钮。

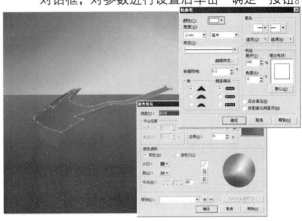

08 使用工具箱中的"挑选工具"选中渐变形状，按小键盘上的【+】键以复制渐变形状，在调色板的"10% 黑"按钮上单击鼠标左键，填充灰色，再在调色板的"透明色"按钮☒上单击鼠标右键，取消外框的颜色。

09 选择工具箱中的"交互式透明工具"，对属性栏进行设置，在图形上从上到下拖动鼠标。

10 使用工具箱中的"挑选工具"选中渐变形状，按小键盘上的【+】键以复制渐变形状，在调色板的"白色"按钮上单击鼠标左键，填充白色，再在调色板的"透明色"按钮☒上单击鼠标右键，取消外框的颜色。

11 选择工具箱中的"交互式透明工具"，对属性栏进行设置，在图形上从右到左拖动鼠标，并设置渐变色块的颜色。

12 使用工具箱中的"贝塞尔工具"，，，在图像中绘制图形，按【F11】键，打开"渐变填充"对话框，对颜色参数进行设置后单击"确定"按钮。在调色板的"透明色"按钮⊠上单击鼠标右键，取消外框的颜色。

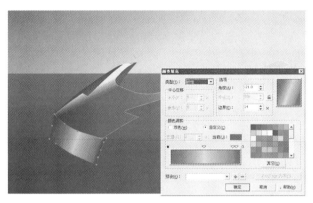

13 使用工具箱中的"挑选工具"选中渐变形状，按小键盘上的【＋】键以复制渐变形状，按快捷键【Shift+F11】，打开"均匀填充"对话框，设置颜色参数为（R:103，G:103，B:103）后，单击"确定"按钮。

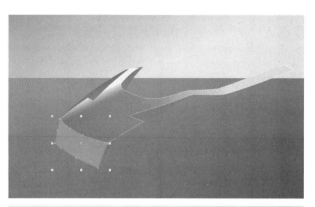

14 选择工具箱中的"交互式透明工具"，对属性栏进行设置，在图形上从下到上拖动鼠标，得到如图的效果。

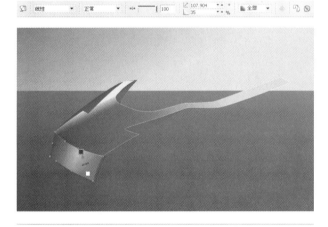

15 使用工具箱中的"贝塞尔工具"，，，在图像中绘制图形，在调色板的"黑"按钮上单击鼠标左键，填充黑色，再在调色板的"透明色"按钮⊠上单击鼠标右键，取消外框的颜色。

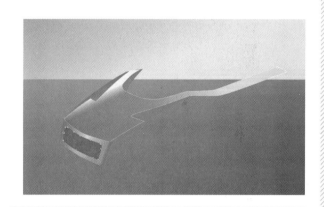

16 使用工具箱中的"贝塞尔工具"，，在图像中绘制一条线，按【F12】快捷键，打开"轮廓笔"对话框，对参数进行设置后单击"确定"按钮，得到一条蓝灰色的线条。

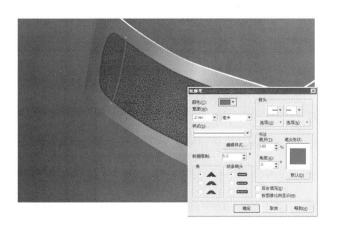

17 使用工具箱中的"挑选工具"选择线条，使用鼠标左键向右拖动线条，按住鼠标左键不放同时单击鼠标右键，然后释放鼠标左键，以复制一个线条，用同样的方法再复制 3 个。

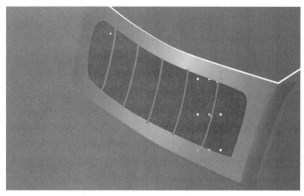

18 继续使用上边2步的方法绘制横向的线段，并复制一个。然后使用工具箱中的"挑选工具" ，框选住这组线段，按快捷键【Ctrl+G】群组它们。

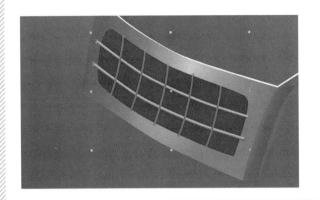

19 执行"效果"|"图框精确剪裁"|"放置在容器中"命令，此时的光标成"黑箭头"状态 ，将箭头指向矩形选框中单击使线段组置入，在置入的线段组上单击鼠标右键，从弹出的菜单中选择"编辑内容"命令，调整图像的位置到如图的状态，在线段组上单击鼠标右键从弹出的菜单中选择"结束编辑"。

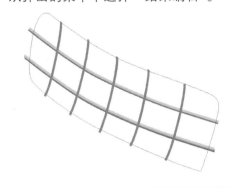

20 使用工具箱中的"贝塞尔工具" ，，在图像中绘制条状图形，在调色板的"白色"按钮上单击鼠标左键，填充白色，再在调色板的"透明色"按钮 上单击鼠标右键，取消外框的颜色。

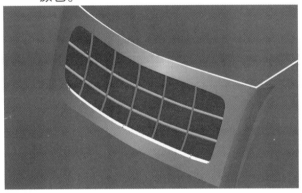

21 选择工具箱中的"交互式透明工具" ，对属性栏进行设置，在图形上从右下到左上角拖动鼠标，得到如图的效果。

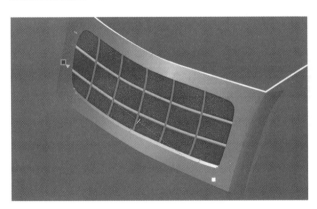

22 使用工具箱中的"贝塞尔工具" ，，在图像中绘制图形，按【F11】键，打开"渐变填充"对话框，对颜色参数进行设置后单击"确定"按钮。在调色板的"透明色"按钮 上单击鼠标右键，取消外框的颜色。

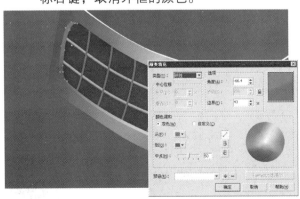

23 继续使用工具箱中的"贝塞尔工具" ，，在图像中绘制图形，在调色板的"红"按钮上单击鼠标左键，填充红色，再在调色板的"透明色"按钮 上单击鼠标右键，取消外框的颜色。

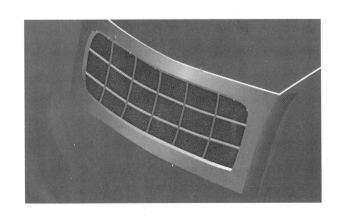

24 使用工具箱中的"贝塞尔工具" ，，，在图像中绘制图形，按快捷键【Shift+F11】，打开"均匀填充"对话框，设置颜色参数为（R:82 G:82 B:82）后，单击"确定"按钮。在调色板的"透明色"按钮⊠上单击鼠标右键，取消外框的颜色。

25 继续使用工具箱中的"贝塞尔工具" ，，，在图像中绘制图形，按【F11】键，打开"渐变填充"对话框，对颜色参数进行设置后单击"确定"按钮。在调色板的"透明色"按钮⊠上单击鼠标右键，取消外框的颜色。

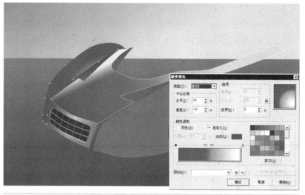

26 使用工具箱中的"贝塞尔工具" ，，，在图像中绘制条状图形，按【F11】键，打开"渐变填充"对话框，对颜色参数进行设置后单击"确定"按钮。在调色板的"透明色"按钮⊠上单击鼠标右键，取消外框的颜色。

27 继续使用工具箱中的"贝塞尔工具" ，，，在图像中绘制图形，按【F11】键，打开"渐变填充"对话框，对颜色参数进行设置后单击"确定"按钮。在调色板的"透明色"按钮⊠上单击鼠标右键，取消外框的颜色。

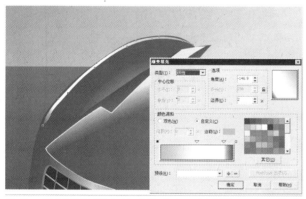

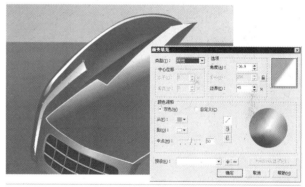

28 使用工具箱中的"贝塞尔工具" ，，，在图像中绘制条状图形，在调色板的"黑"按钮上单击鼠标左键，填充黑色，再在调色板的"透明色"按钮⊠上单击鼠标右键，取消外框的颜色。

29 继续使用工具箱中的"贝塞尔工具" ，，，在图像中绘制图形，按【F11】键，打开"渐变填充"对话框，对颜色参数进行设置后单击"确定"按钮。在调色板的"透明色"按钮⊠上单击鼠标右键，取消外框的颜色。

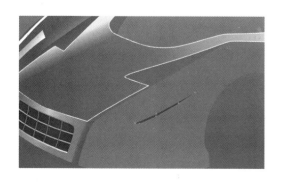

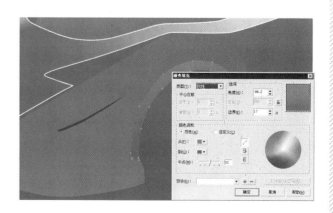

30 使用工具箱中的"贝塞尔工具"，，，在图像中绘制图形，按【F11】键，打开"渐变填充"对话框，对颜色参数进行设置后单击"确定"按钮。在调色板的"透明色"按钮⊠上单击鼠标右键，取消外框的颜色。

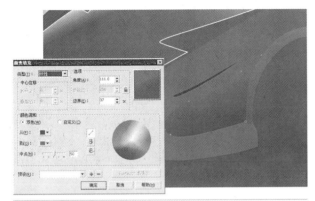

31 使用工具箱中的"贝塞尔工具"，，，在图像中绘制图形，按快捷键【Shift+F11】，打开"均匀填充"对话框，设置颜色参数为（R:47 G: 52 B:54）后，单击"确定"按钮。在调色板的"透明色"按钮⊠上单击鼠标右键，取消外框的颜色。

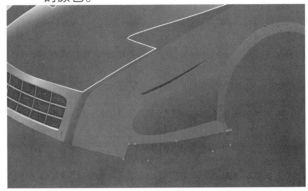

32 选择工具箱中的"交互式透明工具"，对属性栏进行设置，在图形上从右到左拖动鼠标，得到如图的效果。

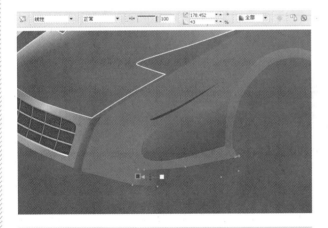

33 使用工具箱中的"贝塞尔工具"，，，在图像中绘制条状图形，在调色板的"白色"按钮上单击鼠标左键，填充白色，再在调色板的"透明色"按钮⊠上单击鼠标右键，取消外框的颜色。

34 选择工具箱中的"交互式透明工具"，对属性栏进行设置，在图形上从下到上拖动鼠标，得到如图的效果。

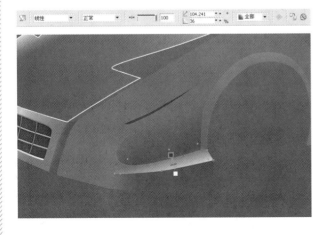

35 使用工具箱中的"贝塞尔工具"，，，在图像中绘制车顶图形，在调色板的"黑"按钮上单击鼠标左键，填充黑色，再在调色板的"透明色"按钮⊠上单击鼠标右键，取消外框的颜色。

36 选择工具箱中的"挑选工具" ，选择车顶图形，按快捷键【Ctrl+Page Down】下移图层，使得到如图的状态。

37 使用工具箱中的"贝塞尔工具" ，在图像中绘制车窗图形，在调色板的"白色"按钮上单击鼠标左键，填充白色，再在调色板的"透明色"按钮 上单击鼠标右键，取消外框的颜色。

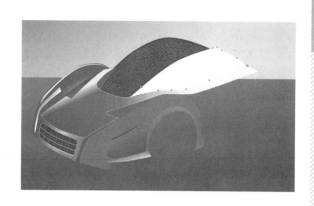

38 选择工具箱中的"交互式透明工具" ，对属性栏进行设置，在图形上从左到右拖动鼠标，得到如图的效果。

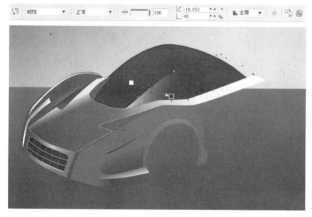

39 使用工具箱中的"贝塞尔工具" ，在图像中绘制图形，在调色板的"白色"按钮上单击鼠标左键，填充白色，再在调色板的"透明色"按钮 上单击鼠标右键，取消外框的颜色。

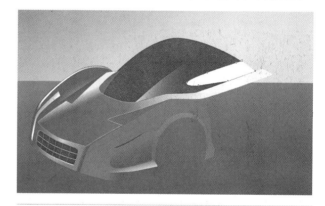

40 执行"位图"|"转化为位图"命令，在弹出的"转化为位图"对话框中进行设置后单击"确定"按钮，再执行"位图"|"模糊"|"高斯式模糊"命令，在弹出的"高斯式模糊"对话框中进行设置后单击"确定"按钮。

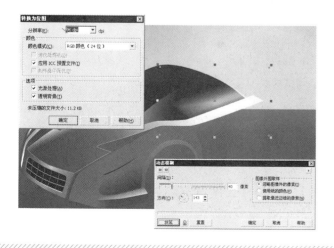

41 使用工具箱中的"贝塞尔工具" ，在图像中绘制图形，按【F12】快捷键，打开"轮廓笔"对话框，对参数进行设置后单击"确定"按钮。

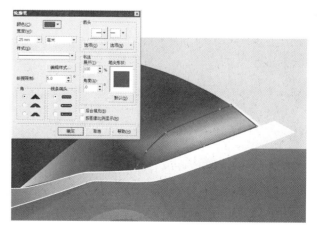

42 使用工具箱中的"贝塞尔工具" ，，在图像中绘制图形，在调色板的"白色"按钮上单击鼠标左键，填充白色，再在调色板的"透明色"按钮⊠上单击鼠标右键，取消外框的颜色。

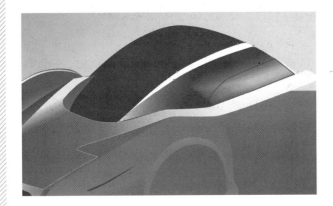

43 执行"位图"|"转化为位图"命令，在弹出的"转化为位图"对话框中进行设置后单击"确定"按钮，再执行"位图"|"模糊"|"高斯式模糊"命令，在弹出的"高斯式模糊"对话框中进行设置后单击"确定"按钮。

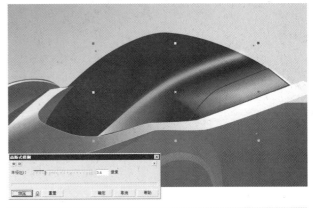

44 使用工具箱中的"贝塞尔工具" ，在图像中绘制图形，按【F11】键，打开"渐变填充"对话框，对颜色参数进行设置后单击"确定"按钮。在调色板的"透明色"按钮⊠上单击鼠标右键，取消外框的颜色。

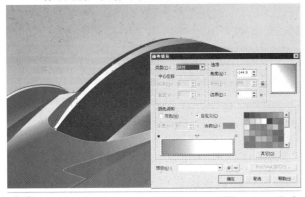

45 执行"位图"|"转化为位图"命令，在弹出的"转化为位图"对话框中进行设置后单击"确定"按钮，再执行"位图"|"模糊"|"高斯式模糊"命令，在弹出的"高斯式模糊"对话框中进行设置后单击"确定"按钮。

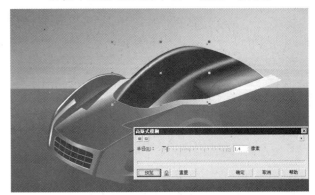

46 使用工具箱中的"贝塞尔工具" ，在图像中绘制图形，在调色板的"白色"按钮上单击鼠标左键，填充白色，再在调色板的"透明色"按钮⊠上单击鼠标右键，取消外框的颜色。

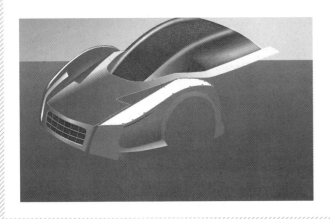

47 选择工具箱中的"交互式透明工具" ，对属性栏进行设置，在图形上从下向上拖动鼠标，得到如图的效果。

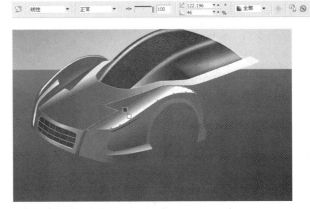

48 使用工具箱中的"贝塞尔工具"，在图像中绘制图形，在调色板的"白色"按钮上单击鼠标左键，填充白色，再在调色板的"透明色"按钮⊠上单击鼠标右键，取消外框的颜色。

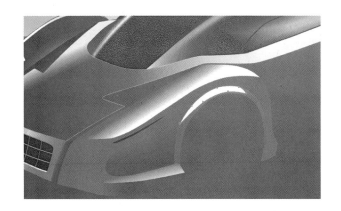

49 选择工具箱中的"交互式透明工具"，对属性栏进行设置，在图形上从左向右拖动鼠标，并对透明色块进行设置，得到如图的效果。

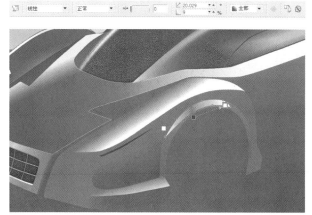

50 使用工具箱中的"贝塞尔工具"，在图像中绘制图形，在调色板的"白色"按钮上单击鼠标左键，填充白色，再在调色板的"透明色"按钮⊠上单击鼠标右键，取消外框的颜色。

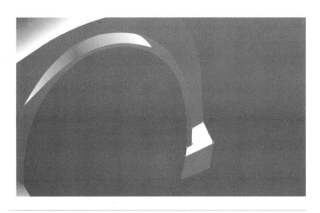

51 选择工具箱中的"交互式透明工具"，对属性栏进行设置，在图形上从下向上拖动鼠标，得到如图的效果。

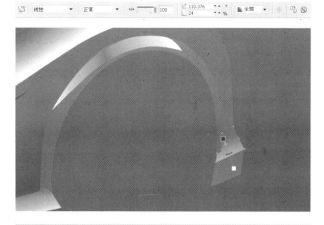

52 使用工具箱中的"贝塞尔工具"，在图像中绘制赛车侧面图形，按【F11】键，打开"渐变填充"对话框，对颜色参数进行设置后单击"确定"按钮。在调色板的"透明色"按钮⊠上单击鼠标右键，取消外框的颜色。

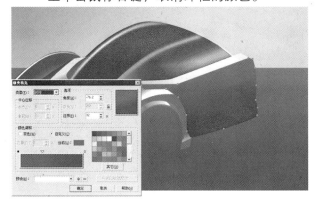

53 使用工具箱中的"挑选工具"选择赛车侧面图形，然后按快捷键【Ctrl+Page Down】下移图层，得到如图的状态。

54 使用工具箱中的"挑选工具" 选中赛车侧面图形，按小键盘上的【+】键以复制一个赛车侧面图形，按快捷键【Shift+F11】，打开"均匀填充"对话框，设置颜色参数为（R:17 G:17 B:17）后，单击"确定"按钮。

55 选择工具箱中的"交互式透明工具" ，对属性栏进行设置，在图形上从右下到左上角拖动鼠标，得到如图的效果。

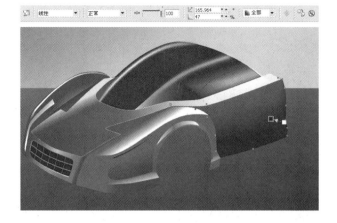

56 使用工具箱中的"贝塞尔工具" ，在图像中绘制图形，按快捷键【Shift+F11】，打开"均匀填充"对话框，设置颜色参数为（R:41 G:41 B:41）后，单击"确定"按钮。在调色板的"透明色"按钮 上单击鼠标右键，取消外框的颜色。

57 使用工具箱中的"贝塞尔工具" ,，在图像中绘制图形，按【F11】键，打开"渐变填充"对话框，对颜色参数进行设置后单击"确定"按钮。在调色板的"透明色"按钮 上单击鼠标右键，取消外框的颜色。

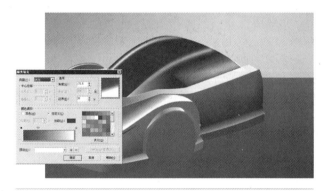

58 使用工具箱中的"贝塞尔工具" ，在图像中绘制图形，按快捷键【Shift+F11】，打开"均匀填充"对话框，设置颜色参数为（R:48 G:48 B:48）后，单击"确定"按钮。在调色板的"透明色"按钮 上单击鼠标右键，取消外框的颜色。

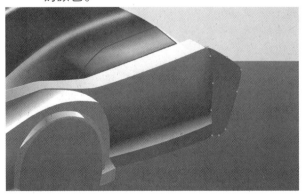

59 使用工具箱中的"贝塞尔工具" ，在图像中绘制一条直线，按【F12】快捷键，打开"轮廓笔"对话框，对参数进行设置后单击"确定"按钮，得到一条黑色的直线。

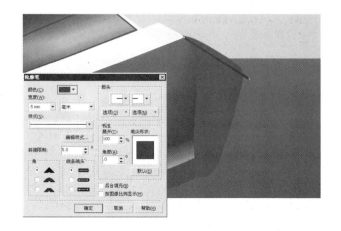

60 使用工具箱中的"挑选工具" ，按住【Ctrl】键使用鼠标左键向下拖动黑色直线，按住鼠标左键不放同时单击鼠标右键，然后释放鼠标左键，以复制一个直线，在重复此操作4次，得到如图的状态。

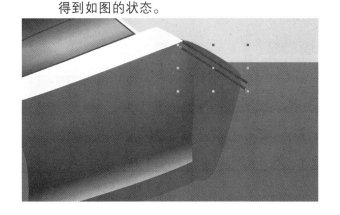

61 按快捷键【Ctrl+D】执行"再制"操作，按快捷键数次使得到如图的效果。

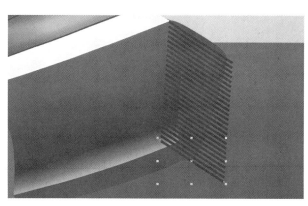

62 使用工具箱中的"挑选工具" ，框选住这组黑色直线，然后按快捷键【Ctrl+G】群组黑色直线。

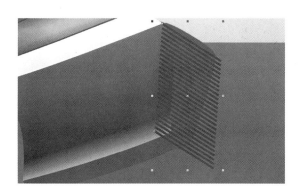

63 执行"效果"|"图框精确剪裁"|"放置在容器中"命令，此时的光标成"黑箭头"状态 ，将箭头指向图形选框中单击使黑色直线置入，在置入的黑色直线上单击鼠标右键，从弹出的菜单中选择"编辑内容"命令，调整图像的位置到如图的状态，在黑色直线上单击鼠标右键从弹出的菜单中选择"结束编辑"。

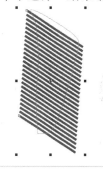

64 使用工具箱中的"贝塞尔工具" ，在图像中绘制图形，按【F11】键，打开"渐变填充"对话框，对颜色参数进行设置后单击"确定"按钮。在调色板的"透明色"按钮 上单击鼠标右键，取消外框的颜色。

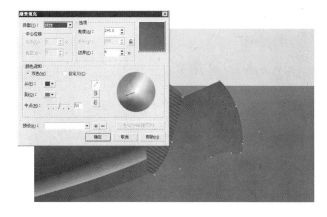

65 使用工具箱中的"贝塞尔工具" ，在图像中绘制图形，在调色板的"20%黑"按钮上单击鼠标左键，填充灰色，再在调色板的"透明色"按钮 上单击鼠标右键，取消外框的颜色。

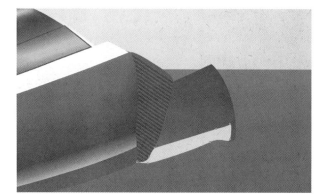

66 选择工具箱中的"交互式透明工具" ，对属性栏进行设置，在图形上从上到下拖动鼠标，得到如图的效果。

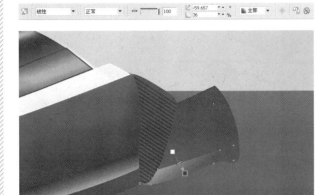

67 使用工具箱中的"贝塞尔工具" ，在图像中绘制图形，在调色板的"白色"按钮上单击鼠标左键，填充白色，再在调色板的"透明色"按钮⊠上单击鼠标右键，取消外框的颜色。

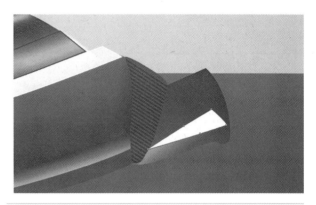

68 选择工具箱中的"交互式透明工具" ，对属性栏进行设置，在图形上从左到右拖动鼠标，得到如图的效果。

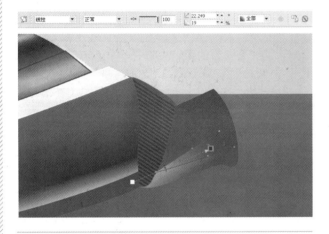

69 使用工具箱中的"贝塞尔工具" ，在图像中绘制图形，在调色板的"白色"按钮上单击鼠标左键，填充白色，再在调色板的"透明色"按钮⊠上单击鼠标右键，取消外框的颜色。

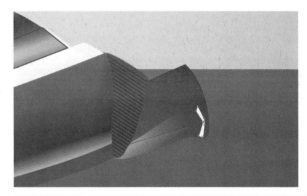

70 选择工具箱中的"交互式透明工具" ，对属性栏进行设置，在图形上从上到下拖动鼠标，对透明色块进行设置，得到如图的效果。

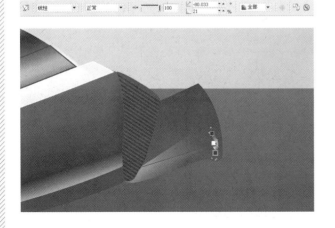

71 使用工具箱中的"贝塞尔工具" ，在图像中绘制车后部图形，在调色板的"黑"按钮上单击鼠标左键，填充黑色，再在调色板的"透明色"按钮⊠上单击鼠标右键，取消外框的颜色。

72 选择工具箱中的"挑选工具" ↘，选择车后部图形，按快捷键【Ctrl+Page Down】下移图层，使得到如图的状态。

73 使用工具箱中的"贝塞尔工具" ↘，在图像中绘制图形，按【F11】键，打开"渐变填充"对话框，对颜色参数进行设置后单击"确定"按钮。在调色板的"透明色"按钮⊠上单击鼠标右键，取消外框的颜色。

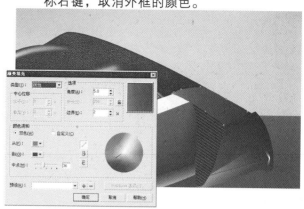

74 使用工具箱中的"贝塞尔工具" ↘，在图像中绘制图形，在调色板的"20%黑"按钮上单击鼠标左键，填充灰色，再在调色板的"透明色"按钮⊠上单击鼠标右键，取消外框的颜色。

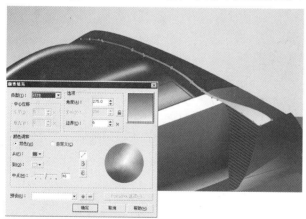

75 执行"位图"|"转化为位图"命令，在弹出的"转化为位图"对话框中进行设置后单击"确定"按钮，再执行"位图"|"模糊"|"高斯式模糊"命令，在弹出的"高斯式模糊"对话框中进行设置后单击"确定"按钮。

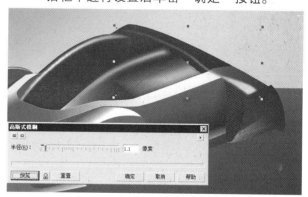

76 使用工具箱中的"贝塞尔工具" ↘，在图像中绘制图形，按【F11】键，打开"渐变填充"对话框，对颜色参数进行设置后单击"确定"按钮。在调色板的"透明色"按钮⊠上单击鼠标右键，取消外框的颜色。

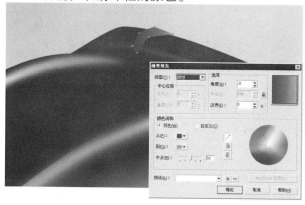

77 继续使用工具箱中的"贝塞尔工具" ↘，在图像中绘制图形，按【F11】键，打开"渐变填充"对话框，对颜色参数进行设置后单击"确定"按钮。在调色板的"透明色"按钮⊠上单击鼠标右键，取消外框的颜色。

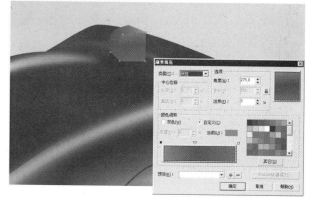

78 使用工具箱中的"贝塞尔工具" ，在图像中绘制一条线段，按【F12】快捷键，打开"轮廓笔"对话框，对参数进行设置后单击"确定"按钮，得到一条白色的线段。

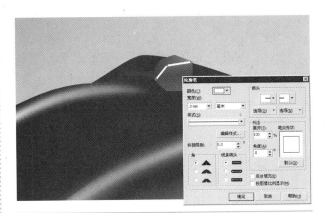

79 执行"位图"|"转化为位图"命令，在弹出的"转化为位图"对话框中进行设置后单击"确定"按钮，再执行"位图"|"模糊"|"高斯式模糊"命令，在弹出的"高斯式模糊"对话框中进行设置后单击"确定"按钮。

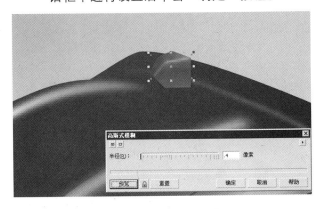

80 使用工具箱中的"贝塞尔工具" ，在图像中绘制图形，按【F11】键，打开"渐变填充"对话框，对颜色参数进行设置后单击"确定"按钮。在调色板的"透明色"按钮⊠上单击鼠标右键，取消外框的颜色。

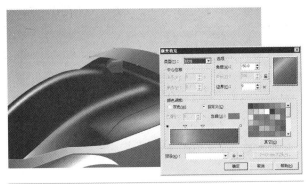

81 继续使用工具箱中的"贝塞尔工具" ，在图像中绘制图形，按【F11】键，打开"渐变填充"对话框，对颜色参数进行设置后单击"确定"按钮。在调色板的"透明色"按钮⊠上单击鼠标右键，取消外框的颜色。

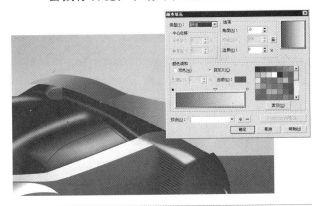

82 继续使用工具箱中的"贝塞尔工具" ，在图像中绘制图形，按【F11】键，打开"渐变填充"对话框，对颜色参数进行设置后单击"确定"按钮。在调色板的"透明色"按钮⊠上单击鼠标右键，取消外框的颜色。

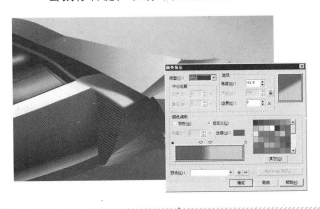

83 执行"位图"|"转化为位图"命令，在弹出的"转化为位图"对话框中进行设置后单击"确定"按钮，再执行"位图"|"模糊"|"高斯式模糊"命令，在弹出的"高斯式模糊"对话框中进行设置后单击"确定"按钮。

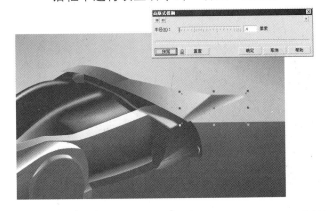

84 使用工具箱中的"贝塞尔工具"，在图像中绘制图形，按【F11】键，打开"渐变填充"对话框，对颜色参数进行设置后单击"确定"按钮。在调色板的"透明色"按钮上单击鼠标右键，取消外框的颜色。

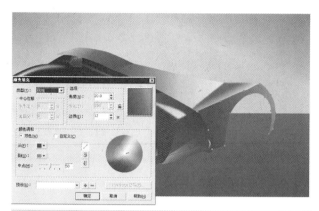

85 使用工具箱中的"贝塞尔工具"，在图像中绘制一条线段，按【F12】快捷键，打开"轮廓笔"对话框，对参数进行设置后单击"确定"按钮，得到一条红色的线段。

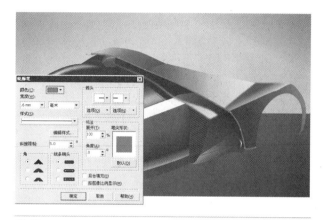

86 使用工具箱中的"贝塞尔工具"，在图像中绘制图形，在调色板的"红"按钮上单击鼠标左键，填充红色，再在调色板的"透明色"按钮上单击鼠标右键，取消外框的颜色。

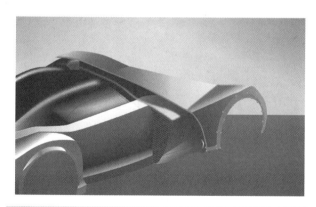

87 使用工具箱中的"贝塞尔工具"，在图像中绘制图形，在调色板的"白"按钮上单击鼠标左键，填充白色，再在调色板的"透明色"按钮上单击鼠标右键，取消外框的颜色。

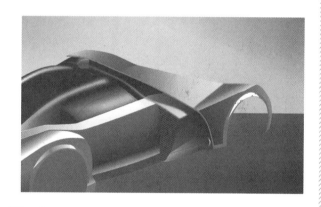

88 选择工具箱中的"交互式透明工具"，对属性栏进行设置，在图形上从左到右拖动鼠标，对透明色块进行设置，得到如图的效果。

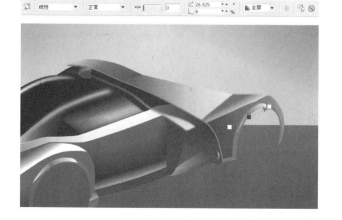

89 使用工具箱中的"贝塞尔工具"，在图像中绘制图形，在调色板的"90%黑"按钮上单击鼠标左键，填充灰色，再在调色板的"透明色"按钮上单击鼠标右键，取消外框的颜色。

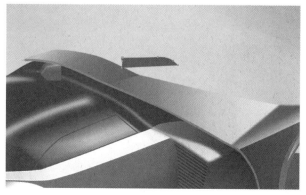

90 使用工具箱中的"贝塞尔工具"，在图像中绘制图形，在调色板的"黑"按钮上单击鼠标左键，填充黑色。

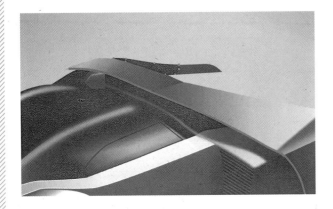

91 使用工具箱中的"贝塞尔工具"，在图像中绘制图形，在调色板的"红"按钮上单击鼠标左键，填充红色，再在调色板的"透明色"按钮⊠上单击鼠标右键，取消外框的颜色。

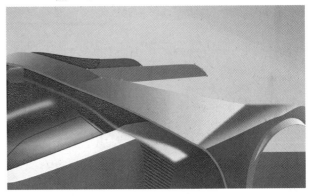

92 使用工具箱中的"贝塞尔工具"，在图像中绘制图形，在调色板的"白"按钮上单击鼠标左键，填充白色，再在调色板的"透明色"按钮⊠上单击鼠标右键，取消外框的颜色。

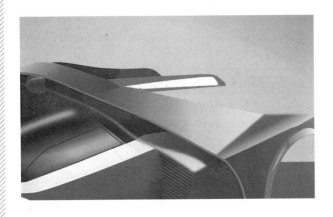

93 选择工具箱中的"交互式透明工具"，对属性栏进行设置，在图形上从下向上拖动鼠标，得到如图的效果。

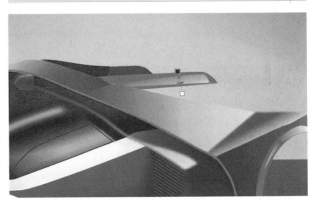

94 使用工具箱中的"贝塞尔工具"，在图像中绘制图形，按快捷键【Shift+F11】，打开"均匀填充"对话框，设置颜色参数为（R:51 G:56 B:59）后，单击"确定"按钮。在调色板的"透明色"按钮⊠上单击鼠标右键，取消外框的颜色。

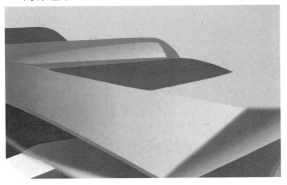

95 继续使用工具箱中的"贝塞尔工具"，在图像中绘制图形，在调色板的"10% 黑"按钮上单击鼠标左键，填充灰色，再在调色板的"透明色"按钮⊠上单击鼠标右键，取消外框的颜色。

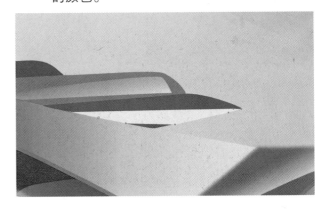

96 使用工具箱中的"贝塞尔工具" ，在图像中绘制图形，按快捷键【Shift+F11】，打开"均匀填充"对话框，设置颜色参数为（R:62 G:68 B:71）后，单击"确定"按钮。在调色板的"透明色"按钮⊠上单击鼠标右键，取消外框的颜色。

97 继续使用工具箱中的"贝塞尔工具" ，在图像中绘制图形，在调色板的"30% 黑"按钮上单击鼠标左键，填充灰色，再在调色板的"透明色"按钮⊠上单击鼠标右键，取消外框的颜色。

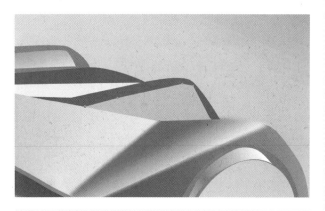

98 选择工具箱中的"交互式透明工具" ，对属性栏进行设置，在图形上从左上角到右下角拖动鼠标，得到如图的效果。

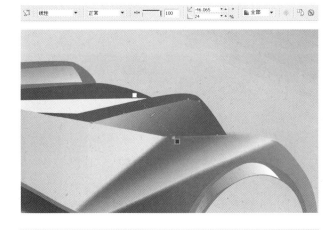

99 使用工具箱中的"贝塞尔工具" ，在图像中绘制图形，按【F11】键，打开"渐变填充"对话框，对颜色参数进行设置后单击"确定"按钮。在调色板的"透明色"按钮⊠上单击鼠标右键，取消外框的颜色。

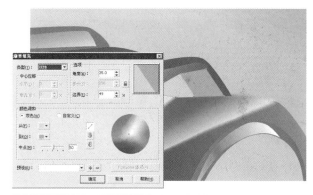

100 使用工具箱中的"贝塞尔工具" ，在图像中绘制轮胎图形，按快捷键【Shift+F11】，打开"均匀填充"对话框，设置颜色参数为（R:20 G:21 B:22）后，单击"确定"按钮。在调色板的"透明色"按钮⊠上单击鼠标右键，取消外框的颜色。

101 使用工具箱中的"挑选工具" ，选择轮胎图形，然后按快捷键【Ctrl+Page Down】下移图层，得到如图的状态。

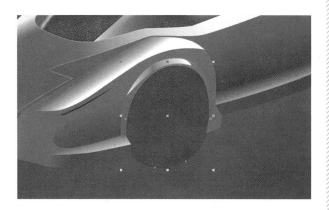

102 使用工具箱中的"挑选工具"选中轮胎图形，按小键盘上的【+】键以复制轮胎图形，按住【Shift】键同心缩小图形.按快捷键【Shift+F11】，打开"均匀填充"对话框，设置颜色参数为（R:22 G:23 B:23）后,单击"确定"按钮。

103 继续使用工具箱中的"挑选工具"选中椭圆形，按小键盘上的【+】键以复制椭圆形，按住【Shift】键同心缩小图形。按【F11】键，打开"渐变填充"对话框，对颜色参数进行设置后单击"确定"按钮。

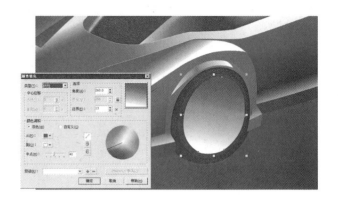

104 继续使用工具箱中的"挑选工具"选中渐变椭圆形，按小键盘上的【+】键以复制渐变椭圆形，按住【Shift】键同心缩小图形.按快捷键【Shift+F11】，打开"均匀填充"对话框，设置颜色参数为（R:20 G:21 B:22）后，单击"确定"按钮。

105 使用工具箱中的"贝塞尔工具"，在图像中绘制月牙状图形，按【F11】键，打开"渐变填充"对话框，对颜色参数进行设置后单击"确定"按钮。在调色板的"透明色"按钮上单击鼠标右键，取消外框的颜色。

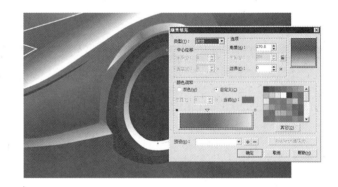

106 使用工具箱中的"贝塞尔工具"，在图像中绘制图形，按【F11】键，打开"渐变填充"对话框，对颜色参数进行设置后单击"确定"按钮。在调色板的"透明色"按钮上单击鼠标右键，取消外框的颜色。

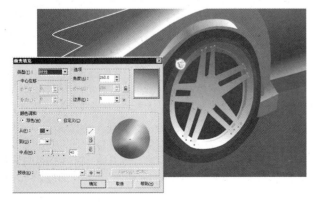

107 使用工具箱中的"贝塞尔工具"，在图像中绘制圆形，按快捷键【Shift+F11】，打开"均匀填充"对话框，设置颜色参数为（R:120 G:120 B:120）后,单击"确定"按钮。在调色板的"透明色"按钮上单击鼠标右键，取消外框的颜色。

108 使用工具箱中的"贝塞尔工具" ，在图像中绘制 4 个条状图形，在调色板的"白色"按钮上单击鼠标左键，填充白色，再在调色板的"透明色"按钮⊠上单击鼠标右键，取消外框的颜色。

109 继续使用工具箱中的"贝塞尔工具" ，在图像中绘制 2 个条状图形，按快捷键【Shift+F11】，打开"均匀填充"对话框，设置颜色参数为（R:237 G:237 B:237）后，单击"确定"按钮。在调色板的"透明色"按钮⊠上单击鼠标右键，取消外框的颜色。

110 继续使用工具箱中的"贝塞尔工具" ，在图像中绘制 2 个条状图形，按快捷键【Shift+F11】，打开"均匀填充"对话框，设置颜色参数为（R:134 G:141 B:145）后，单击"确定"按钮。在调色板的"透明色"按钮⊠上单击鼠标右键，取消外框的颜色。

111 使用工具箱中的"贝塞尔工具" ，在图像中绘制月牙状图形，按【F11】键，打开"渐变填充"对话框，对颜色参数进行设置后单击"确定"按钮。在调色板的"透明色"按钮⊠上单击鼠标右键，取消外框的颜色。

112 继续使用工具箱中的"贝塞尔工具" ，在图像中绘制月牙状图形，按【F11】键，打开"渐变填充"对话框，对颜色参数进行设置后单击"确定"按钮。在调色板的"透明色"按钮⊠上单击鼠标右键，取消外框的颜色。

113 执行"位图"|"转化为位图"命令，在弹出的"转化为位图"对话框中进行设置后单击"确定"按钮，再执行"位图"|"模糊"|"高斯式模糊"命令，在弹出的"高斯式模糊"对话框中进行设置后单击"确定"按钮。

114 使用工具箱中的"挑选工具" ▷ ，框选住这组轮胎图形，然后按快捷键【Ctrl+G】群组图形。

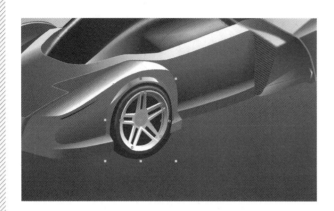

115 按住【Ctrl】键使用鼠标左键向右拖动矩形图标，按住鼠标左键不放同时单击鼠标右键，然后释放鼠标左键，以复制一个轮胎图形，变换轮胎图形并按快捷键【Ctrl+Page Down】下移图层，得到如图的状态。

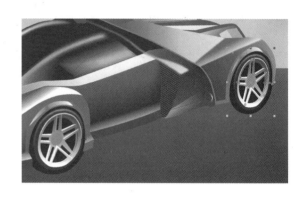

116 按快捷键【Ctrl+U】取消群组，然后使用工具箱中的"形状工具" ▷，选中轮胎最外层的黑色椭圆形，对其节点进行调整。

117 经过以上步骤的操作，得到这幅作品的最终效果。

8.2 MP4 模型设计

创作思路：MP4 模型设计不仅要美观、大方，还要经济、实用。不能只考虑外表的美观，做出来之后却不太实用，这就是产品造形与其他设计的区别所在。

◎ 设计要求

设计内容	○　MP4 模型设计
客户要求	○　尺寸为 297mm × 210mm。要求突出 MP4 产品的特性，画面要是有立体感
最终效果	○　💿光盘：MP4 模型设计

◎ 设计步骤

最终效果

◎ 新建文档并重新设置页面大小

01 执行"文件"|"新建"命令（或按快捷键【Ctrl+N】），新建一个空白文档。执行"版面"|"页设置"命令，弹出"选项"对话框，选择"页面"|"大小"命令，设置好文档大小为210mm × 297mm，文档的页面大小包括了出血的区域。

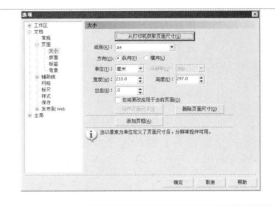

◎ 设置边框轮廓

02 双击工具箱中的"矩形工具"□，这时在页面上会出现一个与页面大小相同的矩形框，按【F11】键，打开"渐变填充"对话框，对颜色参数进行设置后单击"确定"按钮。在调色板的"透明色"按钮⊠上单击鼠标右键，取消外框的颜色。

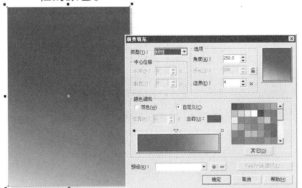

03 使用工具箱中的"矩形工具"□，在图像上方绘制一个矩形，在属性栏中设置矩形的边角圆滑度参数如图所示，得到一个带圆角的矩形。在调色板的"黑色"按钮上单击鼠标左键，填充黑色。

04 使用工具箱中的"矩形工具"□，在图像上方绘制一个矩形，在属性栏中设置矩形的边角圆滑度参数如图所示，按【F12】键，打开"轮廓笔"对话框，对参数进行设置后单击"确定"按钮。

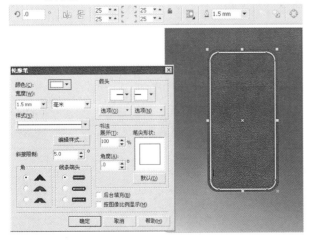

05 使用工具箱中的"贝塞尔工具"，在圆形图像内绘制箭头图形，按【F11】键，打开"渐变填充"对话框，对参数进行设置后单击"确定"按钮。

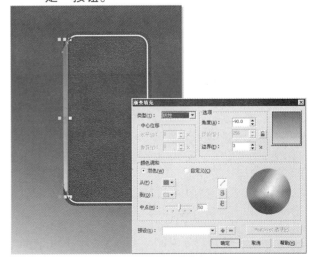

06 选择工具箱中的"交互式透明工具" 🖫，对属性栏进行设置，在图形上从右到左拖动鼠标，得到如图的效果。

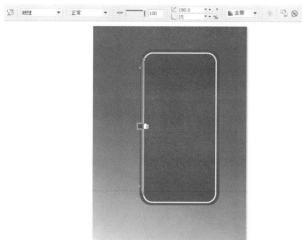

07 使用工具箱中的"挑选工具" 🖎，按住【Ctrl】键使用鼠标左键向右拖动渐变图形，按住鼠标左键不放同时单击鼠标右键，然后释放鼠标左键，以复制一个渐变图形。单击属性栏中的"水平镜像"按钮 🖴。

08 使用工具箱中的"矩形工具" 🔲，在图像上方绘制一个矩形，在属性栏中设置矩形的边角圆滑度参数，得到一个带圆角的矩形。按快捷键【Shift+F11】，打开"均匀填充"对话框，设置颜色参数为（R:51，G:51，B:57）后,单击"确定"按钮。在调色板的"透明色"按钮 ⊠ 上单击鼠标右键，取消外框的颜色。

09 选择工具箱中的"交互式透明工具" 🖫，对属性栏进行设置，在图形上从右上角到左下角拖动鼠标，得到如图的效果。

10 使用工具箱中的"矩形工具" 🔲，在图像中绘制一个矩形，在调色板的"黑色"按钮上单击鼠标左键，填充黑色。按【F12】键，打开"轮廓笔"对话框，对参数进行设置后单击"确定"按钮。

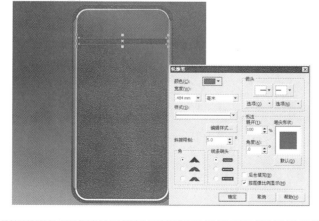

11 使用工具箱中的"矩形工具" 🔲，在图像中绘制一个矩形，按【F11】键，打开"渐变填充"对话框，对参数进行设置后单击"确定"按钮。按【F12】键，打开"轮廓笔"对话框，对参数进行设置后单击"确定"按钮。

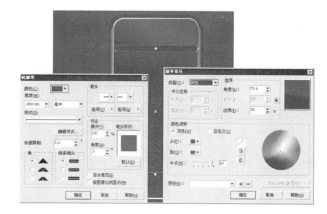

12 选择工具箱中的"矩形工具"□，在图像中绘制一个矩形，在调色板的"黑色"按钮上单击鼠标左键，填充黑色。在调色板的"透明色"按钮⊠上单击鼠标右键，取消外框的颜色。

13 选择工具箱中的"矩形工具"□，在图像上方绘制一个矩形，按快捷键【Shift+F11】，打开"均匀填充"对话框，设置颜色参数为（R:51，G:51，B:57）后，单击"确定"按钮。在调色板的"透明色"按钮⊠上单击鼠标右键，取消外框的颜色。

14 选择工具箱中的"交互式透明工具"☲，对属性栏进行设置，在图形上从上到下拖动鼠标，得到如图的效果。

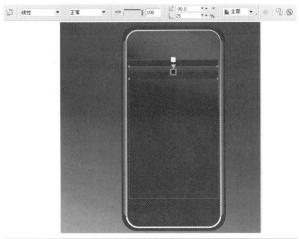

15 选择工具箱中的"矩形工具"□，在图像中绘制一个矩形，按【F11】键，打开"渐变填充"对话框，对颜色参数进行设置后单击"确定"按钮。在调色板的"透明色"按钮⊠上单击鼠标右键，取消外框的颜色。

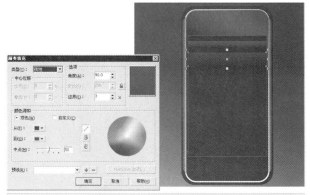

16 选择工具箱中的"交互式透明工具"☲，对属性栏进行设置，在图形上从上到下拖动鼠标，得到如图的效果。

17 选择工具箱中的"矩形工具"□，在机子中部绘制一个矩形，在调色板的"黑色"按钮上单击鼠标左键，填充黑色。按【F12】键，打开"轮廓笔"对话框，对参数进行设置后单击"确定"按钮。

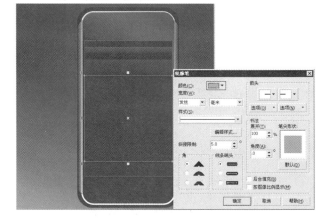

18 单击属性栏中的"导入"按钮，打开"导入"对话框，导入配套光盘中的"素材1"文件。

19 执行"效果"|"图框精确剪裁"|"放置在容器中"命令，此时的光标呈"黑箭头"状态，将箭头指向矩形选框中单击使图片置入。在置入的图片上单击鼠标右键，从弹出的快捷菜单中选择"编辑内容"命令，调整图像的位置到如图的效果，在图片上单击鼠标右键，从弹出的快捷菜单中选择"结束编辑"命令。

20 使用工具箱中的"矩形工具"，在图像中绘制一个矩形，在调色板的"白色"按钮上单击鼠标左键，填充白色。在调色板的"透明色"按钮上单击鼠标右键，取消外框的颜色。

21 选择工具箱中的"交互式透明工具"，对属性栏进行设置，在图形上从上到下拖动鼠标，得到如图的效果。

22 使用工具箱中的"矩形工具"，在图像中绘制一个矩形，在调色板的"黑色"按钮上单击鼠标左键，填充黑色。在调色板的"透明色"按钮上单击鼠标右键，取消外框的颜色。

23 使用工具箱中的"矩形工具"，在图像上方绘制一个矩形，在属性栏设置矩形的边角圆滑度参数如图所示，得到一个带圆角的矩形。在调色板的"白色"按钮上单击鼠标左键，填充白色。在调色板的"透明色"按钮上单击鼠标右键，取消外框的颜色。

24 使用工具箱中的"挑选工具" ▷，选中白色圆角矩形，按小键盘上的【+】键以复制一个白色圆角矩形。在调色板的"黑色"按钮上单击鼠标左键，为其填充黑色，然后变换大小到如图的效果。

25 使用工具箱中的"贝塞尔工具" ◁，在机身顶部绘制图形，在调色板的"白色"按钮上单击鼠标左键，填充白色。在调色板的"透明色"按钮⊠上单击鼠标右键，取消外框的颜色。

26 使用工具箱中的"挑选工具" ▷，按住【Ctrl】键使用鼠标左键向下拖动图形，按住鼠标左键不放同时单击鼠标右键，然后释放鼠标左键，以复制一个图形。单击属性栏中的"垂直镜像"按钮 ▤。

27 使用工具箱中的"矩形工具" □，在图像中绘制一个矩形，按【F12】键，打开"轮廓笔"对话框，对参数进行设置后单击"确定"按钮。用同样的方法在旁边绘制一个小的矩形，以组成电池的形状。

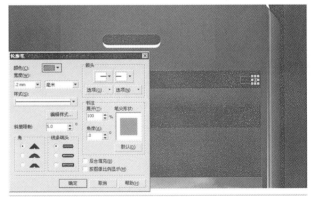

28 使用工具箱中的"矩形工具" □，在图像中绘制一个矩形，在调色板的"40% 黑"按钮上单击鼠标左键，填充灰色。在调色板的"透明色"按钮⊠上单击鼠标右键，取消外框的颜色。

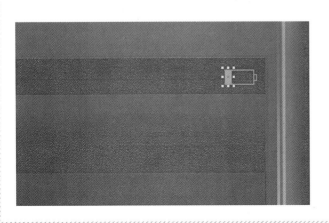

29 使用工具箱中的"挑选工具" ▷，按住【Ctrl】键使用鼠标左键向下拖动灰色矩形，按住鼠标左键不放同时单击鼠标右键，然后释放鼠标左键，以复制一个灰色矩形。用同样的方法复制一个灰色矩形。

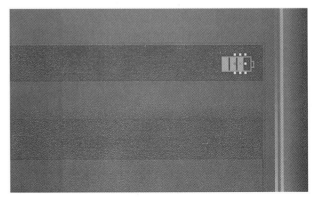

30 使用工具箱中的“矩形工具”□，在图像上方绘制一个矩形，在属性栏设置矩形的边角圆滑度参数如图所示，得到一个带圆角的矩形。按【F12】键，打开“轮廓笔”对话框，对参数进行设置后单击“确定”按钮。

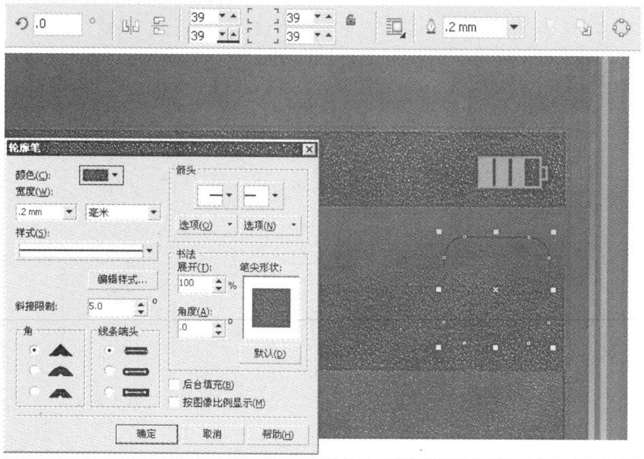

31 使用工具箱中的“矩形工具”□，在图像中绘制一个矩形，在调色板的“10%黑”按钮上单击鼠标左键，填充灰色。在调色板的“透明色”按钮⊠上单击鼠标右键，取消外框的颜色。用同样的方法在旁边绘制一个灰色矩形。

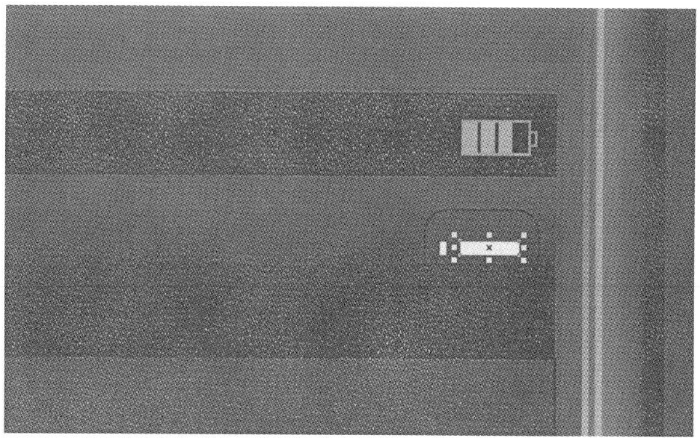

32 使用工具箱中的“挑选工具”，框选这两个灰色矩形，然后按快捷键【Ctrl+G】群组图形。按住【Ctrl】键使用鼠标左键向下拖动灰色矩形，按住鼠标左键不放同时单击鼠标右键，然后释放鼠标左键，以复制一个灰色矩形。用同样的方法再向下复制一个。

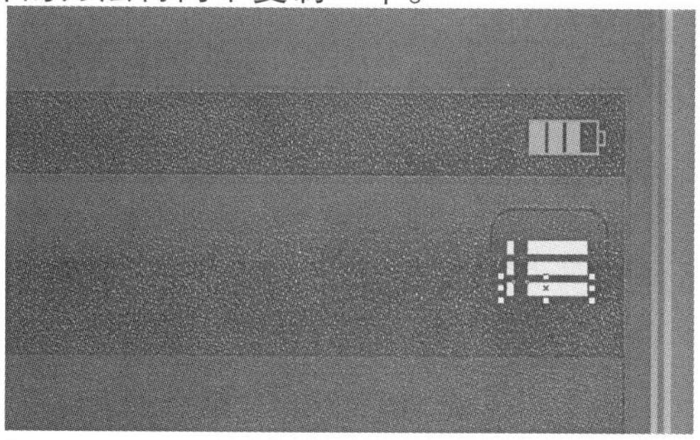

33 使用工具箱中的“贝塞尔工具”，在图像中绘制类似三角的形状，按【F11】键，打开“渐变填充”对话框，对颜色参数进行设置后单击“确定”按钮。

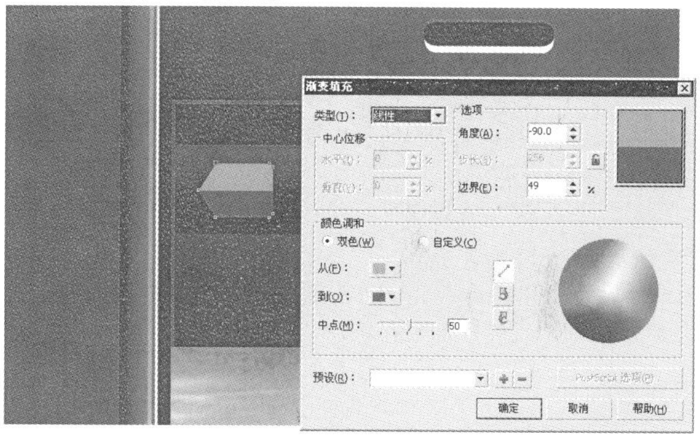

34 选择工具箱中的“挑选工具”，单击属性栏中的“完美形状”按钮，选择如图的箭头形状，然后在图像中绘制箭头，在调色板的“白色”按钮上单击鼠标左键，填充白色。在调色板的“透明色”按钮⊠上单击鼠标右键，取消外框的颜色。

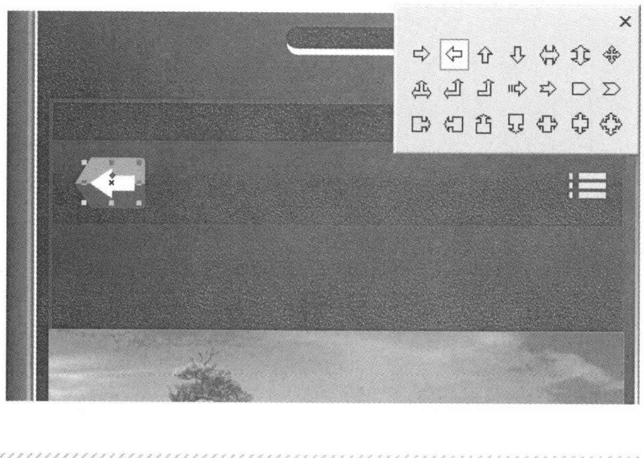

35 使用工具箱中的“矩形工具”□，在图像上方绘制一个矩形，在属性栏设置矩形的边角圆滑度参数，得到一个带圆角的矩形。按【F11】键，打开“渐变填充”对话框，对颜色参数进行设置后单击“确定”按钮。在调色板的“透明色”按钮⊠上单击鼠标右键，取消外框的颜色。

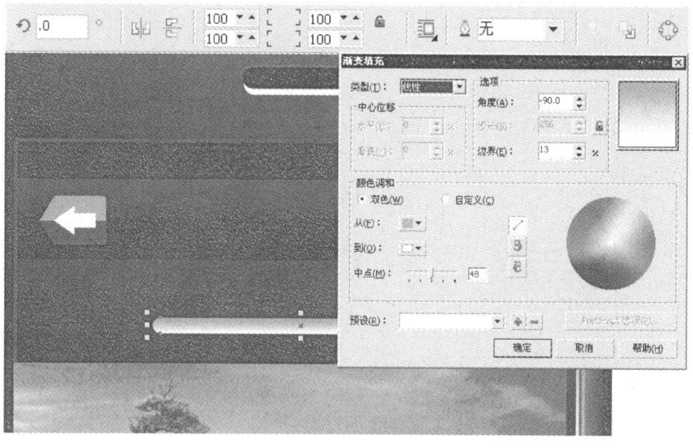

36 使用工具箱中的"矩形工具" ，在图像上方绘制一个矩形，在属性栏设置矩形的边角圆滑度参数，得到一个带圆角的矩形。按【F11】键，打开"渐变填充"对话框，对颜色参数进行设置后单击"确定"按钮。在调色板的"透明色"按钮 上单击鼠标右键，取消外框的颜色。

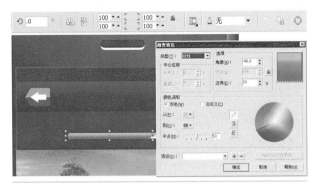

37 使用工具箱中的"椭圆形工具" ，对属性栏进行设置，按住【Ctrl】键在图像中绘制一个半圆图形，在调色板的"白色"按钮上单击鼠标左键，填充白色。在调色板的"透明色"按钮 上单击鼠标右键，取消外框的颜色。

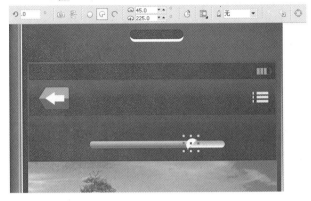

38 使用工具箱中的"椭圆形工具" ，对属性栏进行设置，按住【Ctrl】键在图像中绘制一个半圆图形，按【F11】键，打开"渐变填充"对话框，对颜色参数进行设置后单击"确定"按钮。在调色板的"透明色"按钮 上单击鼠标右键，取消外框的颜色。

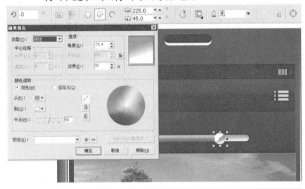

39 使用工具箱中的"贝塞尔工具" ，在图像中绘制箭头图形，按【F11】键，打开"渐变填充"对话框，对颜色参数进行设置后单击"确定"按钮。在调色板的"透明色"按钮 上单击鼠标右键，取消外框的颜色。

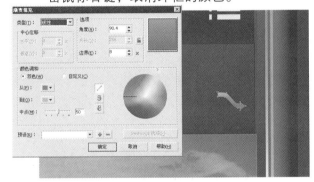

40 使用工具箱中的"挑选工具" ，选中箭头图形，按小键盘上的【+】键以复制箭头图形，然后单击属性栏中的"垂直镜像"按钮 ，镜像复制的箭头图形。

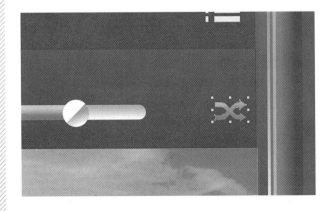

41 使用工具箱中的"矩形工具" ，在图像中绘制一个矩形，在调色板的"白色"按钮上单击鼠标左键，填充白色。在调色板的"透明色"按钮 上单击鼠标右键，取消外框的颜色，然后再复制一个移动到旁边。

42 使用工具箱中的"挑选工具" ，选择白色矩形，按住【Ctrl】键使用鼠标左键向左拖动矩形，按住鼠标左键不放同时单击鼠标右键，然后释放鼠标左键，以复制一个白色矩形，变换大小到如图的效果。

43 使用工具箱中的"贝塞尔工具" ，在图像中绘制三角形，在调色板的"白色"按钮上单击鼠标左键，填充白色。在调色板的"透明色"按钮 上单击鼠标右键，取消外框的颜色，然后复制一个三角形并水平移动到右边。

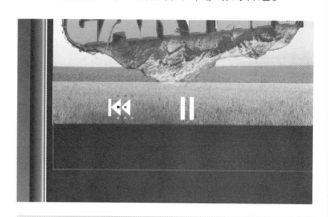

44 使用工具箱中的"挑选工具" ，框选这组前进播放图形，然后按快捷键【Ctrl+G】群组图形。按住【Ctrl】键使用鼠标左键向下拖动矩形，按住鼠标左键不放同时单击鼠标右键，然后释放鼠标左键，以复制一个前进播放图形，单击属性栏中的"水平镜像"按钮 。

45 使用工具箱中的"挑选工具" ，按住【Shift】键选择播放进度条的灰色渐变图形和蓝色渐变图形，使用鼠标左键向下拖动图形，按住鼠标左键不放同时单击鼠标右键，然后释放鼠标左键，以复制图形，变换图形到如图的大小。

46 使用工具箱中的"挑选工具" ，按住【Shift】键选择播放进度条的两个半圆形，使用鼠标左键向下拖动图形，按住鼠标左键不放同时单击鼠标右键，然后释放鼠标左键，以复制图形，变换图形到如图的大小。

47 使用工具箱中的"椭圆形工具" ，按住【Ctrl】键在图像中绘制一个圆形，按【F12】键，打开"轮廓笔"对话框，对参数进行设置后单击"确定"按钮。

48 使用工具箱中的"贝塞尔工具"，在圆形线框中绘制图形，按【F11】键，打开"渐变填充"对话框，对颜色参数进行设置后单击"确定"按钮。在调色板的"透明色"按钮⊠上单击鼠标右键，取消外框的颜色。

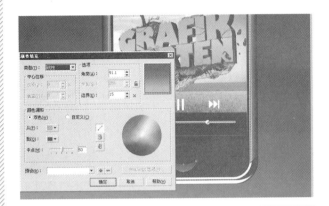

49 使用工具箱中的"矩形工具"，在圆形线框中绘制一个矩形，在属性栏设置矩形的边角圆滑度参数如图所示，得到一个带圆角的矩形。按【F12】键，打开"轮廓笔"对话框，对参数进行设置后单击"确定"按钮。

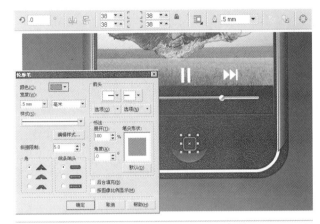

50 使用工具箱中的"贝塞尔工具"，在图像中绘制耳机线图形，在调色板的"白色"按钮上单击鼠标左键，填充白色。在调色板的"透明色"按钮⊠上单击鼠标右键，取消外框的颜色。

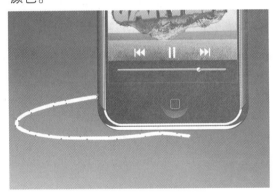

51 使用工具箱中的"贝塞尔工具"，在图像中绘制耳机线阴影图形，在调色板的"40%黑"按钮上单击鼠标左键，填充灰色。在调色板的"透明色"按钮⊠上单击鼠标右键，取消外框的颜色。

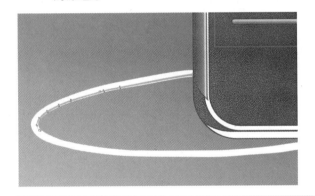

52 执行"位图"|"转换为位图"命令，在弹出的"转换为位图"对话框中进行设置后单击"确定"按钮。执行"位图"|"模糊"|"高斯式模糊"命令，在弹出的"高斯式模糊"对话框中进行设置后单击"确定"按钮。

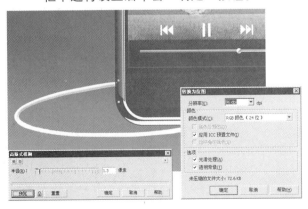

53 使用工具箱中的"贝塞尔工具"，在图像中绘制耳机线阴影图形，在调色板的"40%黑"按钮上单击鼠标左键，填充灰色。在调色板的"透明色"按钮⊠上单击鼠标右键，取消外框的颜色。

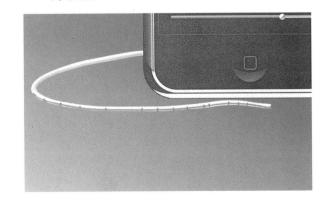

54 执行"位图"|"转换为位图"命令，在弹出的"转换为位图"对话框中进行设置后单击"确定"按钮。执行"位图"|"模糊"|"高斯式模糊"命令，在弹出的"高斯式模糊"对话框中进行设置后单击"确定"按钮。

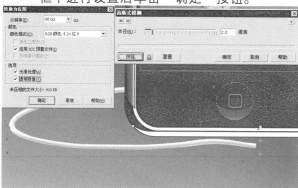

55 使用工具箱中的"贝塞尔工具"，在图像中绘制图形，按【F11】键，打开"渐变填充"对话框，对颜色参数进行设置后单击"确定"按钮。在调色板的"透明色"按钮⊠上单击鼠标右键，取消外框的颜色。

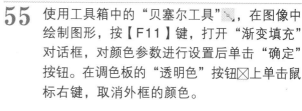
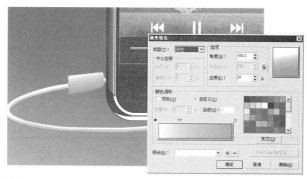

56 使用工具箱中的"贝塞尔工具"，在图像中绘制图形，在调色板的"20% 黑"按钮上单击鼠标左键，填充灰色。在调色板的"透明色"按钮⊠上单击鼠标右键，取消外框的颜色。

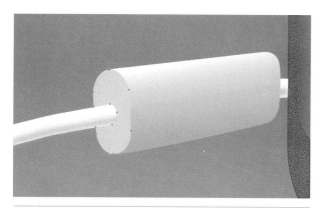

57 使用工具箱中的"挑选工具"，选中椭圆形，按小键盘上的【＋】键以复制椭圆形，按住【Shift】键同心缩小图形。使用工具箱中的"形状工具"，调整节点到如图的效果。

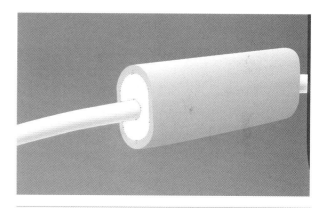

58 使用工具箱中的"椭圆形工具"，按住【Ctrl】键在图像中绘制一个圆形，在调色板的"黑色"按钮上单击鼠标左键，填充黑色。在调色板的"透明色"按钮⊠上单击鼠标右键，取消外框的颜色。

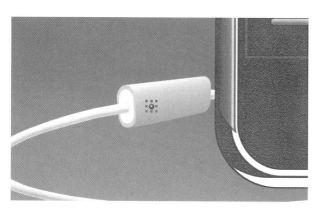

59 使用工具箱中的"贝塞尔工具"，在图像中绘制图形，按【F11】键，打开"渐变填充"对话框，对颜色参数进行设置后单击"确定"按钮。在调色板的"透明色"按钮⊠上单击鼠标右键，取消外框的颜色。

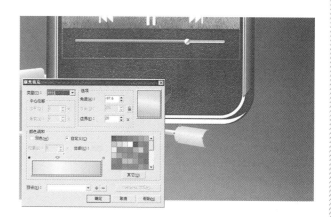

60 使用工具箱中的"贝塞尔工具"，在图像中绘制耳机头图形，按【F11】键，打开"渐变填充"对话框，对颜色参数进行设置后单击"确定"按钮。在调色板的"透明色"按钮⊠上单击鼠标右键，取消外框的颜色。

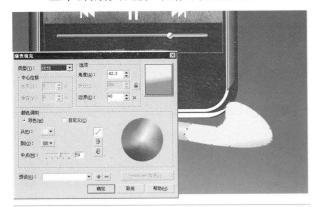

61 使用工具箱中的"贝塞尔工具"，在图像中绘制耳机帽图形，按【F11】键，打开"渐变填充"对话框，对颜色参数进行设置后单击"确定"按钮。在调色板的"透明色"按钮⊠上单击鼠标右键，取消外框的颜色。

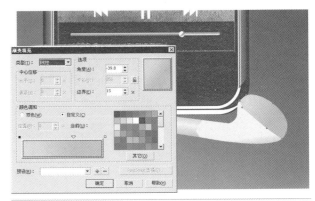

62 使用工具箱中的"挑选工具"，选择圆形渐变图像，按快捷键【Ctrl+Page Down】下移图层。

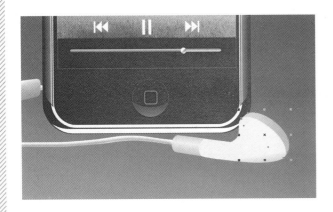

63 使用工具箱中的"贝塞尔工具"，在图像中绘制图形，按【F11】键，打开"渐变填充"对话框，对颜色参数进行设置后单击"确定"按钮。在调色板的"透明色"按钮⊠上单击鼠标右键，取消外框的颜色。

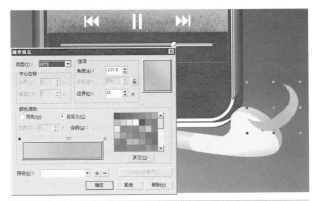

64 使用工具箱中的"椭圆形工具"，在图像中绘制一个椭圆形，在调色板的"白色"按钮上单击鼠标左键，填充白色。在调色板的"透明色"按钮⊠上单击鼠标右键，取消外框的颜色，然后旋转椭圆形到如图的角度。

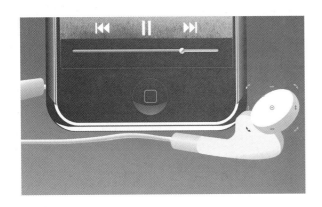

65 使用工具箱中的"挑选工具"，选中椭圆形，按小键盘上的【+】键以复制椭圆形，按住【Shift】键同心缩小图形。在调色板的"黑色"按钮上单击鼠标左键，填充黑色。

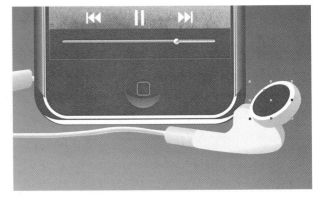

66 选择工具箱中的"交互式透明工具" ，对属性栏进行设置，在图形上从左上角到右下角拖动鼠标，得到如图的效果。

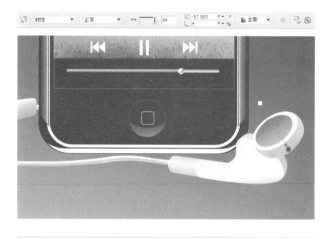

67 使用工具箱中的"椭圆形工具" ，在图像中绘制两个椭圆形，然后选中它们，单击属性栏中的"结合"按钮 。

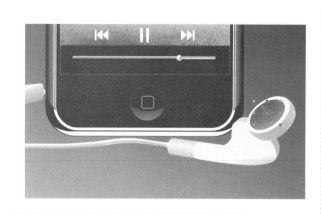

68 在调色板的"白色"按钮上单击鼠标左键，填充白色。在调色板的"透明色"按钮 上单击鼠标右键，取消外框的颜色。

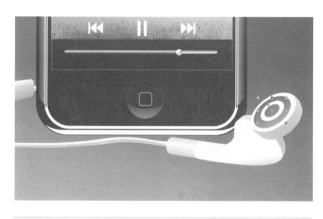

69 使用工具箱中的"贝塞尔工具" ，在图像中绘制图形，在调色板的"60% 黑"按钮上单击鼠标左键，填充灰色。在调色板的"透明色"按钮 上单击鼠标右键，取消外框的颜色。

70 使用工具箱中的"挑选工具" ，选中半透明黑色椭圆形，按小键盘上的【+】键以复制半透明黑色椭圆形，按快捷键【Shift+Page Down】图层至顶层。

71 使用工具箱中的"贝塞尔工具" ，在图像中绘制图形，在调色板的"白色"按钮上单击鼠标左键，填充白色。在调色板的"透明色"按钮 上单击鼠标右键，取消外框的颜色。

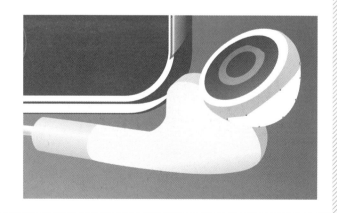

72 使用工具箱中的"挑选工具" ，选择白色图形，按快捷键【Ctrl+Page Down】下移图层。

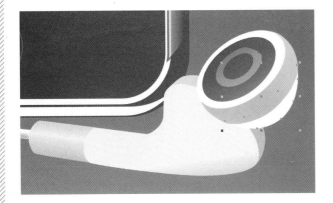

73 使用工具箱中的"椭圆形工具" ，绘制如图所示众多的小圆，并设置为黑色。

74 使用工具箱中的"挑选工具" ，框选这组耳机图形，按快捷键【Ctrl+G】群组图形。然后按快捷键【Ctrl+Page Down】下移图层到如图的效果。

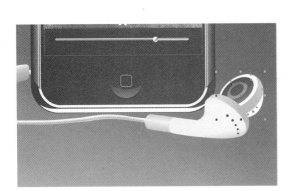

75 使用工具箱中的"贝塞尔工具" ，在图像中绘制高光图形，在调色板的"白色"按钮上单击鼠标左键，填充白色。在调色板的"透明色"按钮 上单击鼠标右键，取消外框的颜色。

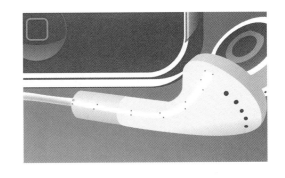

76 执行"位图"｜"转换为位图"命令，在弹出的"转换为位图"对话框中进行设置后单击"确定"按钮。执行"位图"｜"模糊"｜"高斯式模糊"命令，在弹出的"高斯式模糊"对话框中进行设置后单击"确定"按钮。

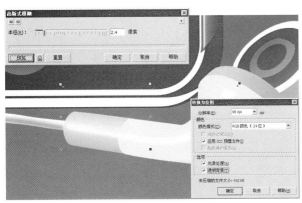

77 经过以上步骤的操作，得到这幅作品的最终效果。

◎ 课后练习

试做一个手机模型，具体要求如下。

- 规格：110mm × 65mm × 13mm。

- 设计要求：主题鲜明，要注意更好地表现材质的效果和结构间的关系。

网站首页效果图设计

第 9 章

关于网页

网页就是设计的对象，在这个虚拟空间中我们会遇到很多问题。网页上的内容不单纯是显示给人们看的，有很多内容还要让人亲自操作使用。所以，网页设计不仅要铺设通向各个内容领域的道路，还要提供开启这些大门的钥匙。

◎ 网页的基本组成要素

1. 点

点没有大小，只有坐标。为了能用人眼看到它，我们用最小单位 1 pixel（像素）来表示点的大小，所以，也可以把点理解为能用肉眼看到的最小的面。电脑显示器不能显示小于 1 pixel 的点。

2. 线

说线的"厚薄"，这是原则性的用语错误。线是由点连接而成的，所以线没有厚度，只有长度。根据点排列的情况，线分为直线和曲线。

3. 面

面可以表现二维空间，有时仅使用面就能完成设计。点和线都是概念，人们实际看到的大的点或粗的线都属于面。线是构成面的最基本要素，将线排列或闭合使幅面增大就形成了面。

4. 立体空间

通过点与点、线与线、面与面的组合可以表现立体效果。我们把点、线、面组合而成的立体空间称为三维空间，把这样的立体效果称为 Shape。Shape 分为具体和抽象两类。我们应该清楚立体空间的概念，并灵活运用各种立体效果。

◎ 网页的基本原则

1. 一致性和变化性

一致性就是秩序。一个网站不只一个网页，而是由数十乃至数百个网页组成的，因此个别网页的页面设置应该和整体保持一致。但是如果每个网页过分统一，又会显得单调乏味而降低网页的吸引力。

各网页的构成方式是否保持一致，主要是看导航器（菜单与链接按钮）的设置是否一致。整个网站就像一本大书，超级链接是转换网页的特殊方式，它会引导用户移动到特定页面。在所有页面中导航器的设置必须统一，这样才能便于用户浏览网页。

如果每个网页过分统一就会降低可读性和吸引力，下面要考虑的就是如何修饰网页，使它在保持整体一致性的前提下富于变化、生动有趣。网页设计中的一致性和变化性就像矛和盾一样，相互依存、相互作用。变化能打破单调，带来生机和趣味，但是没有一定规律、随心所欲的变化又会使网页杂乱无章而丢失主题。在进行网页设计时，很多人都会陷入这种两难的境地，关键问题是如何恰当地处理好一致性与变化性的关系。

2. 均衡性

均衡就是一种感觉，对称的感觉就是均衡的，不对称的感觉就是不均衡的。不均衡会给人不稳定的感觉。

3. 比例

比例就是一个空间中两个或两个以上对象的相互关系。简单地说，网页中菜单和正文的关系就是一种比例。

在为网页布局时，要用到比例这个概念。如果制作一个 800×600（像素）的网页，一般把左边或右边的菜单所占用的空间设为 150～160 像素，这样正文所占空间约为 600～650 像素。如果制作一个 1024×768（像素）的网页，

一般把正文放在中间，左边和右边的菜单及其他内容合起来所占用的空间约为 300～350 像素。

上面所说的还不是最佳比例，人们公认的最佳比例是十字架的黄金分割。还有一些银行信用卡，这些卡长和宽的比例也是黄金分割，虽然一种规则不一定应用于所有事物，但只有知道这个规则才能修改和打破它。

4. 动感效果与有节奏的律动

对于静止图像可以通过重点描绘方向、速度和抖动等效果来表现动感。这样，虽然图像是静止的，但能给人运动的感觉。

在网页中处处可见动感的图像，Flash 和 GIF 动画更是通过真正会动的图像来表现动感。在静止的网页中添加一些 Flash 动画，就能起到突出和强调的效果。

律动指的是有规律的运动，也就是为运动赋予一定的节奏，使之成为有规律的运动。动感效果和有节奏的律动都是网页设计中表现动作变化的方法。

5. 强调重点

"强调"就是要在不被人注意的地方通过特殊方式产生非同凡响的效果，以引人注目。

6. 调和性与对比性

使两种完全不同的事物协调搭配在一起并与整体风格一致，这就是调和。调和与整体的统一性和搭配的均衡性密切相关。当需要把完全不同的内容安排在一个页面中时，为了使各部分内容搭配协调，架构一致，就需要调和。

当调和几个相互独立的、完全不同的对象时，可能需要插入一些图片、图案或其他装饰物来统一风格，此时要选择好这些图片、图案和装饰物的形态、质感与颜色。很多业余

爱好者设计失败的原因之一就是不能很好地调配这些内容。

对比就是同时使用两种截然相反的事物（如白色和黑色）所表现出来的效果。对比的优点是在保持整体均衡性的条件下又能强调和突出各自的事物。能形成对比的事物很多，如颜色、大小、面积、质感等，重要的是选用哪种事物来形成对比。

7. 重复性与层次感

对一个具有重复性的事物添加动感就会形成律动。层次感就像 CorelDRAW 中的渐变效果一样，在一个连续的过程中产生渐变的变化。大小、形态和颜色等的自然变化能给人以动感，并能形成一定的空间感。

◎ 优秀网页欣赏

9.1 农场网站设计

创作思路：如今，网络成为人们文化生活中不可或缺的一部分。正因为如此，网站的建设与设计也就变得不可或缺。网站设计起到了一个导视的作用，人们通过门户网站就能够更好地查找自己想要的信息。

◎ 设计要求

设计内容	○ 农场网站设计
客户要求	○ 尺寸为 320mm × 210mm。要求突出企业信息内容，画面要有冲击力
最终效果	○ 💿 光盘：农场网站设计

◎ 设计步骤

最终效果

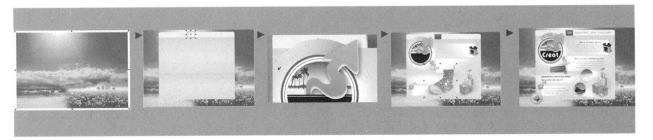

◎ 新建文档并重新设置页面大小

01 执行"文件"|"新建"命令（或按快捷键
【Ctrl+N】），新建一个空白文档。执行"版面"
|"页设置"命令，弹出"选项"对话框，选择
"页面"|"大小"命令，设置好文档大小为
320mm × 210mm，文档的页面大小包括了出
血的区域。

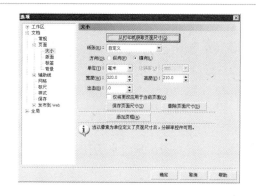

◎ 设置边框轮廓

02 双击工具箱中的"矩形工具" □，这时在页面
上会出现一个与页面大小相同的矩形框。

03 单击属性栏中的"导入"按钮 ，打开"导入"
对话框，导入配套光盘中的"素材1"文件。

04 执行"效果"|"图框精确剪裁"|"放置在容
器中"命令，此时的光标呈"黑箭头"状态 ，
将箭头指向矩形选框中单击使图片置入。在
置入的图片上单击鼠标右键，从弹出的快捷
菜单中选择"编辑内容"命令，调整图像的位
置到如图的效果，在图片上单击鼠标右键，从
弹出的快捷菜单中选择"结束编辑"命令。

05 按【F12】键，打开"轮廓笔"对话框，进行
如图所示的设置后单击"确定"按钮。这样就
去掉了矩形的边框。

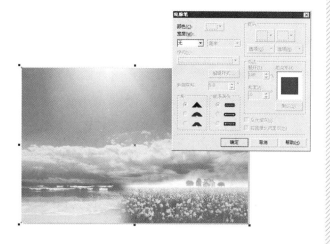

◎ 绘制网页底图

06 使用工具箱中的"矩形工具"□，在图像上方绘制一个矩形，在属性栏设置矩形的边角圆滑度参数如图所示，得到一个带圆角的矩形。

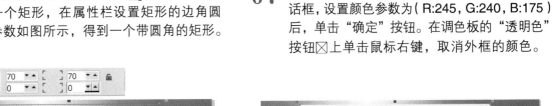

07 按快捷键【Shift+F11】，打开"均匀填充"对话框，设置颜色参数为（R:245, G:240, B:175）后，单击"确定"按钮。在调色板的"透明色"按钮⊠上单击鼠标右键，取消外框的颜色。

08 使用工具箱中的"矩形工具"□，在图像中绘制一个矩形，按【F11】键，打开"渐变填充"对话框，对颜色参数进行设置后单击"确定"按钮。在调色板的"透明色"按钮⊠上单击鼠标右键，取消外框的颜色。

09 按住【Ctrl】键使用鼠标左键向下拖动矩形，按住鼠标左键不放同时单击鼠标右键，然后释放鼠标左键，以复制一个矩形，缩放矩形到如图的大小。

10 使用工具箱中的"矩形工具"□，在图像中绘制一个矩形，按快捷键【Shift+F11】，打开"均匀填充"对话框，设置颜色参数为（R:245, G:240, B:175）后，单击"确定"按钮。在调色板的"透明色"按钮⊠上单击鼠标右键，取消外框的颜色。

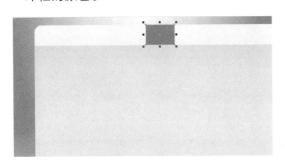

11 选择工具箱中的"交互式透明工具"，在图形上从上到下拖动鼠标，得到如图的效果。

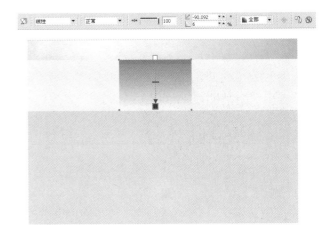

12 使用工具箱中的"矩形工具" □，在图像中绘制一个矩形，按【F11】键，打开"渐变填充"对话框，对参数进行设置，颜色从（R:72，G:181，B:223）到（R:25，G:124，B:166）后，单击"确定"按钮。在调色板的"透明色"按钮⊠上单击鼠标右键，取消外框的颜色。

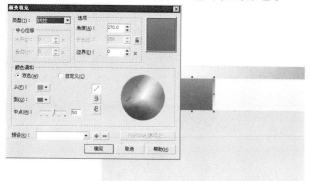

14 选择工具箱中的"交互式阴影工具" □，在图形上从中间向外沿拖动鼠标，对属性栏进行如图的设置，设置阴影颜色为白色，得到如图的效果。

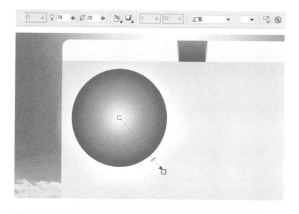

16 按快捷键【Ctrl+C】复制图形，再按快捷键【Ctrl+V】粘贴图形，按住【Shift】键同心缩小图形。在调色板的"80% 黑"按钮上单击鼠标左键，得到如图的效果。

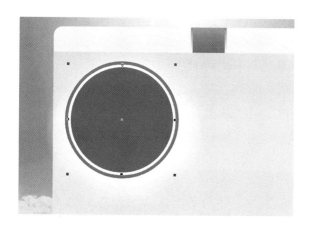

◎ 绘制图标

13 使用工具箱中的"椭圆形工具" ○，按住【Ctrl】键在图像中绘制一个圆形，按【F11】键，打开"渐变填充"对话框，对参数进行设置，颜色从黑色到白色，设置后单击"确定"按钮。在调色板的"透明色"按钮⊠上单击鼠标右键，取消外框的颜色。

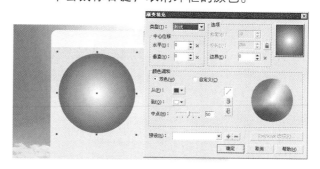

15 按快捷键【Ctrl+C】复制图形，再按快捷键【Ctrl+V】粘贴图形，按住【Shift】键同心缩小图形。在调色板的"白色"按钮上单击鼠标左键，得到如图的效果。

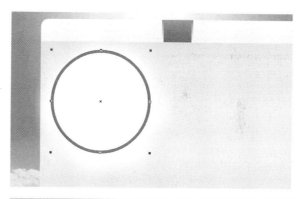

17 按快捷键【Ctrl+C】复制图形，再按快捷键【Ctrl+V】粘贴图形，按住【Shift】键同心缩小图形。在调色板的"白色"按钮上单击鼠标左键，得到如图的效果。

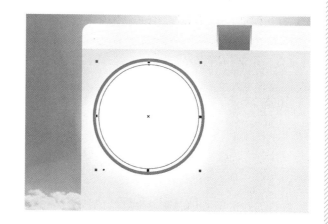

18 按快捷键【Ctrl+C】复制图形，再按快捷键【Ctrl+V】粘贴图形，按住【Shift】键同心缩小图形。在调色板的"80%黑"按钮上单击鼠标左键，在调色板的"黑色"按钮上单击鼠标右键，添加黑色边框。

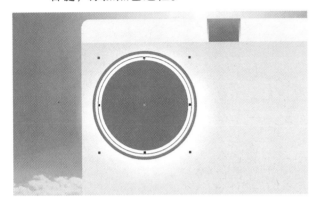

19 单击属性栏中的"导入"按钮，打开"导入"对话框，导入配套光盘中的"素材2"文件。

20 执行"效果"|"图框精确剪裁"|"放置在容器中"命令，此时的光标呈"黑箭头"状态，将箭头指向矩形选框中单击使图片置入。在置入的图片上单击鼠标右键，从弹出的快捷菜单中选择"编辑内容"命令，调整图像的位置到如图的效果，在图片上单击鼠标右键，从弹出的快捷菜单中选择"结束编辑"命令。

21 使用工具箱中的"椭圆形工具"，按住【Ctrl】键在图像中绘制一个圆形选框，在属性栏单击"饼形"按钮，设置"角度"参数如图所示，得到一个半圆形。

22 按快捷键【Shift+F11】，打开"均匀填充"对话框，设置颜色参数为（R:40，G:22，B:111）后，单击"确定"按钮。在调色板的"透明色"按钮上单击鼠标右键，取消外框的颜色。

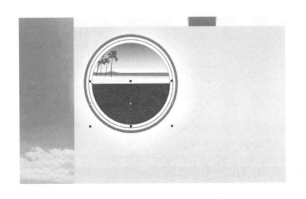

23 使用工具箱中的"贝塞尔工具"，按住【Shift】键在图像中绘制一条直线，按【F12】键，打开"轮廓笔"对话框，进行如图所示的设置后单击"确定"按钮，得到一条白色的直线。

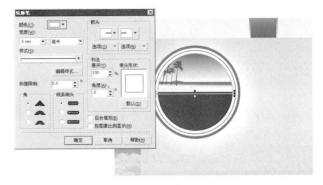

24 使用工具箱中的"贝塞尔工具" ，在圆形图像内绘制箭头图形，按【F11】键，打开"渐变填充"对话框，对颜色参数进行设置，颜色从（R:225，G:182，B:0）到（R:228，G:114，B:35）后，单击"确定"按钮。在调色板的"透明色"按钮⊠上单击鼠标右键，取消外框的颜色。

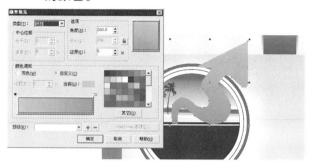

25 选择工具箱中的"挑选工具" ，使用鼠标左键向右拖动矩形，按住鼠标左键不放同时单击鼠标右键，然后释放鼠标左键，以复制一个箭头图形。在调色板的"白色"按钮上单击鼠标左键，得到如图的效果。

26 选择工具箱中的"挑选工具" ，使用鼠标左键向左拖动矩形，按住鼠标左键不放同时单击鼠标右键，然后释放鼠标左键，以复制一个箭头图形。在调色板的"80% 黑"按钮上单击鼠标左键，得到如图的效果。

27 选择工具箱中的"交互式调和工具" ，从灰色箭头向白色箭头上拖动鼠标，对属性栏进行如图的设置。

28 使用工具箱中的"挑选工具" ，向左移动图形到橙色箭头的位置，然后按【Ctrl+Page Down】下移图层，得到如图的效果。按住【Shift】键选择橙色箭头，按快捷键【Ctrl+G】群组图形。

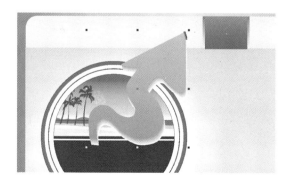

29 选择工具箱中的"交互式阴影工具" ，在图形上从中间向外沿拖动鼠标，对属性栏进行如图的设置。

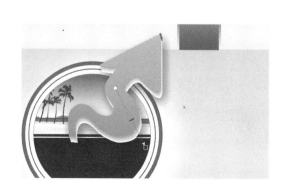

30 使用工具箱中的"矩形工具"□，在图像中绘制一个矩形，按快捷键【Shift+F11】，打开"均匀填充"对话框，设置颜色参数为（R:40，G:22，B:111）后，单击"确定"按钮。在调色板的"透明色"按钮⊠上单击鼠标右键，取消外框的颜色。

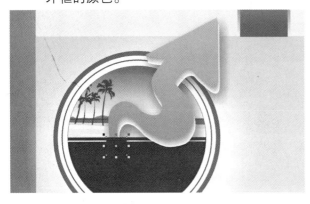

31 使用工具箱中的"贝塞尔工具"，按住【Shift】键在图像中绘制一条直线，按【F12】键，打开"轮廓笔"对话框，进行如图所示的设置后单击"确定"按钮，得到一条白色的直线。

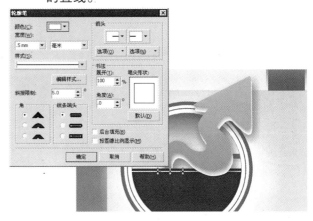

32 使用工具箱中的"贝塞尔工具"，在图像中绘制图形，按【F11】键，打开"渐变填充"对话框，对参数进行设置，颜色从白色到（R:67，G:116，B:210）后，单击"确定"按钮。在调色板的"透明色"按钮⊠上单击鼠标右键，取消外框的颜色。

33 选择工具箱中的"交互式透明工具"，在图形上从右上到左下拖动鼠标，得到如图的效果。

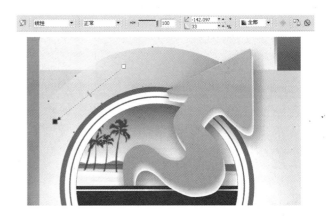

◎ 绘制文本框底图

34 使用工具箱中的"矩形工具"□，在图像中绘制一个矩形选框，在属性栏设置矩形的边角圆滑度参数如图所示，得到一个带圆角的矩形。

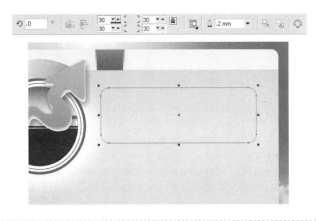

35 在调色板的"白色"按钮上单击鼠标左键，填充白色。在调色板的"透明色"按钮⊠上单击鼠标右键，取消外框的颜色。

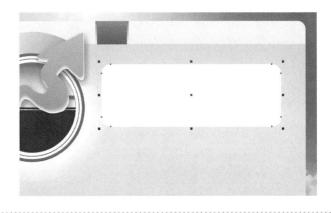

36 选择工具箱中的"交互式透明工具" ，在图形上从右上到左下拖动鼠标，得到如图的效果。

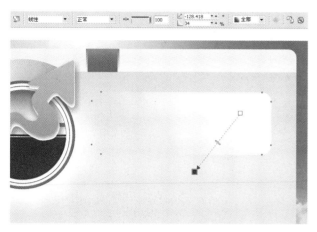

37 使用"挑选工具" ，选择透明的圆角矩形，使用鼠标左键向下拖动圆角矩形，按住鼠标左键不放同时单击鼠标右键，然后释放鼠标左键，以复制一个圆角矩形。单击属性栏中的"水平镜像"按钮 ，得到如图的效果。

38 使用"挑选工具" ，选择透明的圆角矩形，使用鼠标左键向下拖动圆角矩形，按住鼠标左键不放同时单击鼠标右键，然后释放鼠标左键，以复制一个圆角矩形，变形到如图的效果。

39 使用工具箱中的"椭圆形工具" ，在图像中如图的位置绘制一个椭圆形线框。

40 选择工具箱中的"交互式透明工具" ，在属性栏选择"标准透明"，对其他参数进行设置，得到如图的效果。

41 按快捷键【Ctrl+C】复制图形，再按快捷键【Ctrl+V】粘贴图形，按住【Shift】键同心放大图形。按快捷键【Ctrl+Page Down】下移图层，得到如图的效果。

42 选择工具箱中的"交互式透明工具" ，在属性栏选择"标准透明"，对其他参数进行设置，得到如图的效果。

43 选择工具箱中的"交互式调和工具" ，从小椭圆向大椭圆上拖动鼠标，对属性栏进行设置，得到如图的渐变效果。

44 使用"挑选工具" ，选择圆形渐变图像，使用鼠标左键向右拖动图像，按住鼠标左键不放同时单击鼠标右键，然后释放鼠标左键，以复制一个圆形渐变图像，变换图像到如图的大小。

45 使用工具箱中的"挑选工具" ，选中上边的小圆，然后按快捷键【Shift+F11】，打开"均匀填充"对话框，设置颜色参数为（R:117，G:197，B:240）后，单击"确定"按钮。

◎ 导入素材

46 单击属性栏中的"导入"按钮 ，打开"导入"对话框，连续导入配套光盘中的"素材3"、"素材4"、"素材5"、"素材6"、"素材7"和"素材8"图片。

47 使用工具箱中的"挑选工具" ，分别将素材放置到如图的位置，并调整到如图所示的大小。

◎ 绘制图景框

48 使用工具箱中的"贝塞尔工具"，在图像中绘制图形，按快捷键【Ctrl+Page Down】下移图层。在调色板的"白色"按钮上单击鼠标左键，填充白色。在调色板的"透明色"按钮⊠上单击鼠标右键，取消外框的颜色。

49 选择工具箱中的"交互式透明工具"，对属性栏进行设置，在图形上从左到右拖动鼠标，得到如图的效果。

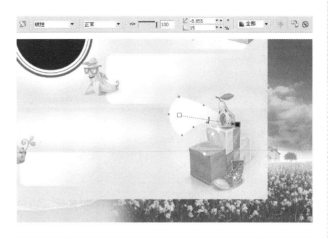

50 选择工具箱中的"挑选工具"，选中白色图形使用鼠标左键向下拖动图像，按住鼠标左键不放同时单击鼠标右键，然后释放鼠标左键，以复制一个白色图形。

51 使用工具箱中的"形状工具"，调整节点，使图形修改为如图的效果。

52 使用工具箱中的"椭圆形工具"，按住【Ctrl】键在图像中绘制一个圆形。

53 在调色板的"10% 黑"按钮上单击鼠标左键，填充灰色。按【F12】键，打开"轮廓笔"对话框，进行设置后单击"确定"按钮。

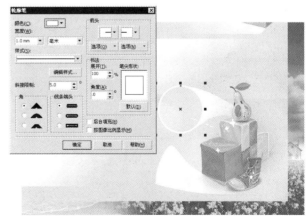

54 选择工具箱中的"交互式阴影工具" ，在图形上从中间向外沿拖动鼠标，对属性栏进行如图的设置。

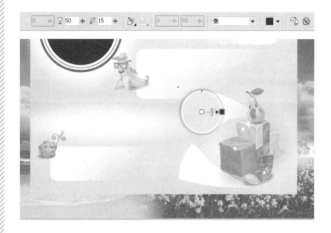

56 单击属性栏中的"导入"按钮 ，打开"导入"对话框，导入配套光盘中的"素材9"文件。

58 单击属性栏中的"导入"按钮 ，打开"导入"对话框，导入配套光盘中的"素材10"文件。

55 选择工具箱中的"挑选工具" ，选中圆形使用鼠标左键向下拖动图像，按住鼠标左键不放同时单击鼠标右键，然后释放鼠标左键，以复制一个圆形图像。

57 执行"效果"|"图框精确剪裁"|"放置在容器中"命令，此时的光标呈"黑箭头"状态 ，将箭头指向矩形选框中单击使图片置入。在置入的图片上单击鼠标右键，从弹出的快捷菜单中选择"编辑内容"命令，调整图像的位置到如图的效果，在图片上单击鼠标右键，从弹出的快捷菜单中选择"结束编辑"命令。

59 执行"效果"|"图框精确剪裁"|"放置在容器中"命令，此时的光标呈"黑箭头"状态 ，将箭头指向矩形选框中单击使图片置入。在置入的图片上单击鼠标右键，从弹出的快捷菜单中选择"编辑内容"命令，调整图像的位置到如图的效果，在图片上单击鼠标右键，从弹出的快捷菜单中选择"结束编辑"命令。

60 使用工具箱中的"矩形工具" ☐，在图像中绘制一个矩形，在属性栏设置矩形的边角圆滑度参数如图所示，得到一个带圆角的矩形。

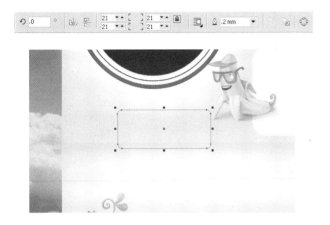

61 按【F11】键，打开"渐变填充"对话框，对参数进行如图的设置，颜色从（R:89，G:183，B:224）到（R:5，G:115，B:168）后，单击"确定"按钮。在调色板的"透明色"按钮☒上单击鼠标右键，取消外框的颜色。

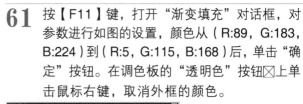
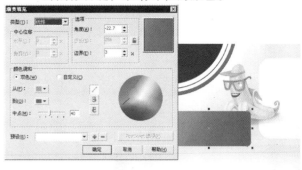

62 使用工具箱中的"挑选工具" ▷，在圆角矩形上单击两次，旋转图形到如图的效果。

63 使用工具箱中的"椭圆形工具" ○，按住【Ctrl】键在图像中绘制一个圆形。

64 按【F11】键，打开"渐变填充"对话框，对参数进行如图的设置，颜色从（R:72，G:181，B:223）到（R:25，G:124，B:166）后，单击"确定"按钮。按【F12】键，打开"轮廓笔"对话框，进行如图的设置后单击"确定"按钮。

65 使用工具箱中的"矩形工具" ☐，在图像中绘制一个矩形，在调色板的"白色"按钮上单击鼠标左键，填充白色。鼠标右键单击调色板上的"透明色"按钮☒，取消外框的颜色。

66 使用"挑选工具" ，选择白色矩形，按快捷键【Ctrl+C】复制图形，再按快捷键【Ctrl+V】粘贴图形，对属性栏中的"旋转角度"进行如图的设置，设置图形的旋转角度为90，得到如图的效果。

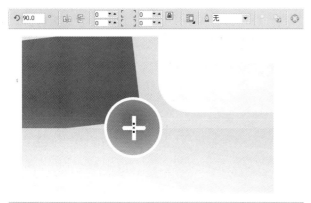

67 单击属性栏中的"导入"按钮 ，打开"导入"对话框，导入配套光盘中的"素材11"图片。

68 使用工具箱中的"挑选工具" ，将素材放置到如图的位置，并调整到如图所示的大小。

69 选择工具箱中的"交互式阴影工具" ，在图形上从中间向外沿拖动鼠标，对属性栏进行设置，得到如图的效果。

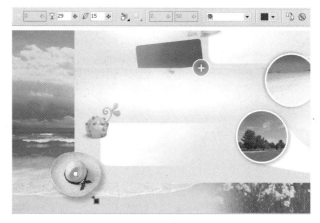

◎ 输入文字

70 使用工具箱中的"文本工具" ，设置适当的字体和字号，在如图的位置输入相关文字。

71 使用工具箱中的"文本工具" ，设置适当的字体和字号，在其他的地方输入相关文字，得到网页设计的最终效果。

9.2 | 摄影天地

创作思路：随着人们生活水平的不断提高，人们对艺术的需求也越来越高。而摄影就是通往艺术道路的一部分，所以出现了越来越多的摄影爱好者，关于摄影的网站也就应运而生。在此类网页设计中要突出主题，图文并茂。

◎ 设计要求

设计内容	○ 摄影天地
客户要求	○ 尺寸为 210mm × 175mm。要求突出企业的信息要点和网站的视觉中心
最终效果	○ 📀光盘：摄影天地

◎ 设计步骤

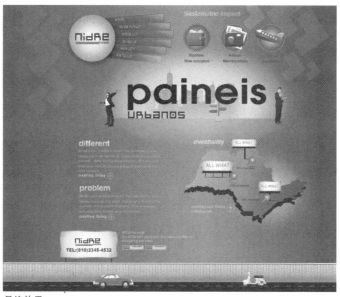

最终效果

◎ 新建文档并重新设置页面大小

01 执行"文件"|"新建"命令（或按快捷键
【Ctrl+N】），新建一个空白文档。执行"版面"
|"页设置"命令，弹出"选项"对话框，选择
"页面"|"大小"命令，设置好文档大小为
210mm × 175mm，文档的页面大小包括了出
血的区域。

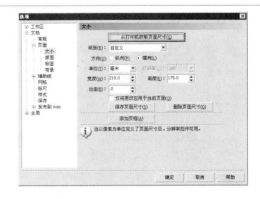

◎ 设置边框轮廓

02 双击工具箱中的"矩形工具"□，这时在页面
上会出现一个与页面大小相同的矩形框，按
【F11】键，打开"渐变填充"对话框，对颜色
参数进行设置后单击"确定"按钮。在调色板
的"透明色"按钮⊠上单击鼠标右键，取消外
框的颜色。

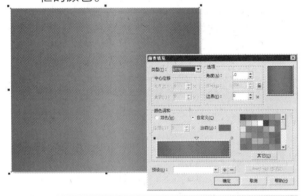

03 使用工具箱中的"贝塞尔工具"✎，在画面左
上角绘制箭头图形，按快捷键【Shift+F11】，
打开"均匀填充"对话框，设置颜色参数为（R:
108，G:161，B:44）后，单击"确定"按钮。在
调色板的"透明色"按钮⊠上单击鼠标右键，
取消外框的颜色。

04 使用工具箱中的"挑选工具"▷，选择箭头图
形，使用鼠标左键向上拖动图形，按住鼠标左
键不放同时单击鼠标右键，然后释放鼠标左
键，以复制一个箭头图形。采用同样的方法
向下复制一个图形，然后缩小图形到如图的
大小。

05 使用工具箱中的"挑选工具"▷，选择箭头图
形，使用鼠标左键向上拖动图像，按住鼠标左
键不放同时单击鼠标右键，然后释放鼠标左
键，以复制一个箭头图形，单击属性栏中的
"水平镜像"按钮▥。

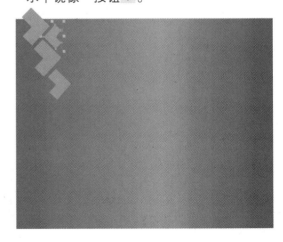

06 使用工具箱中的"挑选工具"，选择箭头图形，使用鼠标左键向下拖动图形，按住鼠标左键不放同时单击鼠标右键，然后释放鼠标左键，以复制一个箭头图形。采用同样的方法向下复制一个图形，然后放大图形到如图的大小。

07 参照制作这组箭头的方法，在画面的右边制作如图的一组箭头图案。

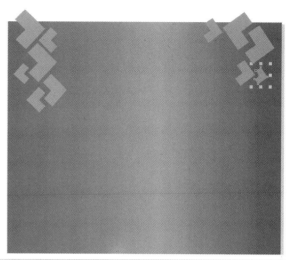

08 使用工具箱中的"挑选工具"，框选这组绿色箭头图形，然后单击属性栏中的"焊接"按钮。

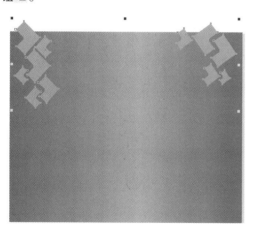

09 按【F11】键，打开"渐变填充"对话框，对颜色参数进行设置后单击"确定"按钮。

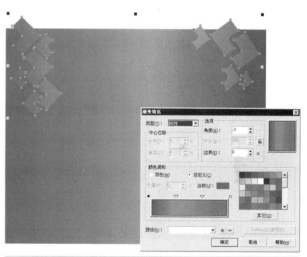

10 选择工具箱中的"交互式透明工具"，对属性栏进行设置，得到如图的效果。

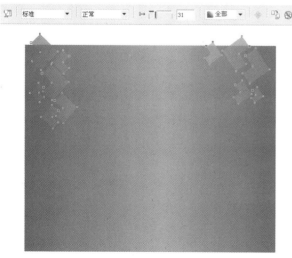

11 执行"效果"|"图框精确剪裁"|"放置在容器中"命令，此时的光标呈"黑箭头"状态，将箭头指向矩形选框中单击使图片置入。在置入的图片上单击鼠标右键，从弹出的快捷菜单中选择"编辑内容"命令，调整图像的位置到如图的效果，在图片上单击鼠标右键，从弹出的快捷菜单中选择"结束编辑"命令。

12 使用工具箱中的"椭圆形工具" ◯ ，按住【Ctrl】键在图像中绘制一个圆形，按【F11】键，打开"渐变填充"对话框，对参数进行设置后单击"确定"按钮。在调色板的"透明色"按钮 ⊠ 上单击鼠标右键，取消外框的颜色。

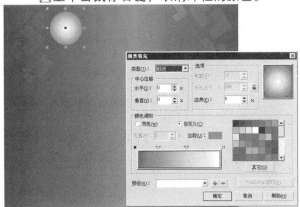

14 使用工具箱中的"矩形工具" ⬜ ，在图像中绘制一个矩形，按快捷键【Shift+F11】，打开"均匀填充"对话框，设置颜色参数为（R:93，G:133，B:32）后，单击"确定"按钮。在调色板的"透明色"按钮 ⊠ 上单击鼠标右键，取消外框的颜色。

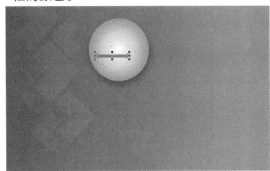

16 使用工具箱中的"矩形工具" ⬜ ，在图像中绘制一个矩形，按【F11】键，打开"渐变填充"对话框，对颜色参数进行设置后单击"确定"按钮。按【F12】键，打开"轮廓笔"对话框，对参数进行设置后单击"确定"按钮。

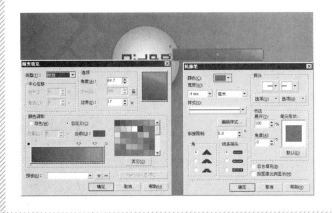

13 选择工具箱中的"交互式阴影工具" ⬜ ，在图形上从中间向外沿拖动鼠标，对属性栏进行设置，得到如图的效果。

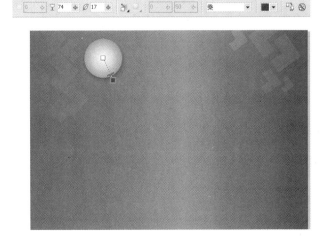

15 使用工具箱中的"文本工具" 字 ，设置适当的字体和字号，在如图的位置输入网页序列的相关文字。

17 使用工具箱中的"挑选工具" ▷ ，选择矩形渐变图像，使用鼠标左键向上拖动图像，按住鼠标左键不放同时单击鼠标右键，然后释放鼠标左键，以复制一个矩形渐变图像，旋转图像到如图的效果。

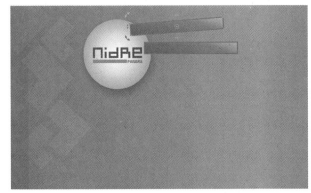

18 使用工具箱中的"挑选工具" , 选择矩形渐变图像, 使用鼠标左键向下拖动图像, 按住鼠标左键不放同时单击鼠标右键, 然后释放鼠标左键, 以复制一个矩形渐变图像, 旋转图像到如图的效果。

19 使用上一步的复制方法再复制三个渐变矩形, 并进行适当的旋转, 得到如图的效果。

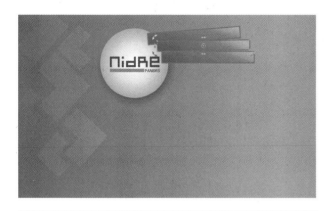

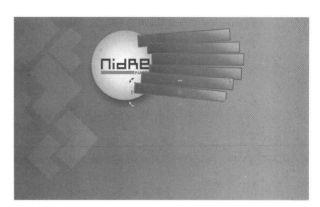

20 使用工具箱中的"挑选工具" , 框选这组矩形渐变图形, 按快捷键【Ctrl+G】群组图形。按快捷键【Ctrl+Page Down】下移图层。

21 使用工具箱中的"文本工具" 字, 设置适当的字体和字号, 在如图的位置输入相关文字。

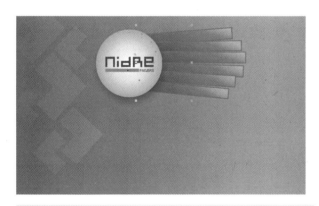

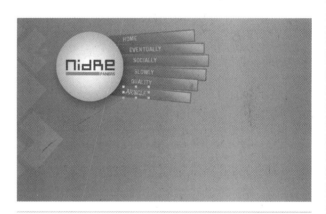

22 使用工具箱中的"椭圆形工具" ○, 按住【Ctrl】键在图像中绘制一个圆形, 按快捷键【Shift+F11】, 打开"均匀填充"对话框, 设置颜色参数为 (R:129, G:172, B:71) 后, 单击"确定"按钮。按【F12】键, 打开"轮廓笔"对话框, 对参数进行设置后单击"确定"按钮。

23 使用工具箱中的"挑选工具" , 选中圆形, 按小键盘上的【+】键以复制圆形, 按住【Shift】键同心缩小图形。

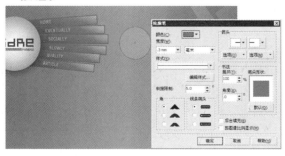

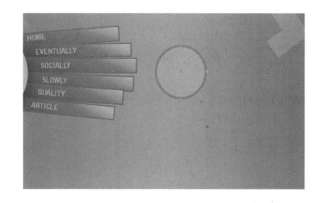

24 按【F11】键，打开"渐变填充"对话框，对颜色参数进行设置后单击"确定"按钮。在调色板的"透明色"按钮⊠上单击鼠标右键，取消外框的颜色。

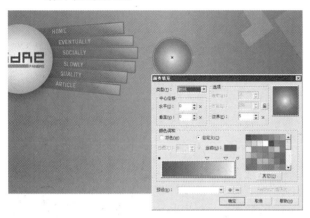

25 使用工具箱中的"挑选工具"，框选这两个圆形，然后按快捷键【Ctrl+G】群组图形。

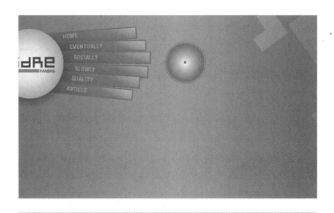

26 使用工具箱中的"挑选工具"，按住【Ctrl】键使用鼠标左键向右拖动圆形，按住鼠标左键不放同时单击鼠标右键，然后释放鼠标左键，以复制一个圆形。按照此操作再复制一个。

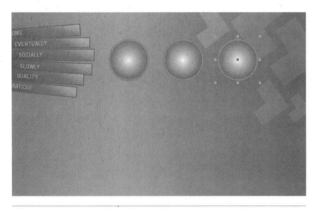

27 单击属性栏中的"导入"按钮，打开"导入"对话框，导入配套光盘中的"素材 1"文件,按快捷键【Ctrl+U】取消群组。

28 选择工具箱中的"挑选工具"，将素材分别放置到如图的位置，并调整到合适的大小。

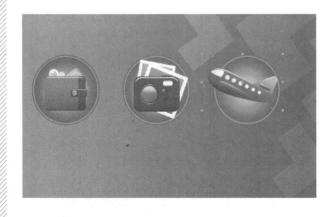

29 使用工具箱中的"文本工具"字，设置适当的字体和字号，在如图的位置输入相关文字。

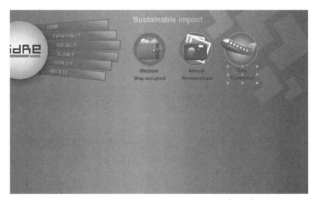

30 使用工具箱中的"椭圆形工具" ⬭ ，在图像中绘制一个椭圆形，按快捷键【Shift+F11】，打开"均匀填充"对话框，设置颜色参数为（R: 232，G:226，B:135）后，单击"确定"按钮。在调色板的"透明色"按钮⊠上单击鼠标右键，取消外框的颜色。

31 选择工具箱中的"交互式透明工具" ⬚ ，对属性栏进行设置，得到如图的效果。

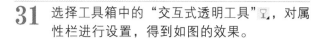

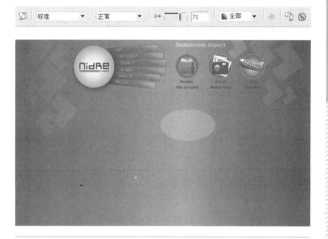

32 使用工具箱中的"挑选工具" ⬚ ，选中椭圆形，按小键盘上的【+】键以复制椭圆形，按住【Shift】键同心放大图形。按快捷键【Ctrl+Page Down】下移图层。

33 选择工具箱中的"交互式透明工具" ⬚ ，对属性栏进行设置，得到如图的效果。

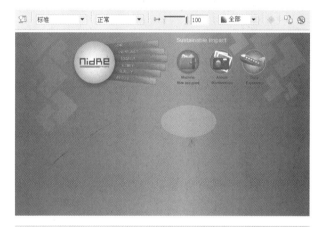

34 选择工具箱中的"交互式调和工具" ⬚ ，从小椭圆向大椭圆拖动鼠标，对属性栏进行设置，得到如图的渐变效果。

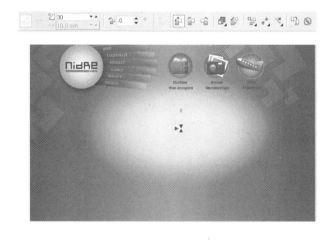

35 单击属性栏中的"导入"按钮 ⬚ ，打开"导入"对话框，导入配套光盘中的"素材2"文件。

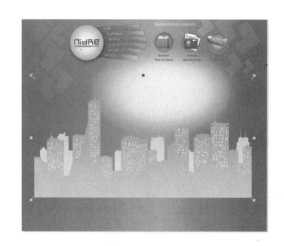

36 选择工具箱中的"挑选工具" ⌖ ，将素材放置
到如图的位置，并调整到如图所示的大小。

37 选择工具箱中的"交互式透明工具" ⌖ ，对属
性栏进行设置，在图形上从左到右拖动鼠标，
得到如图的效果。

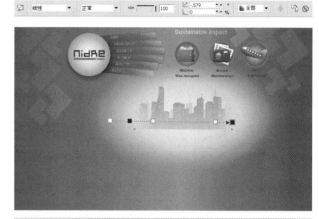

38 使用工具箱中的"矩形工具" ⬜ ，在图像中绘
制一个矩形，按【F11】键，打开"渐变填充"
对话框，对颜色参数进行设置后单击"确定"
按钮。在调色板的"透明色"按钮⊠上单击鼠
标右键，取消外框的颜色。

39 选择工具箱中的"交互式透明工具" ⌖ ，对属
性栏进行设置，在图形上从左到右拖动鼠标，
得到如图的效果。

40 使用工具箱中的"椭圆形工具" ◯ ，在图像中
绘制一个椭圆形，按快捷键【Shift+F11】，打
开"均匀填充"对话框，设置颜色参数为（R:
213，G:242，B:70）后，单击"确定"按钮。在
调色板的"透明色"按钮⊠上单击鼠标右键，
取消外框的颜色。

41 选择工具箱中的"交互式透明工具" ⌖ ，对属
性栏进行设置，得到如图的效果。

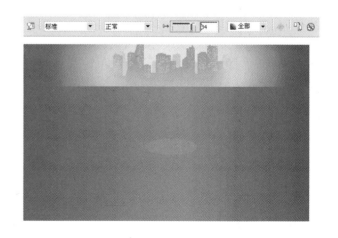

42 使用工具箱中的"挑选工具" ，选中椭圆形，按小键盘上的【+】键以复制椭圆形，按住【Shift】键同心放大图形。按快捷键【Ctrl+Page Down】下移图层。

43 选择工具箱中的"交互式透明工具" ，对属性栏进行设置，得到如图的效果。

44 选择工具箱中的"交互式调和工具" ，从小椭圆向大椭圆拖动鼠标，对属性栏进行设置，得到如图的渐变效果。

45 执行"效果"|"图框精确剪裁"|"放置在容器中"命令，此时的光标呈"黑箭头"状态 ，将箭头指向矩形选框中单击使图片置入。在置入的图片上单击鼠标右键，从弹出的快捷菜单中选择"编辑内容"命令，调整图像的位置到如图的效果，在图片上单击鼠标右键，从弹出的快捷菜单中选择"结束编辑"命令。

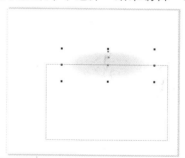

46 使用工具箱中的"文本工具" ，设置适当的字体和字号，在如图的位置输入相关文字。

47 单击属性栏中的"导入"按钮 ，打开"导入"对话框，依次导入配套光盘中的"素材3"、"素材4"和"素材5"文件。

48 选择工具箱中的"挑选工具" ，将素材分别放置到如图的位置，并调整到合适的大小。

49 使用工具箱中的"挑选工具" ，选择椭圆形调和图像，使用鼠标左键向右下方拖动图像，按住鼠标左键不放同时单击鼠标右键，然后释放鼠标左键，以复制一个图像，变换图像到如图的效果。

50 使用工具箱中的"挑选工具" ，选择圆形调和图像上边的圆形，然后缩小到如图的大小。

51 选择工具箱中的"交互式透明工具" ，对属性栏进行设置，得到如图的效果。

52 使用工具箱中的"贝塞尔工具" ，在图像中绘制图形，按【F11】键，打开"渐变填充"对话框，对颜色参数进行设置后单击"确定"按钮。在调色板的"透明色"按钮⊠上单击鼠标右键，取消外框的颜色。

53 使用工具箱中的"挑选工具" ，选择渐变图像，使用鼠标左键向左下方拖动图像，按住鼠标左键不放同时单击鼠标右键，然后释放鼠标左键，以复制一个渐变图像。按快捷键【Ctrl+Page Down】下移图层，在调色板的"黑色"按钮上单击鼠标左键，填充黑色。

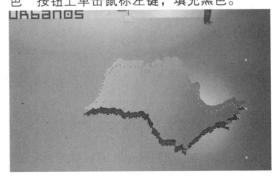

54 使用工具箱中的"矩形工具"□，在图像中绘制一个矩形，按【F11】键，打开"渐变填充"对话框，对颜色参数进行设置后单击"确定"按钮。按【F12】键，打开"轮廓笔"对话框，对参数进行设置后单击"确定"按钮。

55 使用工具箱中的"矩形工具"□，在图像中绘制一个矩形，按【F11】键，打开"渐变填充"对话框，对颜色参数进行设置后单击"确定"按钮。在调色板的"透明色"按钮⊠上单击鼠标右键，取消外框的颜色。

56 使用工具箱中的"贝塞尔工具"，按住【Shift】键在图像中绘制一条直线，按【F12】键，打开"轮廓笔"对话框，对参数进行设置后单击"确定"按钮，得到一条灰色的直线。

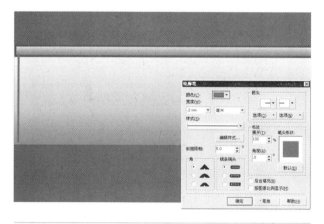

57 使用工具箱中的"挑选工具"，按住【Ctrl】键使用鼠标左键向右拖动竖线，按住鼠标左键不放同时单击鼠标右键，然后释放鼠标左键，以复制一个竖线，重复此操作4次，得到如图的效果。

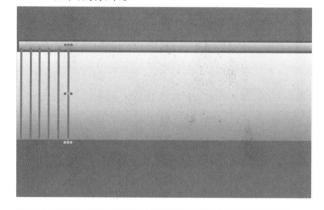

58 使用工具箱中的"挑选工具"，框选这组竖线，然后按快捷键【Ctrl+G】群组图形。

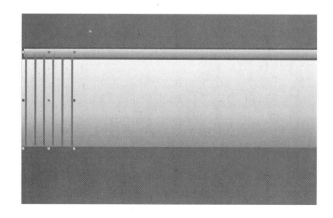

59 使用工具箱中的"挑选工具"，按住【Ctrl】键使用鼠标左键向右拖动竖线组，按住鼠标左键不放同时单击鼠标右键，然后释放鼠标左键，以复制一个竖线组。

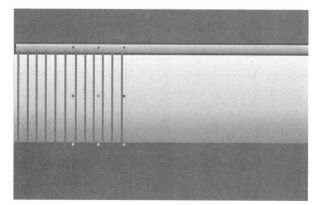

60 按快捷键【Ctrl+D】执行"再制"操作，按快捷键数次直到竖线组再制到画面的最右边。

61 使用工具箱中的"挑选工具"，框选这组竖线，然后按快捷键【Ctrl+G】群组图形。按快捷键【Ctrl+Page Down】下移图层。

62 使用工具箱中的"矩形工具"，在图像中绘制一个矩形，在调色板的"黑色"按钮上单击鼠标左键，填充黑色。在调色板的"透明色"按钮区上单击鼠标右键，取消外框的颜色。

63 单击工具箱中的"矩形工具"，在黑色矩形上边绘制一个矩形，按快捷键【Shift+F11】，打开"均匀填充"对话框，设置颜色参数为（R:118，G:131，B:109）后，单击"确定"按钮。在调色板的"透明色"按钮区上单击鼠标右键，取消外框的颜色。

64 使用工具箱中的"贝塞尔工具"，按住【Shift】键在图像中绘制一条直线，按【F12】键，打开"轮廓笔"对话框，单击"编辑样式"按钮，对弹出的对话框进行样式设置后单击"添加"按钮。对"轮廓笔"对话框中的其他参数进行设置后单击"确定"按钮，得到一条灰色的虚线。

65 单击属性栏中的"导入"按钮，打开"导入"对话框，导入配套光盘中的"素材6"文件。按快捷键【Ctrl+U】取消群组。

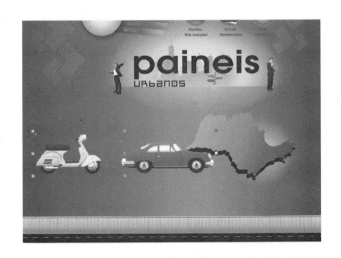

66 选择工具箱中的"挑选工具" ，分别将素材放置到如图的位置，并调整到如图所示的大小。

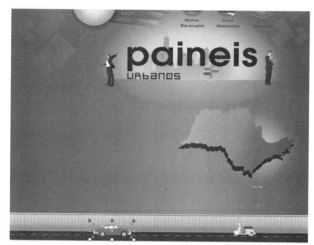

67 使用工具箱中的"矩形工具" ，在图像中绘制一个矩形，按【F11】键，打开"渐变填充"对话框，对颜色参数进行设置后单击"确定"按钮。在调色板的"透明色"按钮 上单击鼠标右键，取消外框的颜色。

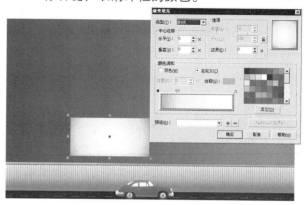

68 使用工具箱中的"矩形工具" ，在灰色渐变矩形上边绘制一个矩形，按【F11】键，打开"渐变填充"对话框，对颜色参数进行设置后单击"确定"按钮。在调色板的"透明色"按钮 上单击鼠标右键，取消外框的颜色。

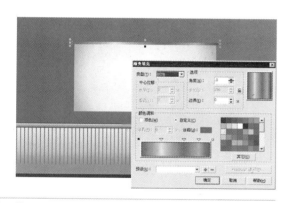

69 使用工具箱中的"挑选工具" ，按住【Ctrl】键使用鼠标左键向下拖动渐变矩形，按住鼠标左键不放同时单击鼠标右键，然后释放鼠标左键，以复制一个渐变矩形。

70 使用工具箱中的"挑选工具" ，按住【Ctrl】键使用鼠标左键向上拖动矩形，按住鼠标左键不放同时单击鼠标右键，然后释放鼠标左键，以复制一个渐变矩形。按住【Shift】键缩短并顺时针旋转90°，得到如图的效果。

71 使用工具箱中的"挑选工具" ，按住【Ctrl】键使用鼠标左键向右拖动渐变矩形，按住鼠标左键不放同时单击鼠标右键，然后释放鼠标左键，以复制一个渐变矩形。

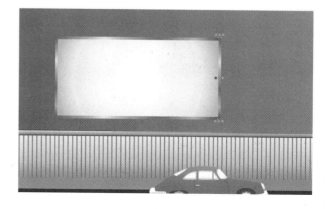

72 使用工具箱中的"挑选工具" ，框选这组渐变矩形图形，然后按快捷键【Ctrl+G】群组图形。

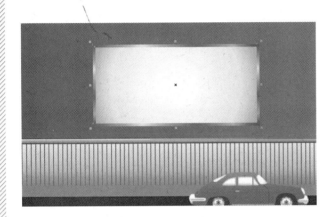

73 使用工具箱中的"矩形工具" ，在图像中绘制一个矩形，在调色板的"黑色"按钮上单击鼠标左键，填充黑色。在调色板的"透明色"按钮⊠上单击鼠标右键，取消外框的颜色。

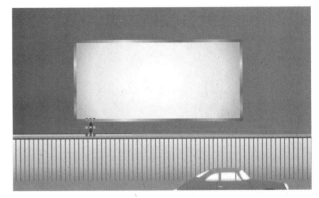

74 使用工具箱中的"挑选工具" ，按住【Ctrl】键使用鼠标左键向右拖动黑色矩形，按住鼠标左键不放同时单击鼠标右键，然后释放鼠标左键，以复制一个黑色矩形。

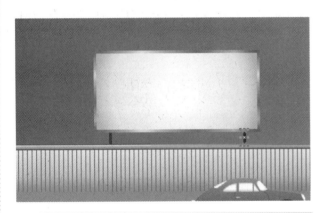

75 使用工具箱中的"挑选工具" ，选择淡绿色圆形渐变图形中的文字，按住【Ctrl】键使用鼠标左键向右拖动文字，按住鼠标左键不放同时单击鼠标右键，然后释放鼠标左键，以复制一个文字，变换到如图的效果。

76 使用工具箱中的"文本工具" ，设置适当的字体和字号，在如图的位置输入相关文字。

77 使用工具箱中的"挑选工具" ，选择灰色路牌图形，按住【Ctrl】键使用鼠标左键向右上角拖动灰色路牌图形，按住鼠标左键不放同时单击鼠标右键，然后释放鼠标左键，以复制一个灰色路牌图形，变换到如图的效果。

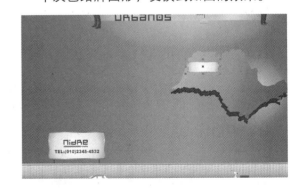

78 使用工具箱中的"矩形工具"□，在图像中绘制一个矩形，在调色板的"黑色"按钮上单击鼠标左键，填充黑色。在调色板的"透明色"按钮⊠上单击鼠标右键，取消外框的颜色，按快捷键【Ctrl+Page Down】下移图层。

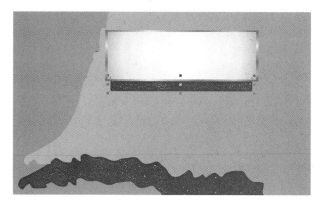

79 使用工具箱中的"矩形工具"□，在图像中绘制一个矩形，在调色板的"黑色"按钮上单击鼠标左键，填充黑色。在调色板的"透明色"按钮⊠上单击鼠标右键，取消外框的颜色。

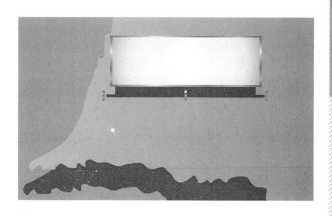

80 使用工具箱中的"矩形工具"□，在图像中绘制一个竖条矩形，在调色板的"黑色"按钮上单击鼠标左键，填充黑色。在调色板的"透明色"按钮⊠上单击鼠标右键，取消外框的颜色。

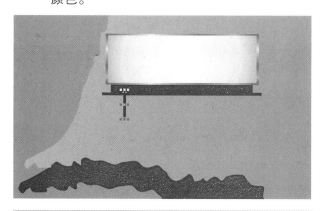

81 使用工具箱中的"挑选工具"▷，按住【Ctrl】键使用鼠标左键向右拖动竖条矩形，按住鼠标左键不放同时单击鼠标右键，然后释放鼠标左键，以复制一个竖条矩形。重复此操作两次，得到如图的效果。

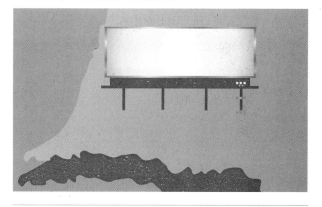

82 使用工具箱中的"椭圆形工具"○，在图像中绘制一个椭圆形，按【F11】键，打开"渐变填充"对话框，对参数进行设置后单击"确定"按钮。在调色板的"透明色"按钮⊠上单击鼠标右键，取消外框的颜色。

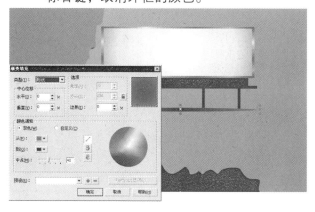

83 使用工具箱中的"文本工具"字，设置适当的字体和字号，在如图的位置输入相关文字。

84 用同样的绘制方法，绘制其他两个路牌。

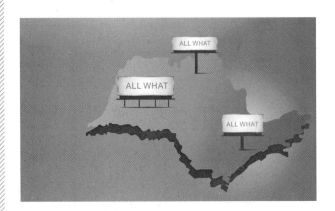

85 使用工具箱中的"椭圆形工具" ◯，按住【Ctrl】键在图像中绘制一个圆形，按【F12】键，打开"轮廓笔"对话框，对参数进行设置后单击"确定"按钮。

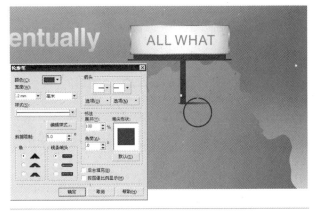

86 使用工具箱中的"贝塞尔工具" ✐，在圆形图像旁边绘制锥形图形，按【F12】键，打开"轮廓笔"对话框，对参数进行设置后单击"确定"按钮。

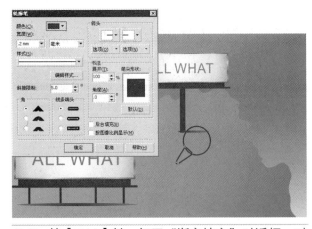

87 使用工具箱中的"挑选工具" ▷，框选这两个线框图形，单击属性栏中的"焊接"按钮 ◰，把两个图形焊接到一起。

88 按【F11】键，打开"渐变填充"对话框，对颜色参数进行设置后单击"确定"按钮。在调色板的"透明色"按钮⊠上单击鼠标右键，取消外框的颜色。

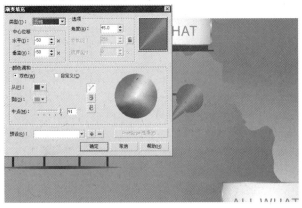

89 使用工具箱中的"椭圆形工具" ◯，按住【Ctrl】键在图像中绘制一个圆形，按【F11】键，打开"渐变填充"对话框，对参数进行设置后单击"确定"按钮。在调色板的"透明色"按钮⊠上单击鼠标右键，取消外框的颜色。

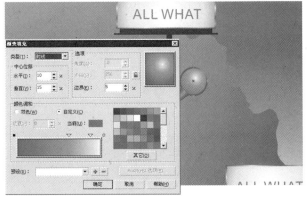

90 使用工具箱中的"挑选工具"，框选这两个渐变图形，然后按快捷键【Ctrl+G】群组图形。选择工具箱中的"交互式阴影工具"，在图形上从中间向外沿拖动鼠标，对属性栏进行设置，得到如图的效果。

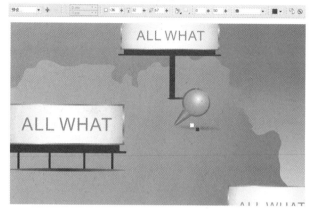

91 使用工具箱中的"挑选工具"，选择圆形指示图标，使用鼠标左键向左下方拖动圆形指示图标，按住鼠标左键不放同时单击鼠标右键，然后释放鼠标左键，以复制一个圆形指示图标。重复此操作给右下方也复制一个。

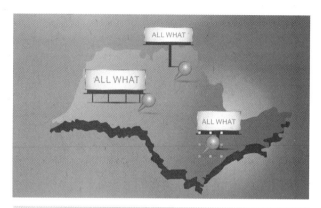

92 使用工具箱中的"文本工具"，设置适当的字体和字号，在如图的位置输入相关文字。

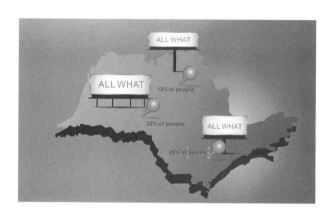

93 使用工具箱中的"文本工具"，设置适当的字体和字号，在如图的位置输入相关文字，按【F11】键，打开"渐变填充"对话框，对颜色参数进行设置后单击"确定"按钮。

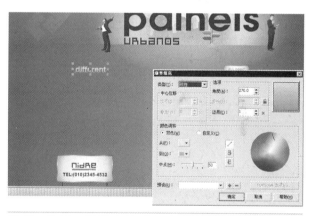

94 使用工具箱中的"文本工具"，使用上一步的方法输入其他两个词组。

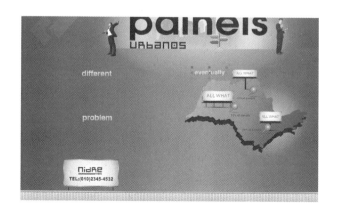

95 使用工具箱中的"文本工具"，设置适当的字体和字号，输入有关网页内容的其他相关信息文字。

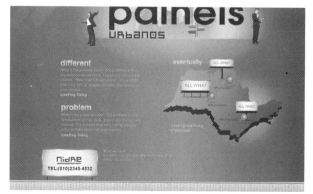

96 使用工具箱中的"椭圆形工具"◯，按住【Ctrl】键在图像中绘制一个圆形，按【F12】键，打开"轮廓笔"对话框，对参数进行设置后单击"确定"按钮。

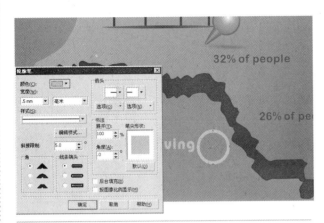

97 使用工具箱中的"矩形工具"▢，在图像中绘制一个矩形，按快捷键【Shift+F11】，打开"均匀填充"对话框，设置颜色参数为（R:201，G:2550，B:102）后，单击"确定"按钮。在调色板的"透明色"按钮⊠上单击鼠标右键，取消外框的颜色。

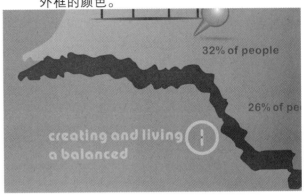

98 使用工具箱中的"挑选工具"▨，选中绿色矩形，按小键盘上的【+】键以复制绿色矩形，按住【Shift】键顺时针旋转复制的绿色矩形90°。

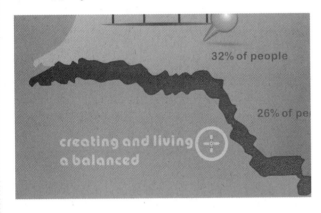

99 使用工具箱中的"挑选工具"▨，框选这组绿色十字标图形，然后按快捷键【Ctrl+G】群组图形。

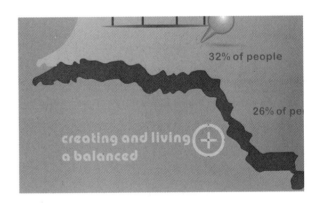

100 使用工具箱中的"挑选工具"▨，选择绿色十字标图形，使用鼠标左键向左上方拖动绿色十字标图形，按住鼠标左键不放同时单击鼠标右键，然后释放鼠标左键，以复制一个绿色十字标图形，缩小图形。重复此操作向下方也复制一个。

101 使用工具箱中的"矩形工具"▢，在图像中绘制一个矩形，按【F12】键，打开"轮廓笔"对话框，对参数进行设置后单击"确定"按钮。

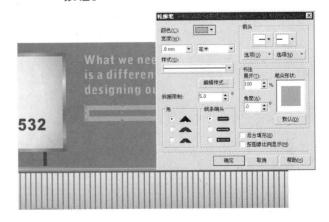

102 使用工具箱中的"矩形工具"□，在图像中绘制一个矩形，按快捷键【Shift+F11】，打开"均匀填充"对话框，设置颜色参数为（R:76，G:151，B:53）后，单击"确定"按钮。在调色板的"透明色"按钮⊠上单击鼠标右键，取消外框的颜色。

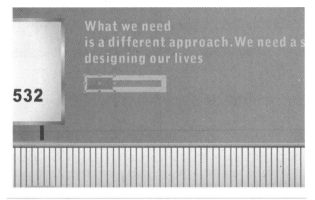

103 使用工具箱中的"矩形工具"□，在绿色矩形的旁边绘制一个矩形，按快捷键【Shift+F11】，打开"均匀填充"对话框，设置颜色参数为（R:192，G:221，B:85）后，单击"确定"按钮。在调色板的"透明色"按钮⊠上单击鼠标右键，取消外框的颜色。

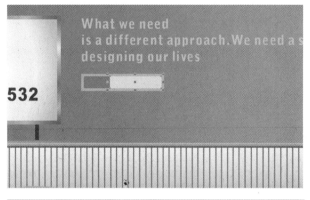

104 使用工具箱中的"文本工具"字，设置适当的字体和字号，在如图的位置输入相关文字。

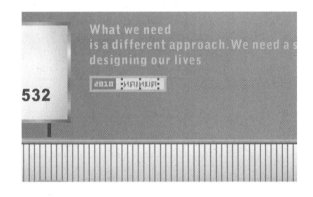

105 使用工具箱中的"挑选工具"▯，框选这组矩形图标，然后按快捷键【Ctrl+G】群组图形。按住【Ctrl】键使用鼠标左键向右拖动矩形图标，按住鼠标左键不放同时单击鼠标右键，然后释放鼠标左键，以复制一个矩形图标。

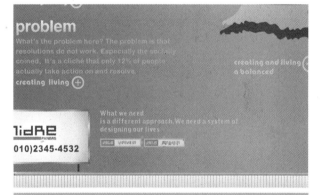

106 经过以上步骤的操作，得到这幅作品的最终效果。

◎ 课后练习

试以"博客"为主题，制作一个个人网页，其具体要求如下。

● 规格：控制在 770px 上下。

● 设计要求：主题突出，设计新颖，体现个性风格。网页页面的设计要美观合理，才能使其点击率增加。